心一堂當代術數文庫　其他類

醫易相假

——術數、中醫及史學論文集

作者　程佩

書名：醫易相假——術數、中醫及史學論文集
系列：心一堂當代術數文庫·其他類
作者：程佩
執行編輯：陳劍聰
封面設計：陳劍聰

出版：心一堂有限公司
通訊地址：香港九龍旺角彌敦道六一〇號荷李活商業中心十八樓〇五至〇六室
深港讀者服務中心：中國深圳市羅湖區立新路六號羅湖商業大廈負一層008室
電話號碼：(852) 90277110
網址：publish.sunyata.cc
電郵：sunyatabook@gmail.com
網店寶店地址：https://sunyata.taobao.com
微店地址： https://weidian.com/s/1212826297
臉書： https://www.facebook.com/sunyatabook
讀者論壇：http://bbs.sunyata.cc

香港發行：聯合新零售（香港）有限公司
香港新界荃灣德士古道220-248號荃灣工業中心16樓
電話號碼：(852)2150-2100
電郵：info@suplogistics.com.hk

版次：2023年12月初版

平裝

定價：港幣　　一百九十八元正
　　　新台幣　七百九十八元正

國際書號　978-988-8582-76-1

心一堂微店二維碼　　　心一堂淘寶店二維碼

目錄

醫易相假

從祭祀走向中醫：兩漢時期五臟、五行配屬模式轉換原因探尋

中文摘要：先秦時期，以古代祭禮中動物內臟排列方位對應五方為基礎，五臟與五行的配屬模式是以脾屬木，肺屬火，心屬土，肝屬金，腎屬水。漢代以後，五臟與五行的配屬模式卻變為肝屬木，心屬火，肺屬金，腎屬水，脾屬土。後者的五臟五行配屬模式在中醫理論中被定型並被沿用至今。兩漢時期五臟五行配屬模式的轉換，並非出於偶然，而是諸多因素造成的結果。其中包含著政治文化的影響、醫療實踐的檢驗和解剖學的式微等歷史深層原因。

關鍵詞：五臟；五行；配屬模式；政治文化；解剖學

1 先秦時期五行五臟配屬模式的出現

先秦時期，最初的五行與五臟的配屬模式已經出現。《禮記‧月令》曰：「孟春之月……其日甲乙……祭先脾……盛德在木……仲春之月……其日甲乙……祭先脾……季春之月……其日甲乙……祭先脾……孟夏之月……其日丙丁……祭先肺……盛德在火……仲夏之月……其日丙丁……祭先肺……季夏之月……其日丙丁……祭先肺……中央土，其日戊己……祭先心……孟

秋之月……其日庚辛……祭先肝……盛德在金……仲秋
之月……其日庚辛……祭先肝……季秋之月……其日庚
辛……祭先肝……孟冬之月……其日壬癸……祭先腎……
盛德在水……仲冬之月……其日壬癸……祭先腎……季冬
之月……其日壬癸……祭先腎……」㊀

表1《禮記・月令》五行、五臟等諸元素相配表①

四季	五方	天干	五行	五臟	五帝	五神	五蟲	五音	五味
春	東	甲乙	木	脾	太皞	句芒	鱗	角	酸
孟夏、仲夏	南	丙丁	火	肺	炎帝	祝融	羽	徵	苦
季夏	南 (中)	丙丁 (戊己)	火 (土)	肺 (心)	炎帝 (黃帝)	祝融 (後土)	羽 (倮)	徵 (宮)	苦 (甘)
秋	西	庚辛	金	肝	少皞	蓐收	毛	商	辛
冬	北	壬癸	水	腎	顓頊	玄冥	介	羽	鹹

與之形成時間相近的《呂氏春秋》中，亦有類似記
載。㊁178-218無論是《禮記・月令》還是《呂氏春秋》，文
中一致的搭配方式是以春配脾、木和東方，夏配肺、火和
南方，季夏配心、土和中央，秋配肝、金和西方，冬配
腎、水和北方。其中五行、五方與四季的配屬為後世所熟
知，唯有五臟之對應與今日大不同。究其原因，在於此
處是以古代祭禮中動物內臟排列方位對應五方與五行。
考周代祭祀，所獻犧牲頭朝南方，腹朝下。按肺在上、腎
在下、脾在左、肝在右、心在中央之五臟布列，五臟排列

6

方位恰與五方、五行有如上對應。故東漢鄭玄曰：「《月令》祭四時之位，乃其五臟之上下次之耳，冬位在後，而腎在下；夏位在前，而肺在上；春位小前，故祭先脾；秋位小卻，故祭先肝。腎也，脾也，俱在鬲下；肺也，心也，肝也，俱在鬲上。祭者必三，故有先後焉，不得同五行之義。」㊂177唐代孔穎達亦注釋云：「所以春位當脾者，牲立南首，肺祭在前而當夏，腎最在後而當冬也。從冬稍前而當春，從腎稍前而當脾，故春位當脾；從肺稍卻而當心，故中央主心；從心稍卻而當肝，故秋位主肝。此等直據牲之五臟所在而當春、夏、秋、冬之位耳。」㊃

上述配法從解剖學角度而言，本有所依。但是漢代以後，《黃帝內經》藏象學說與今文《尚書》歐陽家，採用的配法卻與此不同。其以肝屬木，心屬火，肺屬金，腎屬水，脾屬土。②此後該模式漸佔據主導地位，流行後世兩千餘年，至今不衰。而先秦配屬模式竟鮮為人知。

2 兩漢時期五行五臟配屬模式轉換的原因

任何文獻的記載一定會被歷史有意篩濾。從歷史唯物主義的視角分析，兩漢時期五行與五臟配屬模式的轉換，並非出於偶然。其中包含著政治文化的影響、醫療實踐的檢驗和解剖學的式微等歷史深層原因，值得今人重做梳理。

2.1 政治文化的影響

在王權至上的中國社會，政治文化的影響從來就是不可忽視的因素。在某些特定歷史時期，這種影響甚至會對

學術走向產生決定性作用。五行、五臟配屬模式的轉換就是鮮明例證。該模式的轉換，與為政治造勢的五德終始說、今文經學等理論的興衰有著密切的聯繫。

始於戰國鄒衍的五德終始說，零星見於先秦文獻及西漢《史記》。按《呂氏春秋‧應同》之說，上起黃帝，下至周代，按照五行相勝原理，各朝各代均有對應的五行、五色。具體而言，其配屬為黃帝——土——黃色，夏——木——青色，商——金——白色，周——火——赤色。周之後，代周者，無論何人，必以水為德，色尚黑。㈢94

這種五行、五色，是天命轉移的徵象，更是君權神授的證明。顧頡剛先生說：「五德終始說沒有別的作用，只在說明如何才可有真命天子出來，真命天子的根據是些什麼。」㈤415故秦始皇統一天下之時，有意以水德自居，尚黑衣，祀黑帝。西漢太初元年（前104年），漢武帝亦據此改制漢為土德，尚黃色。㈥

西漢末年，為了給王莽篡漢尋求理論依據，劉歆又炮製出新的五行相生的五德終始說（見圖1）。該說以五行相生為序，黃帝亦為土德。其後的唐堯和虞舜，分別以火、土為德。火土相生，寓意堯舜禪讓。不過推算至漢，其土德卻變成火德。劉歆此處的意圖非常明顯：既然上古火土相生之際即是堯舜禪讓之時，那麼今日同樣屬火的大漢禪讓帝位於王莽，不也是順應火土相生之天命嗎？劉歆的五德終始說，為王莽受禪稱帝制造輿論基礎。雖然新莽政權存時較短，但是該說卻在當時產生廣泛影響。東漢建立者

劉秀，就重新定義漢為火德。如此，東、西漢便有了不同的承天之德。

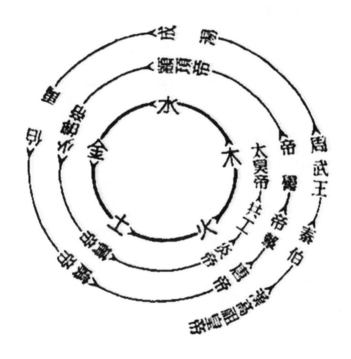

圖1 劉歆的五德世系圖⑤454

漢代五德的改變，對五行與五臟的配屬產生了微妙的影響。五臟之中，心臟最為重要。「心者，君主之官也」。故心所屬之五行，最受關注。《禮記‧月令》與《呂氏春秋》中，心屬土。西漢時，恰以土為德，於五行五方之中，中央土最為尊。故先秦這一配屬模式在西漢時

亦備受官方認可。然而東漢時，又以火為德，故於五行之中，火代土為獨尊。《黃帝內經》與西漢時今文《尚書》歐陽家的五行五臟搭屬模式中，恰是以心屬火。這一配法顯然更為符合東漢人以火為德、以心為君的觀念。加之東漢初年，今文經學重新立為官學，與今文經學聯繫密切的讖緯之學定為官方統治思想。③新的五行五臟配屬模式遂風行天下，將先秦西漢模式取而代之。

　　2. 2醫療實踐的檢驗

　　近兩千年的中醫史表明，《黃帝內經》五行五臟配屬模式，不僅在中醫理論體系的建立中起著重要作用，而且還對中醫臨床實踐具有重要指導意義。古人以五行的特性來分析歸納人體臟腑、經絡、形體、官竅等組織器官和精神情志等各種機能活動，構建以五臟為中心的生理病理系統，進而與自然環境相聯繫，建立天人一體的五臟系統。又以五行相生、相剋的兩種結構模式分析五臟之間的生理病理聯繫，指導疾病的診斷和防治。以上事實表明，中醫五行五臟配屬模式的出現，並非古人任意為之，而是建立在長期醫療實踐檢驗基礎之上的。東漢鄭玄指出，新模式的出現與醫學實踐有著緊密關聯：「今醫病之法，以肝為木，心為火，脾為土，肺為金，腎為水，則有瘳也。若反其術，不死為劇。」㊀177隋代蕭吉也認為漢代中醫體系中的五行五臟配屬以行實為驗，與醫學實踐密不可分：「《月令》中溜之禮，以陰陽進退為次；《白虎通》及《素問》醫治之書，用行實為驗，故其所配是也。」㊁

漢代出現的新的五行五臟配屬，是醫家根據多年臨床實踐總結的理論，絕非隨意的產物，更不可能僅僅因為今文經學和五德終始說的政治利用而流傳千古。在特定的歷史時期，醫家的這一配法可以偶然被政治利用，並借政治之力推廣開來。但是在隨後的兩千年間，這一配法盛傳不衰的根本原因，在於其對醫學理論的合理建構及有效的臨床指導作用。相反，先秦時期五行五臟配屬源於古人祭祀時的解剖觀察，並非基於臨床總結，其醫學意義必定極為有限。故該模式在醫學領域的認可，亦不會廣泛而長久。雖然沒有確鑿的證據，但可以據此推測，先秦時期出現的五行五臟配屬模式，雖然長期以來得到官方的推崇，但是其在醫學的認可度必然較低；漢代出現的新的五行五臟配屬模式，或許長久以來已在醫家中廣泛應用，只是尚未提升至官方層面的認可。

2. 3解剖學的式微

漢代五行五臟配屬模式轉換的最終完成，亦與當時解剖學的式微密不可分。漢代以降，解剖學與中醫學漸行漸遠。建立在解剖基礎之上的先秦五行五臟配屬模式，最終順理成章地讓位於建立在藏象學說理論基礎之上的漢代五行五臟配屬模式。

較之後世，商周時期的中國擁有遠為發達的解剖實踐。顧頡剛先生在《紂惡七十事的發生次第》中，不惜筆墨列舉了東周以降列朝列代對紂王惡行的記錄。其中不乏紂王解剖活人或加工人肉的記載，如「戮涉者脛而視其

11

髓」，「殺梅伯而遺文王其醢」，「剖孕婦而觀其化」，
「殺比干而觀其心」……⑧雖然「三代之善，千歲之積譽
也；桀紂之謗，千歲之積毀也」，後人往往將商族的血腥
惡行集中到紂王一人身上，但是古人的記載即使充滿感情
的想像力，依然有其憑依的史實。我們把目光投向殷墟和
商代甲骨文上，會發現商代人體解剖活動的頻繁實出後世
中國之想像。從出土的商王陵區人祭場和甲骨文的相關記
載可知，商王在盛大祭祀中一次宰殺的人牲數量在三千名
以上。人牲獻祭的方式有多種，多經過解剖，如有將人牲
掏空內臟後，對半剖開來獻祭的卯祭；又有用人牲的特殊
部位如內臟、頭顱來獻祭的專門人祭。頻繁盛大的人祭活
動以及種類繁多的人牲獻祭方式，促使商朝的人體解剖異
常發達。這種時代背景下，對這些屍體進行解剖研究不會
有任何輿論阻力，甚至不排除有活體解剖的可能性。在這
樣一個血腥的社會中，商代較之後代擁有更為發達的解剖
學，也就在情理之中。

　　周代，在禮樂制度的規範下，人祭大為減少，但是周
代同樣存在種類繁多的祭祀活動，祭祀過程中的動物解剖
行為依然頻繁。周人的祭品犧牲，主要以羊、馬、牛為
主，少數情況也有犬、豕。⑨記錄在《禮記·月令》、《呂
氏春秋》等先秦文獻的五行五臟配屬，即是以獻祭動物犧
牲的解剖觀察為憑依。周代的解剖學，雖然不及商代那樣
建立在真人解剖的基礎上，但是同樣有大量的動物解剖為
依託。加之禮教的束縛遠不如後世嚴苛，周代的人體解剖

行為也並未絕跡，所以，解剖學在此時依然擁有廣沃的成長土壤。④建立在解剖基礎之上的先秦五行五臟配屬模式，更是在這一時期的官方文化中奠定其不可動搖的地位。

漢以降，解剖學在中國逐漸式微，其在醫學中的地位日趨下降。雖然過去不乏學者通過爬梳《黃帝內經》、《史記·扁鵲倉公列傳》、《三國志·華佗傳》的解剖記錄以及《漢書·王莽傳》所載王莽下令醫聖和巧屠將叛黨解剖，「云可治病」等史料，來證明漢代解剖學的成就，但是不可否認的是，古代解剖學在此時中醫的地位漸趨邊緣化。漢代以後的中醫始終未將解剖納入醫學的範疇，更沒有將人體解剖實踐確認為一種圭臬，並以此作為標准來衡量知識的可信度。⊕取而代之的，是《內經》中藏象學說的崛起。這種將體表不同部位視為五臟之外候，身體不同組織視為五臟之功能表現的學說，已經遠離了對解剖學的依附。

解剖學在漢代醫學中的式微，卻對漢代中醫五行五臟配屬模式的最終定型起到促進作用。西漢《淮南子·地形訓》中，有一段專門述及五方五臟配屬的內容，有趣的是，文中五臟之一的脾臟在這裏竟被胃所取代：

表2 《淮南子‧地形訓》五方、五臟諸元素相配表㊀

五方	五臟	五色	五竅	五體
東方	肝	蒼色	竅通於目	筋氣屬焉
南方	心	赤色	竅通於耳	血脈屬焉
西方	肺	白色	竅通於鼻	皮革屬焉
北方	腎	黑色	竅通於陰	骨幹屬焉
中央	胃	黃色	竅通於口	膚肉屬焉

　　《淮南子‧地形訓》的表格內容與後世中醫藏象學說相關內容大體相當，或可認定為中醫藏象學說的早期探索成果。文中五臟五方配屬模式亦與漢代新的五行五臟配屬模式相仿，唯一不同之處是五臟中脾臟被胃取代。無獨有偶，《史記‧倉公傳》中亦有以胃代脾的記錄。為何在西漢前期的五行五臟配屬模式中，脾臟為胃取代？鄭洪等人認為，在臟腑學說形成過程中，胃的重要性曾一度高於脾。這主要是因為脾在解剖中並不直觀。《淮南子‧地形訓》和《史記‧倉公傳》中均以胃代脾，即是明證。但根據中醫臟與腑的定義，胃只能為腑。在重氣化的中醫看來，消化功能的統帥自然是脾。㊁隨著漢代解剖學的式微和藏象學說日漸成為漢代醫學主流思想，中醫學研究臟腑不再從解剖學出發。在解剖中更為直觀的胃被人有意忽視乃至取代，也就在情理之中。於此醫學背景下，漢代早期的中醫五行五臟配屬模式，最終完成轉換，成為今日我們熟知的中醫五行五臟配屬模式。

3 小結

綜上所述，先秦時期，以古代祭禮中動物內臟排列方位對應五方為基礎而建立起來的五行五臟配屬模式，在漢代以後最終為中醫藏象學說中的五行五臟配屬模式所取代。後者的配屬模式在後世的中醫基礎理論中被定型並被沿用至今。兩漢時期五臟與五行配屬模式的轉換，包含著政治文化的影響、醫療實踐的檢驗和解剖學的式微等歷史深層原因，並非出於偶然，而是諸多因素造成的結果。

注釋：

①表 1 中，心臟和其所對應的土行似乎並沒有完全納入五行與四時的搭配中。這樣安排的原因，恐怕是與五行與四時的不能完美對應有關。所以，在季夏之月的後面，《禮記·月令》又附加上了有關中央土的一段論述，將土行寄於季夏之末。這種分配方法，稱為「土旺季夏」說，亦即中醫長夏說。
②《黃帝內經》與今文《尚書》歐陽家皆主今日流行之五行五臟搭配模式。二者究竟谁先谁後，尚无明确證據。部分學者認定應是《內經》在前，歐陽說在後。如近代劉师培認為是當時儒生有意吸收醫經內容，以為儒書之需：「治經之士，以五行配合醫術，說各不同。盖《靈樞》、《素問》，均言五行，儒生以其與《洪範》、《月令》相似也，遂更以儒生所传五行符合醫經，更以醫經之言入之儒書之注，此古醫學賴經生而传者也。」（張先覺編. 劉师培書话 [M]. 杭州：浙江人民出版社，1998：57.）今人鄭洪也認為，有可能是

《黃帝內經》定此配法在前，今文經學借用醫家配法在後，而非醫家受政治影響改變配法。（鄧鐵濤、鄭洪主編. 中醫五臟相關學說研究——從五行到五臟相關 [M]. 廣州：廣東科技出版社，2010：57. ）

③西漢平帝時期，王莽當政，把《左氏春秋》、《毛詩》、《逸禮》、《古文尚書》立為官學，此後大力推行古文經學二十多年。東漢王朝建立後，所立經學博士，都屬今文經學。王莽時期所立的各種古文經學被排斥在官學之外。西漢末年，隨社會矛盾的加劇，讖緯之說開始廣泛流行。東漢光武帝劉秀於中元元年（56）宣布圖讖於天下，把圖讖國教化。其後漢章帝於建初四年（79）召集白虎觀會議，這次會議的討論記錄，後來由班固整理成書，名為《白虎通德論》，或簡稱為《白虎通》、《白虎通義》，成了讖緯國教化的法典，使今文經學完成了宗教化和神學化。

④周代解剖學成就可以通過《黃帝內經》中部分篇章得以了解。「解剖」一詞出自《黃帝內經》。《黃帝內經》162篇中，有117篇與解剖有關，占72%。其中包括如《靈樞·腸胃》這樣詳細記錄食道和下消化道長度數據的解剖文獻。考慮到漢代以後中醫发展軌迹與解剖學的日漸偏离，以及抵制人体解剖的思想在人民脑海中的逐漸固化，這些篇章源於漢代以後的可能性較小，更多地可能是周代後期的解剖記載的遺存。

參考文獻：

㊀潛苗金. 禮記譯注[M]. 杭州：浙江古籍出版社，2007：9-72.

㊁呂不韋. 呂氏春秋[M]. 上海：上海古籍出版社，1989.

㊂段玉裁. 說文解字段注[M]. 成都：成都古籍出版社，1987.

㊃孔穎達. 禮記正義[M]. 上海：上海古籍出版社，1990.

㊄顧頡剛. 古史辨：第五冊[M]. 上海：上海古籍出版社，1982.

㊅班固. 漢書[M]. 北京：中華書局，1964：199.

㊆蕭吉. 五行大義[M]. 北京：學苑出版社，2014.

㊇顧頡剛. 紂惡七十事的發生次第，古史辨（第二冊）[M]. 上海：上海古籍出版社，1981：82-93.

㊈曹建敦. 周代祭祀用牲禮制考略[J]. 文博，2008（3）：18-21.

㊉陸敏珍. 刑場畫圖：十一、十二世紀中國的人體解剖事件[J]. 歷史研究，2013（4）：32-44+189.

㊉劉安. 淮南子[M]. 上海：上海古籍出版社，1989：44.

㊌鄧鐵濤、鄭洪主編. 中醫五臟相關學說研究——從五行到五臟相關[M]. 廣州：廣東科技出版社，2010：55.

（本文原載於《醫學與哲學》2019年第4期）

中醫運氣學十干紀運來源考釋

摘要：自王冰「七篇大論」創中醫運氣學伊始，歷代中醫著作多以五氣經天等古代天文知識來解釋十干紀運的原理，而很少有人質疑其說的真實性。本文從術數角度出發，結合夫妻說、夫舅說、河圖說、五虎遁說的相關論述，逐步挖掘出天干化五運的內在規律，認為此說乃干支數學排列的總結，而非基於古代天文知識基礎之上的客觀描述。

關鍵詞：十干紀運；術數；河圖；五虎遁

《素問・天元紀大論》云：「甲己之歲，土運統之；乙庚之歲，金運統之；丙辛之歲，水運統之；丁壬之歲，木運統之；戊癸之歲，火運統之。」「五運」由年干決定，其規律是甲己化土，乙庚化金，丙辛化水，丁壬化木，戊癸化火。這就是我們通常所講的十干紀運。中醫運氣學認為，自然界萬物生老病死、氣候物候變化都與五行的生化運動有關，故五運本質上能反映全年的氣候特徵、物化特點、發病規律。對於十干紀運的原理，自《內經》至今日中醫學教材，多以五氣經天等古代天文知識來解釋，而很少有人質疑其說。本文獨辟蹊徑，從周易術數角度著眼，探討十干紀運的內在機理。

一、主流聲音：天文背景下的十干紀運的解釋

從今存之醫學文獻看，十干紀運最早出現於中唐王冰「七篇大論」。《素問·五運行大論》云：「臣覽《太始天元冊》文，丹天之氣經於牛女戊分，黅天之氣經於心尾己分，蒼天之氣經於危室柳鬼，素天之氣經於亢氐昴畢，玄天之氣經於張翼婁胃。所謂戊己分者，奎壁角軫，則天地之門戶也。」㊀《五運行大論》首次解讀了十干紀運形成的原理。丹、黅、蒼、素、玄分別指紅、黃、青、白、黑五色之氣，即代表火、土、木、金、水五行之氣；牛、女、心、尾、危、室、柳、鬼等指布於黃道的二十八宿。上古時期，古人看見五色之氣在天空橫亙於二十八宿之上。其中丹天之氣貫於牛、女、奎、壁——即癸、戊之位，所以戊癸主火運；黅天之氣貫於心、尾、角、軫——即甲、己之位，所以甲己主土運；蒼天之氣貫於危、室、柳、鬼——即壬、丁之位，所以丁壬主木運；素天之氣貫於亢、氐、昴、畢——即乙、庚之位，所以乙庚主金運；玄天之氣貫於張、翼、婁、胃——即丙、辛之位，所以丙辛主水運。後人依之制五氣經天圖以利後學。

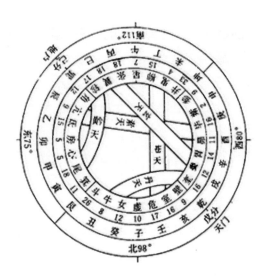

五氣經天圖⊖

　　由此看來，《五運行大論》所論十干紀運都是基於古代天文知識基礎之上的。此釋對後世產生了深遠影響。後來者如劉完素、張介賓等歷代名醫莫不將王冰之說奉為圭臬。至今，由蘇穎教授主編的普通高等教育「十一五」國家級規劃教材《中醫運氣學》仍採用此說。⊜

　　但是對於這一盛行千年的解釋，我們不禁產生疑惑：五氣貫穿於黃道二十八宿的現象，是否真實可信？五氣與二十宿十方位的對接，是否恒久而准確無誤？若有一不符，那麼十干紀運的天文學依據便難以立足。筆者拙見，此恐是古代星象家自神其說，非十干紀運之真相。十天干兩兩相合以及所化之五行絕非隨意而定，而是帶有強烈術

20

數規律的。

二、另闢蹊徑：術數角度下十干紀運的解讀

中醫的十干紀運，從術數學的角度來看，就是真五行的知識運用。何謂真五行？《玉照定真經》解釋為：「正道歌用法，先看真五行。甲己真土，乙庚真金，丙辛真水，丁壬真木，戊癸真火，此真五行。」⁽四⁾十天干兩兩相合而生成的五行就是真五行。從根本上來講，真五行脫胎於正五行，然而其五行屬性又與正五行之十天干不同，故決不可再以正五行視之。⁽五⁾

真五行存在的基礎是十天干的兩兩化合。十天干為何可以兩兩化合，古人的解釋眾說紛紜。然而，透過這些解釋，人們似乎可以窺見十干紀運的真諦。

1. 說法一：夫妻之道、夫舅之說

首先，古人常以夫妻綱常之道解釋十干化合。「孔子曰：乾，陽也。坤，陰也。陰陽合德，五行之本。……干合者，己為甲妻，故甲與己合；辛為丙妻，故丙與辛合；癸為戊妻，故癸與戊合；乙為庚妻，故乙與庚合；丁為壬妻，故壬與丁合。」⁽六⁾十天干可以兩兩化合，是因為其有陰陽，陰陽象天地，天地相合，有夫婦之道。舉例而言，若以甲為夫，則其剋之正財（即被剋之異性五行）為妻，此正財恰為己。己為甲妻，故甲與己合。同理，乙為庚妻，辛為丙妻，丁為壬妻，癸為戊妻，故乙庚、丙辛、丁壬、癸戊皆可合。這種以夫妻之道解釋干合的說法在古代術數書籍中甚為盛行，最早在隋代《五行大義》中就有記載。

其次，古人又以夫舅關系來解釋十干化合。《五行大義》提到了同類天干有兄妹之關系，因兄懼怕剋己之官煞，故以其妹妻之以求自保：「《季氏陰陽說》曰：木八畏庚九，故以妹乙妻庚，庚氣在秋，和以木氣，是以薺麥當秋而生，所謂妻來之義⋯⋯」⑦在蕭吉所引用的《季氏陰陽說》裡，甲乙、丙丁、戊己、庚辛、壬癸均為兄妹關系，因甲畏庚、丙畏壬、戊畏甲、庚畏丙、壬畏戊——後者均為前者之七殺（古代命理術中，同性相剋之五行稱為七殺），故前者將其妹嫁與後者以求平安。後者與前者因此也就成了妹夫與大舅子的關系。

在古人的五行觀念中，十干化合不僅符合夫妻相合之道，更有夫舅之間婉轉的關系。這種倫理綱常的解讀方式，固然使人易於理解十干化合。然而，其說顯而易見具有一種世俗附會的痕跡。

2. 說法二：河圖之解

為了探究事物的真相，拋去世俗附會，宋人又以河圖生成之數來解釋十干必隔六位一合的現象：「十干必隔六位一合，何也？希尹云：天地之數，各不過五，然上五位為生數，下五位為成數，生數與成數相遇然後合。天一生壬，地二生丁，天三生甲，地四生辛，天五生戊，地六成癸，天七成丙，地八成乙，天九成庚，地十成己，天一數，地見二數，然後合，所以必隔六也。故易曰：天數五，地數五，五位相得而各有合。」⑧

若為十干排序，則甲一，乙二，丙三，丁四，戊五，

己六，庚七，辛八，壬九，癸十。甲、丙、戊、庚、壬五陽干，為天地之生數；乙、丁、己、辛、癸五陰干，為天地之成數。十干相合順序，恰為一六（甲己）、二七（乙庚）、三八（丙辛）、四六（丁壬）、五十（戊癸），隔六位一合（包括起止數）。故十干之合，亦可視做天地生數成數的結合，暗合河圖之理。而河圖知識，本是建立在數學基礎之上，最早在《禮記·月令》中已經出現端倪。⑼

宋人的河圖說已然暗含十干紀運與數字間的緊密聯繫。但宋人的河圖之解並不完美，因為十干相合化出的新五行與河圖之數生成的五行並不相符。

3. 說法三：五虎遁說

真五行是如何生成的，其新生成之五行是否隨機？宋人對此的回應是：「此五行循環相生也。甲與己既為夫婦，得土之氣矣，土生金，故乙庚次之，金生水，故丙辛次之，水生木，故丁壬次之，木生火，故戊癸次之，火復生土，故曰循環相生也。」⊕簡言之，甲己化土之後，後面八干所化五行順次相生，依次便為金、水、木、火。如此，十干所化五行之規律便顯現出來：

$$甲1 \quad 己6 \rightarrow 土$$
$$乙2 \quad 庚7 \rightarrow 金$$
$$丙3 \quad 辛8 \rightarrow 水 \downarrow 五行順次相生$$
$$丁4 \quad 壬9 \rightarrow 木$$
$$戊5 \quad 癸10 \rightarrow 火$$

宋人雖然關注到了十干化合的這一規律，但是他們並

未對此深入剖析。這裏面依然有前一個問題：真五行雖然順次相生，但起始的設立為何是土而不是其它五行？這顯然不是《五行精紀》所謂的「甲與己既為夫婦，得土之氣矣」。如果說甲己化土，乙庚化金是因為合干之中有己土與庚金的話，那麼丙辛化水，丁壬化木，戊癸化火又該如何解釋？要知道在這些合干之中並沒有同類之五行。

　　深入挖掘這一規律的是元人陶宗儀。陶宗儀在《輟耕錄》卷20《化氣》一節中，提出了合干的生成是建立在由年干推月干的「五虎遁」歌訣知識基礎之上。十干所化五行乃由正月天干所生。姑且將陶氏所述轉引於下：「甲己土，乙庚金，丁壬木，丙辛水，戊癸火，此十干化五行真氣也。其法取歲首月建之干，如甲己丙作首，丙屬火，火生土，故化土。餘仿此。」⊕

　　所謂五虎遁，是古人在使用甲子紀年過程中，以年干確定月干的一種速查口訣。之所以叫它五虎遁，是因為歲首正月全部以寅打頭來排列。寅為虎，故稱之。該歌訣現於何時，還難下定論。筆者發現的最早的五虎遁歌訣殘句出現於晚唐五代宋初之敦煌文獻S. 0612V。其中有「五子元例正建法」，就是年干推算月干的方法。⊕由於該文獻屬於民間祿命知識，故其歌訣的形成時間必然還要早出許多。宋代《五行精紀》中錄有今存之最早的完整五虎遁歌訣，錄之於下：「甲己之年丙作首，乙庚之歲戊為頭，丙辛庚位依次數，丁壬壬起順行流，戊癸更從何處起，正月便向甲寅求。」⊕依此歌訣，凡甲年和己年，其正月（寅

月）天干為丙，以後各月天干從丙後順排，依次為二月丁卯，三月戊辰，四月己巳……十二月丁丑。這就是「甲己之年丙作首」的含義。其餘乙庚、丙辛、丁壬、戊癸各年亦可以此歌訣確定各月月干。

表一：年干起月干表

月支 月干 年干	寅	卯	辰	巳	午	未	申	酉	戌	亥	子	丑
甲己	丙	丁	戊	己	庚	辛	壬	癸	甲	乙	丙	丁
乙庚	戊	己	庚	辛	壬	癸	甲	乙	丙	丁	戊	己
丙辛	庚	辛	壬	癸	甲	乙	丙	丁	戊	己	庚	辛
丁壬	壬	癸	甲	乙	丙	丁	戊	己	庚	辛	壬	癸
戊癸	甲	乙	丙	丁	戊	己	庚	辛	壬	癸	甲	乙

　　陶宗儀認為十干所化五行真氣，便是依五虎遁歌訣來定。其所化之五行，恰為歲首月建之干——正月月干五行之所生。如甲己化合，依「甲己之年丙作首」，推算出甲己之年正月月干為丙火。丙火所生之五行為土。故二者所化五行為土。此乃甲己化土之來由。其餘如乙庚化金、丙辛化火等天干化合皆仿此而定。陶氏之說，證明十干所化五行有著確切的依據，非隨意而定。

三、大膽斷言：十干紀運建立在術數推理的基礎之上

　　五虎遁歌訣所總結的，其實就是六十甲子表中十天干與十二地支組合的規律。

表二；六十甲子順序表

1	2	3	4	5	6	7	8	9	10
甲子	乙丑	丙寅	丁卯	戊辰	己巳	庚午	辛未	壬申	癸酉
11	12	13	14	15	16	17	18	19	20
甲戌	乙亥	丙子	丁丑	戊寅	己卯	庚辰	辛巳	壬午	癸未
21	22	23	24	25	26	27	28	29	30
甲申	乙酉	丙戌	丁亥	戊子	己丑	庚寅	辛卯	壬辰	癸巳
31	32	33	34	35	36	37	38	39	40
甲午	乙未	丙申	丁酉	戊戌	己亥	庚子	辛丑	壬寅	癸卯
41	42	43	44	45	46	47	48	49	50
甲辰	乙巳	丙午	丁未	戊申	己酉	庚戌	辛亥	壬子	癸丑
51	52	53	54	55	56	57	58	59	60
甲寅	乙卯	丙辰	丁巳	戊午	己未	庚申	辛酉	壬戌	癸亥

如上六十甲子表中，共有五寅，即丙寅、戊寅、庚寅、壬寅、甲寅。此即五虎遁所言的各年正月（寅月）干支。五寅之間各相差12，其排列序號依次為3、15、27、39、51。從甲年開始，歷乙、丙、丁、戊，五年間，五寅組合按其排列序號依次在各年正月出現。己年至癸年，這一排列會在各年正月再重複一遍。因為五年間，六十甲子月完成一輪回。故甲己之年月建完全相同。其餘乙庚、丙辛、丁壬、戊癸之年亦如此。至於十干所化之五行，均與該年正月月干所生之五行同，可知其設定並非隨意。

十干紀運的化合規律，應是源自古人在總結六十甲子表紀時時，所發現的干支排列規律，而非「是古人在對天體運動變化進行長期觀察的基礎上總結出來的」。⑱十干紀運本質上應是古代術數推演的結果。和其它數學原理的發

現過程一樣，我們的前人很早就對這一現象有所發覺，並且做出詳細的解讀。但是由於一直未能予以正確的詮釋，以至於後世雜說紛出而失其所宗。

參考文獻：

○黃帝內經素問[M]．北京：人民衛生出版社，1978：370-371．

○○○蘇穎．中醫運氣學[M]．北京：中國中醫藥出版社，2009：35、34-35、34．

○玉照定真經[A]．文淵閣四庫全書（第809冊）[G]．上海：上海古籍出版社，2007：41．

○程佩．宋代古法時期命理文獻中的正五行考[J]．湖北民族學院學報（哲學社會科學版），2013，（2）：28-31+38．

○○[隋]蕭吉．五行大義[M]．北京：學苑出版社，2014：77-78、78．

○○○[宋]廖中．五行精紀[M]．北京：華齡出版社，2010：24、25、217．

○潘苗金．禮記譯注[M]．杭州：浙江古籍出版社，2007：178-218．

○[元]陶宗儀．輟耕錄[A]．文津閣四庫全書（第346冊）[G]．北京：商務印書館，2005：293．

○黃正建．敦煌占卜文書與唐五代占卜研究[M]．北京：學苑出版社，2001：127-128．

（本文原載於《醫學與哲學》（A）2018年第2期）

劉完素運氣脈法理論及臨床價值探討

中文摘要：劉完素的運氣脈法理論在中醫運氣脈法中非常具有代表性。其脈法理論，涵蓋主氣應脈、客氣應脈、客主加臨、南北政問題以及司天不應脈等諸方面內容，是一個較為完善的理論體系。在臨床上，其運氣脈學並未格局程式化，而是重視理論與實際氣象及患者實際狀況的結合。

關鍵詞：劉完素；運氣脈法；六氣應脈；南政；北政

氣象陰陽的變化，可以影響血脈的運行。人體對四季氣候的適應，會相應地反映在脈象上。早在《黃帝內經》時期，古人已察覺到平人應四時，有春微弦、夏微洪、秋微浮、冬微沉的脈象變化。㊀故後世醫家，嘗試用五運六氣醫理探討四時脈法，通過考察運氣的流行，結合六部脈象常變，推斷疾病發生、發展及預後。在這些醫家中，劉完素的運氣脈法理論最具代表性。其脈法理論，涵蓋主氣應脈、客氣應脈、客主加臨、南北政問題以及司天不應脈等諸方面內容，是一個較為完善的理論體系。

一、六氣應脈

六氣，指風、熱、火、濕、燥、寒六種氣候變化。六氣分為主客。主氣以測氣候之常，客氣以測氣候之變。主

客氣均可以應脈。主氣所應為地脈，客氣所應為天脈。二者各有應脈規律。

1. 主氣應脈

按劉完素所述，人體寸口脈六部與主氣的六氣依次對應。地六氣之步位與寸口六部脈位對應如下[一]：

圖一：主氣六氣與寸口六部對應圖

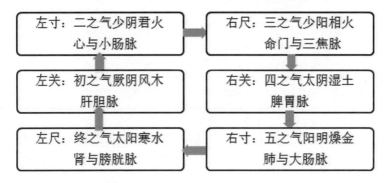

如上圖所示，劉完素以主氣六氣次序來闡釋寸口六部脈位。這或許暗含寸口脈位法天地之道之意。後世亦有從五行相生之理闡釋其妙。[二]

主氣應脈，歲歲不變。應脈之時，以六氣交司時刻為准。[四]所應脈象，亦有固定規律[五]：

表一：主氣應脈時間、脈象表

主氣六步	所應時間	寸口脈位	平脈脈象
初之氣厥陰風木	大寒——春分	左關	大小長短不等
二之氣少陰君火	春分——小滿	左寸	浮大而短，雖旺而未至高茂
三之氣少陽相火	小滿——大暑	右尺	洪大而長
四之氣太陰濕土	大暑——秋分	右關	緊大而長，長盛而化速
五之氣陽明燥金	秋分——小雪	右寸	緊細而微
六之氣太陽寒水	小雪——大寒	左尺	沉細而敦

　　金元之後，劉氏主氣應脈論影響益廣，逐漸成為後世經典理論。後世醫家如李中梓、王賢，均據劉完素主氣應脈理論而發微，制六氣分合六部時日診候細則。㊅雖愈繁複其說，卻始終奉劉完素之論為圭臬。

　　2. 客氣應脈

　　「主氣守位不移，客氣居無常位」。如果說主氣主一年正常氣候變化規律，恒居不變，靜而守位。那麼，客氣主一年異常氣候變化規律，變化多端，其六步次序亦與主氣不同。㊉客氣應脈，歲歲不同，且須考慮南北政脈應之異。客氣六氣所應六脈，在《素問·至真要大論》中已有完整論述：「厥陰之至其脈弦，少陰之至其脈鉤，太陰之至其脈沉，少陽之至大而浮，陽明之至短而濇，太陽之至大而長。」㊀劉完素的客氣應脈理論基本承襲《內經》，少

30

有改動。

3. 客主加臨

主客氣既然不同，又皆能應脈，該如何在具體脈診中把握？針對於此，劉完素將中醫運氣學客主加臨之理論，運用到天地二脈的脈診中。

客主加臨，指將每年輪值客氣加臨在固定的主氣六步之上，以分析該年可能出現的氣候變化。其推演方法可見於相關論著。⑨此不贅述。客主加臨，論主客氣是否相同。若主客氣同，便為相得。劉完素認為相得時，天地二脈亦大同小異：「主客氣同則人脈亦同，是俱本位也。」如寅申之歲，客氣少陽相火司天，主氣三之氣亦為少陽相火。「少陽之客，其脈大而浮，相火之主，其脈洪大而長，是大同而小異。」

若主客氣異，則又需體察二氣之盛衰以辨人脈。實際氣象近於客氣，則客氣勝，脈象以天脈為主；實際氣象近於主氣，則主氣勝，脈象以地脈為主；實際氣象介於二者之間，則主客氣平，脈象亦介於二者之間。假令已亥之歲少陽相火司地，主氣終之氣為太陽寒水。火居水位。天脈大而浮，地脈沉細而敦。「水位之主氣盛，則天氣大寒，脈當沉短以敦，反此者，病也。少陽之客氣勝，則天氣大煊，脈當稍大而浮。……若主客氣平，冬無勝衰，則天氣不寒而微溫，而脈可見其半，微沉微浮，大不勝大，短不勝短，中而以和，反此者病也。」⊕

二、南政北政與司天不應脈

1. 南政北政

客氣應脈還需慮及南北政問題以及由此導致的司天不應脈。南北政概念，始見於王冰七篇大論。「政」表示五運或六氣在值時，年歲布政、施政之意。南政，為南面施政，即「主政者」居北面南施政行令；北政，為北面施政，即「主政者」居南面北施政行令。至於南北政如何劃分，古今持論不一。王冰以歲運之木火金水運為北政，土運為南政。後世贊同者居多。而清人張志聰、黃元禦、今人任應秋、周銘心、晏向陽各持己見，觀點又與王冰不同。㊀㊁㊂劉完素贊同王冰之說：「預知歲政之南北者，審君臣之運而可知也。然五運以土運為君主，面南而為君，故曰南政。餘四運為臣，主面北而待君，故曰北政也。」㊃故按照劉完素所述，六十甲子年中，只有甲己之年為南政之歲，其餘乙庚丙辛丁壬戊癸之年皆為北政之歲。

2. 司天不應脈

南北分政，脈診不同。按，客氣六步，包括司天、在泉、左右四間氣，按照一定次序，逐年往復運動於太虛之中，分佈於上下左右。其中司天居南，在泉居北。三陰三陽輪流司天，以六年為一週期，周行不息（如下圖）。

圖二：司天在泉左右間氣位置圖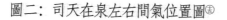

  然而無論何年，亦無論誰為司天，誰為在泉，人體寸口處對應客氣少陰之脈位脈象總為不應。所謂不應，是指脈搏沉細，甚至摸不到。至於少陰脈因何不應於脈位，劉完素解釋道：「陰陽之脈位者，亦為君臣之道也。然六氣以少陰火為君主，餘皆為臣。君治內而降其命，臣奉命而治其外。外者陽也，故其脈浮；內者陰也，故其脈沉。」蓋六氣以少陰為君，君象無為，不主時氣，故少陰所主其脈不應。凡不應之期，遇到沉細難摸之脈，不能當作病脈看待。

  按《素問・至真要大論》所載，司天不應脈的具體情

況與該年屬南政北政、司天為三陰三陽都有密切關聯。簡
單來說，南政之年，三陰司天時，人之寸脈不應；三陰在
泉時，人之尺脈不應。北政之年，三陰司天時，人之尺脈
不應；三陰在泉時，人之寸脈不應。⑭劉完素在繼承王冰這
一觀點的基礎上，進一步闡釋其說，並附以具體年份以助
說明。茲將其所述列表如下：

表二：南北政各歲司天不應脈對應表⑮

南北政	年干	年支	司天	在泉	司天不應脈			
					左寸	右寸	左尺	右尺
北政之歲	乙丁辛癸	卯酉	陽明	少陰	√	√		
	丙戊庚壬	寅申	少陽	厥陰		√		
	丙戊庚壬	辰戌	太陽	太陰	√			
	丙戊庚壬	子午	少陰	陽明			√	√
	乙丁辛癸	巳亥	厥陰	少陽			√	
	乙丁辛癸	丑未	太陰	太陽				√
南政之歲	甲	子午	少陰	陽明	√	√		
	己	巳亥	厥陰	少陽		√		
	己	丑未	太陰	太陽	√			
	己	卯酉	陽明	少陰			√	√
	甲	寅申	少陽	厥陰				√
	甲	辰戌	太陽	太陰			√	

以南政之歲為例，劉完素詳解道：「假令南政之歲，是面南而君之也。遇少陰司天，所謂天位在南，故兩寸不應，而脈沉也。遇厥陰司天，則少陰在左，故曰上角則右寸不應。遇太陰司天，則少陰在右，故曰下宮則左寸不應。……左右同法，餘皆仿此，皆隨君火所在乃脈沉不應也。」⑨此處，南政之年，人面南而政，人體寸脈在南，尺脈在北。所謂天位在南，指六氣之中，司天位於南面。按圖二所示，少陰司天在南時，人體在南之兩寸脈皆不應；厥陰司天而少陰在左時，人體對應少陰方位的右寸脈不應；太陰司天而少陰在右時，人體對應少陰方位的左寸脈不應。同理，北政之年，人面北而政，人體寸脈在北，尺脈在南。當三陰司天時，人體在南之尺脈也會出現各種不應的情況。總之，對照司天在泉左右間氣圖與人體的尺脈寸脈方位，就會印證上表中南北政各歲司天不應脈的具體情況。

三、劉完素運氣脈學之價值

運氣脈學的醫學價值，歷來為古今名醫所重。劉完素作為運氣脈學理論體系的重要創建者，其醫學貢獻，厥功至偉。後人關注劉完素之運氣學說，多是從其提出的六氣皆從火化說入手，研究其火熱論，而對此方面關注不足。因此，有必要於今日重新認識其運氣脈學之價值。

劉完素運氣脈學之價值，首先在於其第一次提出較為完善的理論體系。他首次完整回應了主氣應脈、客氣應

脈、客主加臨、南北政劃分、司天不應脈等諸多問題，並
將其進行整合，使其成為一個較為完善的理論體系。他為
運氣脈學理論體系的建立，做出傑出貢獻。

　　劉完素運氣脈學之價值，更在於其理論與實踐的結
合。近代梁尚博批評劉完素「滿紙盡是五行生剋之語，穿
鑿阿會，強解事理」。㊉這代表了部分世人對運氣格局程
式化作用質疑的聲音。但是，梁氏此言並不客觀。縱觀劉
完素的醫學成就，其運氣理論的借鑒運用並不死板。就運
氣脈學而言，他將運氣脈學理論與實踐相結合，以用於臨
床診斷。概言之，這種結合體現在兩個方面：一是將運氣
脈學與實際氣象相結合。上文中提到的客主加臨即是顯著
例證。二是將運氣脈學與患者實際狀況相結合。假令患者
為鬼賊之脈，本當判為病脈，但是劉完素強調，醫者須在
考慮患者實際是何臟腑受病後，再做診斷：「假令春有脾
病，或遇厥陰所至，其病欲愈，脈本位而見肝脈，是為和
平之候也。若便言死，豈非粗工之謬也？」㊉

參考文獻：
㊀㊇㊆黃帝內經素問[M]. 北京：人民衛生出版社，1978：
118-120、531-532、507-508.
㊁㊄㊂㊃㊅㊇㊈劉完素. 新刊圖解素問要旨論[M]//宋乃光. 劉完
素醫學全書[M]. 北京：中國中醫藥出版社，2006：244、
244-245、245、246、246、242-244、246、247.
㊂清·李延昰. 脈訣匯辨[M]. 上海：上海科學技術出版

社，1963：2-3.

㊾蘇穎．五運六氣探微[M]．北京：人民衛生出版社，2014：66-68、68-74、75-76、71.

㊿楊威、於崢．五運六氣脈法之研究[J]．中國中醫基礎醫學雜誌，2015，21（1）：7-9.

○周銘心、陳智明．《內經》「南北政」問題解析[J]．中國中醫基礎醫學雜誌．2000，6（5）：344-347.

○周虎、黃玉燕．從運氣兩紀差異探討南北政劃分方法[J]．現代中西醫結合雜誌，2010，20（12）：1511-1512.

○晏向陽．運氣南北政簡解[J]．中國中醫基礎醫學雜誌．2009，15（2）：89-91，98.

○梁尚博．辨河間六氣為病及火說[J]．星群醫藥月刊，1951（11）：11.

（本文原載於《中華中醫藥雜誌》2019年第3期）

劉完素四時傷寒傳正候法及其價值研究

中文摘要：劉完素的四時傷寒傳正候法，就是以先天運氣學理論對發病情況進行診治的方法。本文詳細介紹此法的推演，並指出由於運氣醫學本身的局限性，此法對疾病的診治只能是概率性的群體診治，而不會是精准的診治。但是瑕不掩瑜，劉氏此法不會因此而貶值，因為我們不但可以應用它的預測功能最大限度預防疾病的到來，更為重要的是，可以運用其理論來更好地指導臨床辨證，提高治癒率。

關鍵詞：劉完素；四時傷寒傳正候法；價值

宋元時期，中醫五運六氣理論與臨床發展逐漸邁入鼎盛期。學者、醫家深入探討了運氣學說天地之理與疾病變化的關系，並指導對病因、病機的認識及藥物的使用，促進了理論與臨床的結合。正是在這樣的背景下，金元醫學新局面之開創者劉完素（1110—1200年），大力倡導「醫教要乎五運六氣」、「識病之法，以其病氣歸於五運六氣之化」，成為此時期研究中醫運氣學的代表人物。後人關注劉完素之運氣學說，多是從其提出的六氣皆從火化說入手，研究其火熱論。事實上，劉完素運氣學說發揮極廣，不僅涉及眾人關注的後天運氣學，也涉及到先天運氣這一小眾內容。所謂的先天運氣，是依據天地之氣變化對應於

人體的即時性變化，而總結的五運六氣規律。該學說認為，自初生之時胎兒期，人體已備受天地之氣變化影響，由天地之氣變化特徵導致的嬰孩臟腑偏盛偏衰特徵固化於機體當中，以稟賦或體質的形式長期影響人體。㊀198

　　四時傷寒傳正候法（亦簡稱傳病法），就是以先天運氣學理論對發病情況進行診治的方法。此法以病人生年干支與得病日辰作為疾病診斷之依據，通過一系列法則推演，推算出臟腑病位、傳變過程及預後。本文試對今所傳劉完素四時傷寒傳正候法的推演法則和臨床價值作一探討。該法載於劉氏著《新刊圖解素問要旨論》，由其弟子馬宗素整理、校訂、刊印。故後世亦以為書中夾雜師徒二人之觀點。

1. 劉完素四時傷寒傳正候法推演法則

1. 1四時傷寒傳正候法基本推演法則

　　首先，據患病日辰推出司天、司地與司人。「當日日辰名司天。司天前三天名在泉，為司地。左右間氣為司人。」㊀222假令患者甲子日患病，參照中醫運氣學中客氣司天、在泉之概念及推算法則（見下表、下圖），其司天甲子為少陰君火（足少陰腎經），其司地（在泉）丁卯為陽明燥金（足陽明胃經）。司人為左右二間氣。其中，司地左間氣為戊辰太陽寒水（足太陽膀胱經），司地右間氣為丙寅少陽相火（足少陽膽經）。

十二地支與司天、司地對應表

年支	子午	丑未	寅申	卯酉	辰戌	巳亥
司天之氣	少陰君火	太陰濕土	少陽相火	陽明燥金	太陽寒水	厥陰風木
司地之氣	陽明燥金	太陽寒水	厥陰風木	少陰君火	太陰濕土	少陽相火

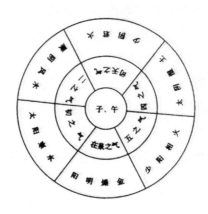

子午年司天在泉圖

　　上文所以取足六經不取手六經者，在於患病日日干甲為陽干。若患病日日干為陰干，則取手六經。如患者己卯日患病，己為陰干，則其司天己卯為手陽明大腸經，司地壬午為手少陰心經。

　　其次，推算患者在何臟腑先受病。「若要四時病傳正候，須將人之相屬加在左右間氣之上，司地在陽乃加左間氣，在泉在陰乃加右間氣。數至司天氣上，見何臟腑，先受病也。」⊖222在根據患病日辰推算出司天、司地、司人後，緊接著將患者出生之年的地支也納入計算範疇。假令甲子年出生的患者，戊午日患病，司地丁卯為足陽明胃

經。按，手為陽支，足為陰支。陽支從司地左間氣數起，陰支從司地右間氣數起。此處足陽明胃經司地，則將患者出生之年的年支，加之司地右間氣少陽相火之上。故司地右間氣地支依患者生年年支而變為子。再從司地右間氣逆數至司天之位，司天地支則變為戌。地支戌對應司天為太陽寒水，兼屬足六經，則其對應足太陽膀胱經。故患者所患疾病最先起於膀胱。

最後，推算疾病的傳變日期及預後。按照地支的逆傳以及地支與司天的對應關系，疾病每日傳變至不同臟腑。假令患者患病第一日為寅，疾病起於（手少陽）三焦。第二日為丑，疾病傳（足太陰）脾；第三日為子，疾病傳（足少陰）腎；第四日為亥，疾病傳（足厥陰）肝；第五日為戌，疾病傳（足太陽）膀胱……

推算出傳變過程後，再依據每日所主五行與疾病初起日五行的生剋關系，來確定疾病預後。以疾病初起日五行為本，凡我生、生我者為微邪，我剋者為實邪，剋我者為賊邪。賊邪之日，患者病情加重或死亡。上文中，患者疾病初起於三焦，是為火；第二日傳脾，脾屬土，火生土。我生者為微邪，當補心泄脾；第三日傳腎，腎本屬水，但在傳病法中，地支子午對應少陰君火之氣，故腎於此屬火。三焦亦是火。二火相沖，當解心經；第四日傳肝，肝屬木，三焦屬火。木生火，為微邪。當補肝泄心；第五日傳膀胱，膀胱屬水，三焦屬火，水剋火，剋我者為賊邪，其人是日必死。⊖223

2. 運氣同化概念的介入

以上為四時傷寒傳正候法基本推演法則。但是在具體推演過程中，運氣同化現象也是重要考慮因素。運氣同化，就是五運與六氣同類化合。傳統中醫運氣學認為，在六十年的運與氣變化中，有二十六年是同化關系，即歲運與六氣在某種情況下出現了五行屬性相同的情況，構成了比較特殊的年份，可能出現比較典型的氣候變化。⊜77不過，與傳統中醫運氣學中運氣同化概念運用於年不同，在劉完素四時傷寒傳正候法中，運氣同化概念主要運用於日，同時亦可見於年、月、時。若患病或傳病於運氣同化之日，患者往往病情加重，預後不佳。

運氣同化主要包括天符、歲會、太乙（一）天符等不同類型。所謂天符，指歲運五行屬性與司天之氣的五行屬性相同。在六十甲子中，計天符有十二，分別為己丑、己未、戊寅、戊申、戊子、戊午、丁巳、丁亥、丙辰、丙戌、乙卯、乙酉。按《素問·六微旨大論》所述，天符之年，邪氣在上，人體發病迅速且嚴重。

所謂歲會，指歲運五行屬性與地支五行方位屬性相同。六十甲子中，計歲會有八，分別為甲辰、甲戌、己丑、己未、乙酉、丁卯、戊午、丙子。這些干支中，歲運的五行屬性不僅與地支的五行屬性相同，而且地支的五行方位恰是該五行屬性的正位。歲會之年，邪氣在下，人體病勢徐緩但持久。

所謂太乙天符，亦稱太一天符，指既是天符，又是歲

會的干支組合，即歲運的五行屬性與司天之氣的五行屬性及
年支的五行方位屬性皆相同。《素問‧天元紀大論》稱之為
「三合為治」。六十甲子中，計太乙天符有四，分別為戊
午、乙酉、己丑、己未。相比於天符和歲會，在太乙天符之
年、月、日、時，患者病情會更為危重。太乙天符之年，邪
氣上下相交，人體病勢急劇且有死亡危險。故按劉完素所
論，假令患者「太一其日得病，十死一生也」。⊜223

二、對劉完素四時傷寒傳正候法價值的批判與再認識

1. 對劉完素四時傷寒傳正候法的批判

劉完素的四時傷寒傳正候法，以患者生年及患病日辰
為依據，純粹以推演得出疾病初患部位、傳變日程、臟腑
及預後。之後其弟子馬宗素，在此基礎上，進一步發明類
似之說《傷寒鈐法》。該法將《傷寒論》各病證方藥鈐成
固定字型大小，亦從患者生年和患病之日干支入手，推算
出所患何病，病在何經，當現何症，當用何方，何日病瘥
或病重。

無論劉、馬，其法皆只重推演而未辨脈理。這也引發
後世醫家對二人先天運氣理論的猛烈抨擊。然抨擊焦點主
要集中在馬宗素，此恐是後世顧全劉完素身後威名之故。
早在元代，劉完素三傳弟子朱丹溪曾側擊其師門道：「學
醫之初，宜須先識病機之變化，論人形之處治。若便攻於
運氣，恐流於馬宗素之徒，而云某生人，某日病於某經，
用某藥治之之類也。」㉔明代虞搏則堅決反對此法：「此

43

馬宗素無稽之術而以世之生靈為戲玩耳。」⑤清代葉天士亦認為：「如馬宗素之流者，假仲景之名，而為《傷寒鈐法》，用氣運之更遷，擬主病之方治，拘滯不通，誠然謬矣。」⑥總之，元以後不少醫家認為《傷寒鈐法》為代表的先天運氣理論悖逆《內經》之旨，惑亂仲景辨證論病之法，有損五運六氣聲譽。

近代以來，隨著中國傳統文化賴以生存的社會土壤日漸喪失，中醫的發展更是舉步維艱。「陰陽五行說，為兩千年來迷信之大本營。」⑦343深植於陰陽五行框架之上的中醫運氣學愈發為世人不屑。劉完素的四時傷寒傳正候法，作為典型的先天運氣學，更是受到世人的直接指摘。梁尚博便直批劉完素「滿紙盡是五行生剋之語，穿鑿阿會，強解事理」。⑧是故建國以來，有關劉完素的醫學研究中，罕見先天運氣理論的研究。

2. 對劉完素四時傷寒傳正候法價值的再認識

作為運氣學說的重要組成部分，先天運氣學對患者出生及胎孕期的運氣氣化特點進行分析，探討其對患者生理病理體質及發病證候的影響。這本身就體現出對時間因素與人體健康關系的深刻認識。目前，即使在國外，也開始重視時間因素對疾病影響的研究。⑨先天運氣學，恰恰是中醫在此領域的先天優勢。

中國大陸對先天運氣學的研究始於上世紀80年代。汪德雲先生對出生及胎孕時間與體質與證候的關系進行專題研究，提出人體胎曆病理內臟定位規律，籍此預測後天發

病的病理定位。⑪⑫王氏的系列研究成果受到當時學者的關注。之後的後續研究則零星出現。劉玉芝、余丹分別對眾多肝火上炎患者及腦卒中患者的出生時間的運氣特點與疾病特點進行對比分析，發現二者的密切聯繫。⑬⑭近年來亦有對胎孕及出生時運氣氣化特點與中醫體質的相關性研究，在認可二者關聯客觀存在的同時，指出人體未來發病的規律。⑮⑯總之，上述學者對先天運氣學價值均給予相當的肯定。劉完素的四時傷寒傳正候法，作為先天運氣學的重要組成部分，其價值自然亦應受到今日學者之認可。

然而，由於運氣學的預測屬於定性預測，具體到個人，則未必相符。運氣醫學本身的局限性，決定了四時傷寒傳正候法對疾病的診治只能是概率性的群體診治，而不會是精准的診治。因此，其法不能視為臨床診療之圭臬。但是瑕不掩瑜，劉氏此法不會因此而貶值。因為，我們不但可以應用它的預測功能最大限度預防疾病的到來，更為重要的是，可以運用其理論來更好地指導臨床辨證，提高治癒率。劉完素的四時傷寒傳正候法等先天運氣學理論，可以更多地向指導疾病治療方面展開。

參考文獻:
㊀楊威，白衛國. 五運六氣研究[M]. 北京: 中國中醫藥出版社，2011.
㊁劉完素. 新刊圖解素問要旨論[M]//宋乃光. 劉完素醫學全書[M]. 北京: 中國中醫藥出版社，2006.

㊁蘇穎. 五運六氣探微[M]. 北京: 人民衛生出版社, 2014.
㊃徐春甫. 古今醫統大全[M]. 北京: 人民衛生出版社, 1991.
㊄虞搏. 醫學正傳[M]. 北京: 中國醫藥科技出版社, 2011.
㊅葉天士. 葉選醫衡[M]. 北京: 人民軍醫出版社, 2012.
㊆梁啟超. 陰陽五行說之來歷//顧頡剛. 古史辨(第五冊)[M]. 上海: 上海古籍出版社, 1982.
㊇梁尚博. 辨河間六氣為病及火說[J]. 星群醫藥月刊, 1951 (11): 11.
㊈王國為, 楊威. 淺談中醫理論的時間屬性及其對晝夜節律的認識[J]. 世界睡眠醫學雜誌, 2017 (1): 27-30.
㊉汪德雲. 出生年月的運氣與疾病的關系[J]. 浙江中醫雜誌, 1981 (3): 106.
㊀汪德雲. 從胚胎發育期看運氣學說[J]. 中醫藥學報, 1984 (3): 11-12.
㊁汪德雲. 小兒疾病與胚胎發育期之間內在規律的探討[J]. 北京中醫學院學報, 1984 (4): 12-14, 31.
㊃汪德雲. 十二指腸潰瘍自然發生率與胎曆時間有關[J]. 中醫藥學報, 1984 (6): 32, 18.
㊄汪德雲. 運氣學說病理定位律的臨床應用[J]. 山東中醫學院學報, 1988 (2): 34, 58.
㊅劉玉芝, 符文增. 300例肝炎上炎型眩暈患者出生時相運氣特徵研究[J]. 河南中醫藥學刊, 1998 (4): 4-5.
㊆余丹, 張蘇明. 出生時間與腦卒中發病的關系[J]. 中國臨

床康復，2004（19）：3707-3709.

⑰張薇薇，鐘宇，楊宇琦等. 五運六氣對體質及患病的影響[J]. 中華實用中西醫雜誌，2007（20）：1795-1796.

⑱李游，尹婷. 五運六氣於中醫體質學研究[J]. 中華中醫藥雜誌，2008（11）：952-954.

⑲左幫平，陳濤，楊會軍，鄧李蓉. 五運六氣與疫病關系的現代研究綜述[J]. 遼寧中醫藥大學學報，2009（5）：217-219.

（本文原載於《中華中醫藥現代遠程教育》2019年第23期）

再論理學與金代醫學崛起之關聯

摘要：金代醫學從治學方法到醫學理論，都達到了一個前所未有的高峰。眾多學者認為，金代醫學崛起的重要因素之一，是北宋以來的理學對金代醫學影響甚巨。事實上，二者發展軌跡雖有類似，卻並非具備先後承繼關系。在北宋本非顯學的理學，至金代更趨衰微，從未轉化成擁有話語霸權的政治意識形態。在其自身難保的情形下，更遑論對當時醫學的影響力。金代醫學的崛起，更多的是受惠於唐宋以來的社會變革，而非單純的理學影響。

關鍵詞：金代醫學；理學；宋學；唐宋變革

金代醫學流派肇興，新說紛呈，發揮經義，各有獨到。從治學方法到醫學理論，都達到了一個前所未有的高峰。中國醫學出現了百花齊放、百家爭鳴的嶄新局面。近代以來，諸多學者皆認為，北宋以來的理學對金代醫學影響甚巨，是金代醫學崛起的重要因素之一。事實上，在北宋本非顯學的理學，至金代更趨衰微，在其自身難保的情形下，更無論對當時醫學的影響力。金代醫學的崛起，更多的是受惠於唐宋以來的社會變革，而非單純的理學影響。

1 理學與金代醫學關聯的表像與實質

《四庫全書總目提要》言：「儒之門戶分於宋，醫之

門戶分於金元。」㊀是書所論雖乃宋儒與金元醫學之發展
脈絡，卻易使後人誤將理學與金代醫學聯想到一起。尤其
近代以來，學術界更是習慣將宋明理學與金代醫學相關
聯。民國時期謝觀云：「北宋之後，新說漸興，至金元而
大盛。張劉朱李各創一說，競排古方，猶儒家之有程朱陸
王。」㊁馮友蘭論及宋明理學與宋明醫學時亦言「宋明時期
的醫學理論應該屬於宋明理學的組成部分」㊂。建國以來的
中醫學教材，無論《中國醫學史》㊃還是《中醫各家學說》
㊄，也傾向於將金代醫學流派崛起的原因直接歸納為理學的
示範作用，認為宋代理學對金元時期中醫學影響深遠，無
論是河間學派抑或易水學派，其治學方法、學術思想乃至
學派形成中皆蘊含的顯著的理學元素。近年來學者所論之
根據，雖言之紛紜，但大體可歸類為兩種：一是金代醫家
某些具體的理論思想受到宋代理學家思想的直接啟發；二
是金代醫學的革新之學風受到宋代理學學術爭鳴之風的影
響。

　　近年來，從河間、易水學派醫學思想出發探求理學痕
跡者不乏其人。如有學者認為，劉完素在其著名的「火熱
論」中，對火的性質的認識以及「動則屬陽」的觀點，吸
收了張載、朱熹、周敦頤及二程的相關論述。㊅亦有學者
認為，張元素的「天地六位元藏象圖」或受邵雍後天易學
的啟發。且不論上述理學家的思想在金朝境內流布之嚴重
不足或完全闕失，即便諸位理學先賢論及於此之語流布金
朝，只言片語的附會或者學術大類的近似，不僅不能證明

宋代理學與金代醫學的先後繼承關系，甚至會使後人混淆二者產生的淵藪。如老一輩學者丁光迪⑬曾經指出，劉、張二人的悟道淵源很值得今人研究。劉河間宗黃老之學，以水火為性命。其以心腎水火理論為學術思想之中心，正合水火濟用、坎離交通之旨。以此推之，焉知劉氏之「火熱論」不為道家修真之要道？又，現代亦有學者認為，張元素之「天地六位元藏象圖」應源於北宋初年道家陳希夷所創的「乾坤易龍圖」。⑭如此說來，劉、張的上述醫學思想，乃由自道家而非由自理學。

　　金代醫學學風較之漢唐醫風有所轉變亦是不爭的事實。從單純的中醫文獻研究到金代結合臨床闡發醫理，從以往的治經考據到金代醫家的疑經改經，從之前的醫學學術沉寂到金代的醫學學術爭鳴，金代醫風較之漢唐醫家，確實發生不小的轉變。與之相對應，宋代的理學家也一改漢唐學者疏不破注，偏重考據的治學方法，突破傳統，疑經改經，紛立新說，學派爭鳴。兩相比照，金代醫學與宋代理學在學風上確有極大的耦合。但是，若將這種醫學學術新風的產生單純地認為是步宋代理學爭鳴與創新的後塵，顯然是忽視了宋學的學風特點乃至整個宋代社會風氣的特徵。考證金代醫風的形成，離不開唐宋社會變革的視角。自20世紀初日本學者內藤湖南發表其代表作《概括性的唐宋時代觀》⑨後，百餘年來世界各國中國史研究者不斷致力於挖掘宋代以後中國社會風貌的轉變現象與原因。概括而言，宋代以後，中國在人民地位、社會流動、官吏任

用、商品經濟、文學性質等諸方面均發生顯著變化。這些變化使宋代文明更具近世文明的色彩。在大的社會變革的背景下，宋代的經學由重師法、疏不破注變為疑古、以己意解經。文學由注重形式的四六體演變為注重自由表現的散文體。其餘如哲學、藝術、醫學、自然科學等的發展，亦具有類似的性質。因此，那些關注到宋元醫學與宋元理學近似性的學者，實質上忽視掉了更為重要的一點，即這種近似性不僅發生於醫學和理學的領域，而且發生在自然科學和社會科學的各個領域。

　　廖育群①考證中國傳統醫學曾發生了三次大的革命，其中起於宋代延至金元的第二次革命中，金元四大家醫學思想的革命性表現的尤為顯著。考金代劉完素、張從正、李杲諸人，皆以革新思想垂範杏林。②表面看來，三家皆以己說鳴於當世，但深入發掘則會發現，三人均試圖以一個終極原理詮釋世間複雜的疾病現象，實質上是欲在醫理與治法上促成一場革命：劉完素認為六氣皆能化火，在病機證候上，他將《素問・至真要大論》病機十九條50餘證擴展至80餘證，且所有證盡從火化。在治法上主張以寒涼之藥直折火熱之邪；張從正認為病由邪生，攻邪已病，用汗、吐、下三法即可涵蓋治病的全部意義。「世人欲論治大病，舍汗、吐、下三法，其餘何足言哉。」③李杲學說中心思想是脾胃元氣論。強調內傷脾胃，百病由生。在治療上以補中升陽之法遣藥制方。從本質上看，金代醫學大家們的醫學主張均是在普遍否定當時社會上流行的醫理與治

法，因此在當時及後世人看來也不免偏激。難怪清代徐大椿斥「河間、東垣乃一偏之學」㊵。但正是這種偏激的革新思想，恰與宋代社會變革之風相呼應。從這個角度來說，金代醫學學風的形成，或有金代理學的痕跡，但更多的應是受宋代以來醫學、宋學學風乃至整個宋代社會變革之風的深刻影響。

2 金代理學發展遲緩影響難及醫學

　　理學難以影響到金代醫學，首先在於理學在北宋並非顯學，延至金代更趨衰微。北宋的理學長期以來存在於非官方的民間思想世界中，由於沒有與權力結合成為絕對的「真理」，也就不能夠進而轉化成擁有話語霸權的政治意識形態。除了元祐（1086-1094）年間一度引人矚目外，這種學術思想並沒有佔據北宋思想世界的制高點，「甚至延續到理學體系建立的南宋理宗時代，它還一直是邊緣的、民間的，象徵著士大夫階層的理想主義思潮」。㊶192

　　明清以來盛極一時的理學在北宋時只是宋學當中並不起眼的一個學派。近幾十年來，學術界習慣將宋學（新儒學）與理學等同。對此，已故宋史學會會長鄧廣銘先生曾呼籲「應當把宋學與理學加以區別」㊷。事實上，宋儒所建立的宋學在發展過程中形成不少派別，包括王安石的新學，三蘇的蜀學，二程的洛學，張載的關學。其中新學為宋學中最大流派，長期為兩宋官方哲學；蜀學亦曾影響一時；反而是作為理學重要來源的洛學和關學，在北宋影響

有限得多，直至南宋後期才逐漸確立為國家統治思想。⑯
195~200聞名於後世的北宋五子（周敦頤、邵雍、張載、程
顥及其弟弟程頤），因為其理學先驅的身份而在後世中國
古代思想史上佔有濃墨重彩的一筆。但是在這五位哲學家
的生前及身後相當長的一段時間內，他們的聲名和學說卻
未曾如後人想像般顯赫。被朱熹推為理學開山宗師的周敦
頤，不僅未能形成自己的學派，而且亦未揚名當時，連朱
熹也承認：「濂溪在當時⋯⋯無有知其學者。」⑰521鄧廣銘
亦考證，「在其時（北宋）的儒家學派當中，（周敦頤）
是根本不曾佔有什麼地位的」。⑱二程創立的洛學，作為北
宋理學的正脈，在其時的學術界也是一個較小的學派。由
於其學術思想過於高遠，其學問道德的傳承，始終是少數
人的追求。正如南宋袁采所言，其學「皆議論精微，學者
所造未至，雖勤誦深思，猶不開悟，況中人以下乎」？⑲張
載所創立的關學，在當時影響更小，在張載死後，逐漸沒
落，其門生大多轉投洛學，而後至南宋初年已不復存在。
至於邵雍，生前生活困頓，依靠富弼、司馬光等人的接濟
為生，其創立的象數學說，被二程諷為「空中樓閣」⑳。直
到南宋，其在理學家心目中的地位仍不高。

　　劉子健指出，由於北宋五子的貢獻主要在形而上學領
域，這些並非當時知識界的興奮點，因此他們在生前身後
的短時期內均未產生太大影響。十二世紀初，伴隨著北宋
的滅亡，這個學派在中原地區最終衰亡，但在其後南傳的
過程中蓄積待發。㉑由此可見，理學在北宋末年已基本消失

在中國北方，在宋金對立時期的金國境內不太可能影響廣泛。因此客觀地講，金代醫學的崛起如果確是受到宋學影響的話，那麼理學在其中的影響力，也會極為有限。

理學難以影響到金代醫學，還在於金代並不存在理學生長和推廣的社會土壤。宋元時期理學思想的擴張，除卻皇權的推動外，士紳階層的傳遞意義更為重要。宋元明清以來，社會上層的知識、思想、信仰往往通過士紳階層的家規、族規、鄉約之類的規定，或其編訂的童蒙讀物的傳播，甚至其主持的祭祀以及祭祀過程中伴隨的戲曲、說唱，來廣泛傳遞到民眾之中。㊟244-246宋代社會，一個重要的變化是士紳階層的膨脹。從宋太祖開始，宋廷大量選拔任用讀書人，開放取士途徑，優獎進士，重建官學（尤其是地方州縣學校），鼓勵私學興辦，常年以往，終於在北宋中期即形成一個從中央至地方的龐大士人集團。㊟541~546鑑於這些新興士紳階層在地方上的影響，中央文明的思想與風尚得以迅速地向地方推進和擴張。從北宋至南宋，隨著士紳階層的穩步發展，逐步滲透到民間，包括理學在內的整個宋學的理念，也逐漸從城市推廣至鄉村，從少數士人擴展至整個社會。

相比於兩宋士紳階層的發展壯大，金代的士紳階層則長期處於萎縮狀態。由於北方常年的戰爭影響及女真統治者在文化建設方面的滯後，金代的讀書人以及由此構成的士紳階層較之南宋相形見絀。宋金之交北方的士紳階層多隨宋南遷，少數留存者「或遭屠割之慘，或抱種姓之痛，

不願應試」，加之民族歧視政策所造成的漢人仕途被阻㊀
639、643，這些均導致當時的北方中國人習俗粗陋，德行漸
墮，不習詩賦。金世宗曾謂賀揚庭曰：「南人獷直敢為，
漢人性奸，臨事多避難。異時南人不習詩賦，故中第者
少。」㊤按，金代將先歸附的遼地人稱為漢人，後歸附的宋
地人稱為南人。金世宗時，金朝立國已半個世紀，但從上
文描述中仍可見其在北部中國的文明教化事業尚未展開。
如此，則金國境內士紳階層的發展更無從談起。在中國中
古社會，如果缺少士紳的參與，那麼任何文明從中央向地
方，從都市向鄉村的傳播都將失去保障。士紳的缺失，必
將導致金朝理學在北部中國缺乏生長和擴張的路徑，以及
由此帶來的思想觀念與社會生活的深刻變化。於是乎在宋
金兩地呈現出迥然不同的發展面貌。這種面貌影響之廣
泛，遍及醫學、文化、思想等諸多方面。一個顯著的例
證，就是元代理學的北傳現象。相較於中國醫學界較早關
注到的元代醫學南傳問題㊂，元代理學北傳現象更為古今
中國哲學界所矚目。宋金時期，因民族割據而導致的政治
經濟文化的斷絕，使得「北方之為異域久矣，雖有宋諸儒
疊出，聲教不同」㊣2995。「道學之名，起於元祐，盛於淳
熙。」㊃相較於南宋理學的蓬勃發展，金代理學在這一時期
則罕有記載。由於金代理學較之南宋發展滯後，故而從元
初開始，理學思想逐漸向北方傳播。㊄在這批負責傳播的理
學家中，以宋代理學傳承者自居的趙復，堪為北傳理學第
一人。正是在他的北上傳授下，程朱之學始於北方鬱起。㊅

2995由此不難反推，金代之時理學在中國北方生存的艱難。

綜上所述，近代以來將理學與金代醫學崛起相聯繫的理由，主要在於二者在治學方法、學術思想、學派形成等方面的特點近似。然而二者發展軌跡雖有類似，卻並非具備先後承繼關系。考之金代理學生存既為艱辛，更遑論其對醫學的影響。金代醫學學派爭鳴盛況的出現，或有金代理學的痕跡，但更多的應是受到宋代以來醫學實踐、宋學學風乃至整個唐宋時代社會變革之風的深刻影響。

參考文獻：

㊀（清）紀昀．四庫全書總目提要[M]．石家莊：河北人民出版社，2000：2592.

㊁謝觀．中國醫學源流論[M]．福州：福建科學技術出版社，2004：13.

㊂徐儀明．理學太極論與金元明醫學[J]．中州學刊，1996（2）：70-73.

㊃張成博、程偉．中國醫學史[M]．北京：中國中醫藥出版社，2016：77.

㊄劉桂榮．中醫各家學說[M]．北京：人民衛生出版社，2016：13.

㊅趙鴻君．論宋明理學對金元時期醫學流派形成與創新的影響[J]．中國中醫基礎醫學雜誌，2005（2）：98-100.

㊆丁光迪．金元醫學之崛起[J]．中醫函授通訊，1991（5）：2-5.

㈧吳昊天. 張元素生平之補正及其學術思想的探討[D]. 北京中醫藥大學碩士學位論文, 2014：40.

㈨（日）內藤湖南. 東洋文化史研究[M]. 上海：復旦大學出版社, 2016: 103-112.

㉒廖育群. 中國傳統醫學中的「傳統」與「革命」[J]. 傳統文化與現代化, 1999（1）：85-92.

㉓趙德田. 金元醫學的革新思想[J]. 醫學與哲學, 1986（4）：10-12.

㉔（金）張從正. 儒門事親[M]. 北京：中國醫藥科技出版社, 2011: 32.

㉕（清）徐靈胎. 醫學源流論[M]. 北京：中國中醫藥出版社, 2008：90.

㉖葛兆光. 中國思想史（第二卷）[M]. 上海：復旦大學出版社, 2018.

㉗鄧廣銘. 應當把宋學與理學加以區別/福建省閩學研究會會議論文集[C]. 北京：學林出版社, 1987：25-27.

㉘（清）黃宗羲、全祖望. 宋元學案[M]. 北京：中華書局, 1986.

㉙鄧廣銘. 鄧廣銘學術論著自選集[M]. 北京：首都師範大學出版社, 1994.

㉚（宋）袁采. 袁氏世範[M]. 天津：天津古籍出版社, 2016: 1.

㉛（宋）程顥、程頤. 二程遺書[M]. 上海：上海古籍出版社, 2000：146.

⑪（美）劉子健. 中國轉向內在——兩宋之際的文化轉向[M]. 南京: 江蘇人民出版社, 2012: 133、66.

⑫錢穆. 國史大綱[M]. 北京: 商務印書館, 1996.

⑬（元）脫脫. 金史[M]. 北京: 中華書局, 2151.

⑭鄭金生. 宋金元時期南北分裂對醫學發展的影響[J]. 醫學與哲學, 1989（2）: 18-21.

⑮癸辛雜識[M]. 北京: 中華書局, 1997 : 169.

⑯朱軍. 元代理學與社會[D]. 西北大學博士學位論文, 2015: 66-73.

（本文原載於《醫學爭鳴》2020年第5期）

醫易學研究概述

運用《周易》的基本原理來指導醫學研究，在中國醫學史上已有漫長的歷史，並由此形成頗具特色的分支學科——醫易學。所謂醫易學，就是以易理闡發醫理，以易學匯通醫學的學說。醫易學研究的核心問題是醫易匯通。從漢代至今，其研究路徑大致分為兩條：一是以易釋醫，以易學哲學原理闡釋醫理。這條研究路徑，亦是歷代醫易學家匯通醫學與易學的主要途徑；二是以易學的象數之學為基礎構建醫學理論模型，如後世出現的子午流注法、明代太極命門學說、黃元禦的土樞四象模型、彭子益的大氣圓運動模型，皆如此。只是這條研究路徑出現較晚，且時斷時續。

有關醫易學的研究歷史，從漢代至今已愈2000年。其學肇始於《黃帝內經》，經隋唐時楊上善、王冰初步發揮，至金元劉完素、李杲、朱震亨逐步完善，再到明代張介賓、趙獻可、孫一奎等發揚下將其學帶入極盛。而後在清代鄭欽安、彭子益、黃元禦等繼承捍衛下，雖中醫象數模型達到高峰，醫易學漸趨完善，但是隨後隨著近代以來社會文化思潮和中西醫實力此消彼長，醫易學連同其母體中醫學日趨沒落。尤其在民國時期「中醫科學化」思潮的衝擊下，以陰陽五行、干支系統、卦氣學說等為基礎的醫易學更是逐漸退出歷史舞臺，至今未見明顯振興。除中醫運氣學外，其它研究長期闕如，廣大中醫院校甚至至今也無專門的醫易學教材編撰出版，故而其國內外學術史梳理

更無從談起。

西漢時期，已經形成了以《周易》為研究中心的易學，隨後出現的《黃帝內經》便將易學哲學中的天人合一思維、象數思維運用其中，成為醫易學發展的濫觴。朱伯崑指出，漢代成書的《黃帝內經》已受《易傳》和漢易卦氣說的影響。不少篇章更是直接運用易學象數哲學來闡明醫理。如《靈樞・九宮八風》按後天八卦方位對應洛書九宮八卦，以與臟腑相配，即是對文王後天八卦和洛書的直接應用。又如《素問・氣厥論》論及五藏寒熱相移次序，乃是遵循八卦從先天到後天的移動規律。例如腎移寒熱於脾，源於坤卦先天居北應腎，後天居西南應脾；肝移寒熱於心，源於離卦先天居東應肝，後天居南應心。其餘諸如脾移寒熱於肝、心移寒熱於肺、肺移寒熱於腎，莫不如此。《黃帝內經》此時更是運用易學象數構建起中醫的藏象模型，依據河圖模型和五行生成理論，不僅確立了五臟方位，更是建立起了獨特的四時五臟陰陽模型。

如果說漢代時《黃帝內經》雖有引用易學哲學之實，而尚無直接言及易理之文字，那麼隋唐時期的醫學文獻已經正式開啟「以易釋醫」的研究方式。楊上善在《黃帝內經太素》中以漢易的卦氣說解釋四時五臟理論，闡明天人變化對應之理。並將十二消息卦於人體十二經脈對應，解釋三陰三陽的命名，以及十二經脈的病理變化。中唐王冰在《重廣補注黃帝內經素問》中多次援引易經，不僅以易理闡發醫理，更是以易學象數思想解釋醫理。而最具王冰

醫易學代表性的成就，是其添加進《黃帝內經》的「七篇大論」中建立的中醫運氣學。該學說以天文為開端，由星象推斷天時，天時推出天氣地氣，再由天地合氣預測人的健康疾病。五運六氣所引申的運氣曆法，是古人模擬宇宙氣化規律而創立的一套預測疾病的曆法。該模型基於易學哲學中的象數思維，是中醫象數思維的巔峰代表。千百年來，中醫運氣學深刻影響著中醫理論的進展，宋代以後，關於其學的研究不絕如縷，至今方興未艾。

金元時期，金元四大家之劉完素、李杲、朱震亨皆以易理闡發醫理，使醫易學研究從廣度和深度上超越前代，亦為明代醫易學之鼎盛奠定基礎。劉完素以易理闡釋「火熱論」及寒涼用藥原理。他據《說卦傳》之「燥萬物者莫熯乎火」，為其火熱病機尋找依據。又依「潤萬物者莫潤乎水」、「離火為戈冰」之說，為其寒涼用藥尋找理論出處。李杲據易學之旨，倡脾胃之說。他依照坤卦象辭「至哉坤元！萬物資生，乃順承天」將脾土當作人體元氣之根本。「脾胃為氣血陰陽之根蒂」，「內傷脾胃，百病由生」。朱震亨依照「太極動而生陽，靜而生陰」論證「凡動皆屬於火」，又以《易傳》中「吉凶悔吝生乎動」證明其相火容易妄動，以此闡明其相火論立論之由。其餘諸如以乾卦論肺、泰否論脾胃、坤卦創「倒倉法」等皆是朱震亨熟稔易學哲學，於醫易學遊刃有餘之證明。

明代是醫易學發展的極盛時代。徐儀明指出，一方面，明代醫家突破金元醫家以易理比附醫理或藥理的方

法，從而使醫理得到易理的拓展，得出了新的理論結論。
另一方面，明代醫家進一步深化了金元醫家所關注的學
術問題，並以爭鳴和辯難的方式，使醫易學研究走上更
高的理論階段。明代醫易學家中，以張介賓的學術創建
最為顯著，可謂超古越今。張介賓醫易學著作甚多，有
《醫易義》、《大寶論》、《真陰論》、《太極圖論》
等，是醫易學理論體系真正創建者。他在醫易同源說、陰
陽五行說、理氣象數說等諸多領域取得豐碩成果。如他從
太極本源的角度闡釋醫易同源之理，以邵雍的先天學解釋
醫學中的陰陽說，以河洛之學解釋醫學中的五行說，將程
朱理學「有理而後有象」改造成了「有是象則有是理」，
使得宋元以來的易學哲學乃至理學，走上了與自然科學相
結合的道路。此外，在象數易學領域，明代醫家最突出的
成就當為太極命門模型的創建。孫一奎、趙獻可、張介賓
等人先後據太極模型而創建命門學說。如孫一奎認為：
「命門乃兩腎中間之動氣，非水非火，用造化之樞紐，陰
陽之根蒂，即先天之太極，五行以此而生，臟腑以繼而
成。」其認為兩腎間的動氣即為命門所在。趙獻可則補充
道：「……左邊一腎屬陰水，右邊一腎屬陽水，各開一寸
五分，中間是命門所居之宮，其右旁即相火也，其左旁即
天一之真水。」此更是依據太極圖原理而作。張介賓贊同
趙獻可之說，亦以太極圖式作為命門模型之所依。以上三
人，運用易學之太極理論，悟道命門之真諦：太極即無
極，雖然含陰陽兩儀，但屬無形，由此可推導人身之太

極——命門定非實物，非左右之腎，而是在兩腎中間，無行跡可循，只是一團動氣。太極命門學說是明代醫易學家運用易學原理做出的具有前瞻性和醫學價值的理論貢獻。

清代，是醫易學漸趨沒落的時期。這一時期，雖出現鄭欽安、彭子益等醫易學大家，以及晚清時醫易學的迴光返照，但是較明代而言，其學術走勢已趨回落。被世人尊為「火神」的鄭欽安，著有《醫理真傳》（1869）、《醫法圓通》（1874），書中以乾坤坎離立論，真陽為本，探求陰陽盈縮，生化至理。彭子益著有《實驗系統古中醫學》（今名《圓運動的古中醫學》），以易學哲學中河圖升降之圓運動闡釋人體奧秘，將四時之氣統一在圓運動中，首次將六氣歸於五行，解決了千百年了六經氣化和五行藏象的相容問題。該書自民國十年充任教材起，迄今百年而不衰。是以知該象數模型之成熟。值得一提的是，晚清以來中西醫學開始相互碰撞匯通。由於彼時西醫實力尚不足以撼動中醫，中醫界對西醫態度較為包容，中西醫學相互交融匯通成為主流，醫易學亦在西醫的參照下，有了理論研究的動力和新的依據。如羅定昌的《中西醫粹》（1893），雖本河洛易學，靈素之說，但亦參西醫之解剖。另一位中西匯通的代表人物唐容川，在其著作《醫易通說》（1901）、《中西匯通醫精經義》（1892）中不僅以河洛之理闡明經義，以卦象解釋藏象，更主張以西證中，西為中用。大體而言，在西方醫學的輔助下，晚晴時的醫易學反而迎來學術史上一個小的高峰。

　　民國時期是醫易學走向最終衰亡的階段。隨著新文化
運動的開展，科學信仰的普及，質疑中醫為偽科學的聲音
越來越高。而以陰陽五行、干支系統、卦氣學說等為基
礎的醫易學更是首當其沖。1916年余雲岫出版《靈素商
兌》，1923年梁啟超在《東方雜誌》發表《陰陽五行說之
來歷》，1926年章太炎在《醫居春秋》發表《論五臟附
五行無定說》。三人皆痛斥陰陽五行之荒謬，中醫之迷信
與神秘，主張革新中醫甚至全盤西化中醫。而後的「中醫
科學化」思潮則成為壓垮醫易學的最後一根稻草。這一時
期，雖有惲鐵樵的《群經見智錄》拼死捍衛醫易學理論之
合理，但是時勢所致，科學化論終佔上風；雖有鄒趾痕、
劉有餘等醫易學家潛心著述，但是書稿存之寥寥，且其學
術價值已不可同前人而語。醫易學最終在「中醫科學化」
的改造下逐漸衰亡。社會文化思潮和中西醫學勢力的對比
是導致醫易學衰亡的根本原因。

　　新中國成立後，在意識形態的影響下，醫易學數十年
來仍湮沒不聞。改革開放前，只有任應秋等少數學者從事
著中醫運氣學的研究。然而從上世紀八十年代開始，國內
諸多學者逐一致力振興醫易學各領域。近年來國內醫易學
研究主要集中在以下兩個方面：一是易學哲學的相關論
述。北京大學朱伯崑（1923—2007）教授的《易學哲學
史》① （1994年第三版），是上個世紀八、九十年代易學
哲學研究領域的權威著作。作者以高屋建瓴的智慧，指出
中國易學史大致分為五個時期。這些時期，或受到天文曆

法、占星術、天人感應論的影響，或受到老莊玄學、新儒學、樸學的影響。這種認識，對於我們研究醫易學發展脈絡不無啟示。同時，朱伯崑對於各個時期易學中象數之學的闡微亦是今人研究醫易學有益的橋樑。二是中醫運氣學。湖南大學的靳九成（1937—）教授，是近年來活躍在醫易學領域的一個代表人物。他從上世紀九十年代以來，就開始關注醫易學中的天文學問題，並將其與中醫運氣學相關理論相結合。近年來，他曾先後從二十八宿背景下木星類公轉運動和火星推導出六氣正化對化；還撰文指出中醫運氣學中的主運、主氣、大運、客氣等概念皆可從天文學中得到答案。蘇穎（1960—）教授和楊威（1968—）研究員，多年來皆致力於傳統中醫運氣學研究，並建立起各自研究團隊。在她們的努力下，長春中醫藥大學和中國中醫科學院已成為國內中醫運氣學研究的重鎮。除了上述兩大研究領域，王彥敏（1985—）的博士論文《近代醫易學派研究》（2014年）是近年來唯一正面研究醫易學派的論文，文中首次梳理出近代早期、中期、晚期醫易學派的發展脈絡、代表著作、學術特點，為醫易學史研究打下良好基礎。總體而言，近四十年來國內學者的醫易學研究重心，仍集中在易學哲學、中醫運氣學等領域，尤其是本世紀以來，中醫運氣學研究獨佔鼇頭，日漸成為顯學。醫易學其他領域的研究則常年處於學術邊緣地帶。

比較而言，國外醫易學研究要遜於國內。這大概是醫易學本身的複雜性及文化本土性決定的。近十年來，只有

美籍華裔學者陸致極（1949—）在命理健康領域做出重要
開創。在近年來先後出版的《解讀時空基因密碼：輕鬆知
道你的先天體質》②、《解讀時空基因密碼：續集：疾病早
知道》③等著作中，陸致極系統總結了個人出生時間與其體
質、健康、疾病之間的關聯。借助數理統計演算法和計算
機程式，在對數千案例進行大數據整理的基礎上，不斷調
整命理格局內部運算數值，從而使最終計算結果接近於臨
床檢驗結果。陸致極較為可信地提出個體出生時空結構與
中醫學劃分的中國人的九種體質以及後天多種疾病（包括
癌症）的爆發的確存在某種相關關聯。雖然這種探索帶有
強烈的原創性，試錯幾率極高，但是它代表了醫易學未來
的發展方向，對後來者的研究具有強烈的啟迪。誠如作者
本人所言，「本書（《解讀時空基因密碼：續集：疾病早
知道》）只是為開展這樣的項目提供一個理論分析模型，
提供一個如何實施它的雛形框架」。④

注釋：

①朱伯崑著：《易學哲學史》，北京：昆仑出版社，2009 年。

②陸致極著：《解读時空基因密碼：轻松知道你的先天体质》，
北京：中國中醫藥出版社，2017 年。

③陸致極著：《解读時空基因密碼：续集：轻松知道你的先
天体质》，北京：中國中醫藥出版社，2020 年。

④陸致極著：《解读時空基因密碼：续集：轻松知道你的先
天体质·前言》，北京：中國中醫藥出版社，2020年。

近百年來中國命理學研究述評

提要: 命理學的現代研究始於民國肇始, 至今已大體經歷了三個階段。這期間, 命理學逐漸走出神秘主義, 完成了由古代至現代的轉型, 並走向學術化。尤其是近二十年來, 一些學者開始嘗試對命理學進行多方位系統深入的研究。雖然近百年來的命理學研究碩果累累, 但也暴露出後繼乏人、研究不夠全面深入等問題。

關鍵詞: 命理學; 研究; 階段; 不足

一、近百年來中國命理學研究回顧

命理術是術數的一種。它是中國古代發展起來的以一個人的出生時間為依據, 以陰陽五行理論為推命方法, 描寫並預測個人命運的術數。對命理術及其文化的研究可以稱之為命理學。命理學的現代研究始於民國肇始, 故其研究史不過百年。其間, 已大體經歷了三個階段。第一階段 (民國時期) 是對古代命理文獻的整理與詮釋以及命理學通論性著作的編寫; 第二階段 (20世紀50年代至90年代) 是引入現代科學思想和方法論; 第三階段 (20世紀90年代至今), 命理學者開始從文化、社會、歷史、哲學等多角度對命理學進行深入研究。總體來看, 三個階段的研究雖時有交錯重複, 但基本上還是按照上述三個階段特徵來展開進行的。命理學也逐漸走出神秘主義, 完成了由古代至現代的轉型, 並走向學術化。

（一）第一階段：通論性著作的出現和命理文獻的重新整理——命理學開始走向通俗化和學術化

從1916年袁樹珊編寫《命理探原》算起，到1949年新中國成立，命理學經歷了從傳統到現代的第一個轉型期，這也可看作是命理學研究的第一個階段。民國以前，江湖派和書房派長期處於分流狀態，難以互通有無。至晚清時，命理術的發展處於緩慢甚至停滯的狀態。民國建立後，江湖派和書房派漸有合流之勢。民國以前，命理書籍或體例不精、文字蕪雜，或淺陋繁複、晦澀難懂。這給它的傳承和發展帶來了巨大的障礙。袁樹珊（1881—1968）對此類書籍評價道：「……然其中有有起例而無議論者，有有議論而無起例者，有失之繁蕪，而不精確者，有失之簡略，而不賅博者，非惟初學難以入門，即久於此道者，亦多不明其奧義。」㊀《序》為了使民國的命理學能夠走向大眾和科學，一些知識分子或受西方文明影響的命理術士開始將古代晦澀難懂的命理文獻逐一整理，並按照西方教材的編排方式，寫出命理學通論性著作或講義。個別著作，甚至已經開始引用西方最新的科研成果來解釋傳統命理概念。命理學逐漸揭開神秘的面紗，開始走向通俗化和學術化。綜而言之，命理學在這一階段的發展表現在以下兩點：

首先是命理學通論性著作的出現。袁樹珊編著的《命理探原》原版於1916年，是今天見到的最早的一部命理學通論性著作。該書將古代命理文獻鑲嵌於綱領之中，夾

敍夾議，既言之有據，又便利初學，一改過去命理書籍晦澀玄妙之風。㊀1935年韋千里（1911—1988）出版的《千里命稿》和隨後的《韋氏命學講義》，均是以西方教材形式編寫而成的講義。《千里命稿》先論天干地支，後論五行、六親以及格局分類。該書語言精練，通俗易懂，為後世命理學通論性著作編寫之範本。㊁徐樂吾（1886—1948）在1938年完成的《子平粹言》是該時期又一本重要的命理學通論性著作。該書對用神、格局等命學核心問題闡述詳盡。在書中，作者條理清晰地闡明了選取用神的五種方法和判定格局高低的六條標准。這些方法和標准，成為後世學人斷命之準繩。該書的第六編古法論命部分，是今人研究唐宋古法時期命理術的重要參考文獻。作者認為命理學古法時期的唐李虛中術源自五星術，「唐李虛中就五星之術而變其法，去星盤而專用年月日時，以年為主，推算祿命」，「子平源於五星，而古法論命，為子平與五星間之過渡」。㊂456《子平粹言》是命理術在新的轉型與整合時期的最重要的代表作。潘子端（1902—1990）1937年出版的《命學新義》也是這一時期值得關注的命理學通論性著作。該書第一部分「水花集」首次將西方現代心理學分析引入傳統命理學中。潘子端借鑒了當時西方分析心理學創始人榮格（Carl Gustav Jung，1875—1961）的性格類型學說，將其八種性格類型說直接與命理術之八格對應起來。㊃這種全新的闡釋，開現代命理學科學理論研究之先河。

其次是對古代命理文獻的整理和詮釋。民國伊始，袁樹珊、徐樂吾等命學大師皆意識到古代命理文獻對現代人的學習和研究造成很大障礙，實有必要早做整理和詮釋。[西72]這一時期，徐樂吾曾先後評注多部命理學經典，包括《子平真詮評注》、《滴天髓徵義》、《滴天髓補注》、《造化元鑰評注》、《窮通寶鑑評注》。這一時期整理、詮釋出的古籍還有潘子端的《滴天髓新注》，袁樹珊校、李雨田校補的《滴天髓闡微》，韋千里校的《精選命理約言》以及他和尤達人校的《神峰通考命理正宗》。命理文獻的重新整理和詮釋，為命理學的規範、普及奠定了良好的基礎。事實證明，由徐樂吾、韋千里等校注的命學古籍，在之後的數十年間，逐漸成為後人學習掌握古代命理學理論知識之必讀經典。故其校釋之功，不可小覷。

（二）第二階段：實證和計量研究之風盛行——現代科學思想及方法論的引入

20世紀50年代至90年代，是命理學研究的第二個時期。由於政治及意識形態等原因的影響，命理學在中國大陸一度銷聲匿跡，但在港臺地區，命理學的研究仍在有力地向前推進。這一時期研究的特點，是現代科學思想和方法論被逐漸引入命理學，尤其在臺灣，實證和計量研究之風盛行命理學界。

上世紀60年代初，臺灣教師吳俊民（1917—）出版的《命理新論》是一本概論性質的命理學講義。該書首次提出實證的研究方法，開中國命理學界實證研究之風。該書

的許多思想及方法頗具創新性，如提出八字年柱必須從冬至點開始更換，一改千百年來年柱以立春點更換的慣例。對於吳俊民的這一大膽變革，後人一直爭論不斷。高源、範良光、吳懷雲、司瑩居士、了無居士、陸致極等術士及學者皆有回應，贊成者有之，反對者亦有之；吳俊民還改進了陳果夫（1892—1951）的八字先天體格檢查表，將人八字地支所藏干與天干一同標記到表內，結合五行四時旺衰狀況，分析其強弱分佈，進而判斷該人先天疾病，並注重實證的檢驗。⑤《命理新論》堪稱首部探討健康命理研究的著作。後來趙季青的《八字與健康》、鐘義明的《現代命理與中醫》（武陵出版社，1993年）、陸致極的《又一種「基因」的探索》（上海人民出版社，2012年）均是以實證的方法來驗證命理醫學理論准確與否，足見吳俊民對後來者影響之巨。

　　70年代到80年代，臺灣新一代命理術士和學者希望以計量研究的方法使命理學研究更加科學化、精確化。70年代陳品宏在《預言命律正解》（大成出版社，1986年）中提出「實律說」，首次將計量研究引入命理學；80年代，何建忠在其著作《八字心理推命學》（希代書版有限公司，1985年）中，自創一套陰陽計分法，規定了八字干支中的陰陽氣含數，以此來選取「中用神」；吳懷雲在《命理點睛》（希代書版有限公司，1986年）中提出一套計算五行力量強弱的公式。但遺憾的是，無論是陳品宏的實律數，何建忠的陰陽氣含數計算，還是吳懷雲的五行力量強

弱的計算公式，都有一個致命的缺陷，那就是其計算的出發
點的數據來源是自由心證或由夢而得，並非科學意義上的
數據。這也使得之後的計算結果難以令人信服。㊄379其實，
無論上述幾人再做出多少次試驗和計算，其付出很可能都
將是勞而無獲。個中緣由，或如陸致極（1949—）先生所
言：「……八字命理學推理的主要手段是象，象本身是模糊
的，是不確定的，因此，如何能期待它得到完全精確的結論
呢？」㊄453現代科學思想及方法論的引入，為古代命理學添
加了更多的現代因素，也為其研究注入了勃勃生機。但是，
由於命理學本身理論系統的制約，這些嘗試並未達到預期的
效果。無論是民國時期的徐樂吾、方重審、潘子端，還是臺
灣新一代的命理術士及部分命理學者，他們均希望命理學能
夠早日擺脫迷信的桎梏而走向科學與理性，但時至今日，他
們的這一目標也未能實現。原因何在？張明喜先生對術數性
質的認識或許有助於我們今天去理解命理學不能立於科學之
林的原因：「……（術數）蘊涵著一定的原始形態的科學因
素和一定的科學思路，甚至還可以從其中的某些思想指向分
離出一些新的科學領域，但就其現有的基本的性質特徵和文
化風貌來說，我們只能說它是中國古代文化複合而成的產
物，為一門極想進入科學的殿堂，卻又終於徘徊於科學的殿
堂之外的偽學。」㊀403-404

　　這一時期的臺灣命理學界的另一代表人物當屬梁湘潤
（1930—）。60年代至今，梁湘潤先後完成命理著作30餘
部。他不僅校釋了大量命理古籍，而且嘗試對子平古法等命理

術早期推命方法進行探討。其代表作有《李虛中命書》（武陵出版社，1985年）、《大流年判例》（金剛出版有限公司，1986年）、《滴天髓、子平真詮今注》（行卯出版社，2000年）、《命略本紀》（《命略本紀》（行卯出版社1997年））、《神煞探原》（行卯出版社，2003年）等。

　　80年代以後，臺灣出現的命理學通論性作品不勝枚舉，較有代表性的作品有陳品宏的《命理奧義》（金剛出版有限公司，1986年）、了無居士的《八字的世界》（河畔出版社，1992年）、鐘義明的《現代命理實用集》（武陵出版社，1993年）、陳柏諭的《專論女性八字學》（益群書店，1995年）和《四柱八字闡微與實務》（益群書店，1997年）、梁湘潤的《子平基礎概要》（《子平基概要》（行卯出版社，1988年））等。總體來看，命理學通論性著作由於體例統一，內容雷同，偶有創新也多為個人體驗，難以上升至學術高度，故此類作品雖數量龐大，至今暢銷不衰，但於學術研究已價值不大。

　　上世紀80年代後期中國大陸出現的周易熱與氣功熱，也促使了八字命理術在中國大陸的復蘇。80年代末，洪丕謨、姜玉珍夫婦合著的《中國古代算命術》（上海三聯書店，2006年再版）是中國大陸自解放以後出現的第一本命理學著作。該書在中國大陸再版多次，而且在今天看來，也是一部學術質量較高的命理學通論性著作。楊景磐的《玉照定真經白話例題解》（中州古籍出版社，1994年）也是一部具有較高學術質量的古典命理文獻評注作品，該

書也是至今罕有的專門講解古法時期命理術的著作。這一時期中國大陸出現的命理學通論性著作還有：邵偉華的《周易與預測學》（明報出版社，1995年再版）、《四柱預測學》（明報出版社，1993年再版），陳園的《四柱預測學釋疑》（明報出版社，1993年再版），郭耀宗的《四柱命理預測學》（中州古籍出版社，1994年）。總體來說，大陸的這些通論性作品的質量水準遠不及臺灣的同類作品，且從事研究的命理術士和學者人數也遠少於臺灣。

（三）第三階段：多學科、多角度、宏觀研究方興未艾——當代命理學研究特點

相對於命理學近百年的研究成果而言，命理學者從文化、社會、歷史、哲學等角度對命理學進行深入研究的歷史就要短得多。無論是港臺、大陸、還是海外，以多方位視角對命理學進行研究，都是近二十年的事情。這種多方位、宏觀的研究視角在將命理學研究領入更高層次的學術領域的同時，也避免了實證主義和計量研究將命理學帶入死胡同的尷尬。

最早以這種宏觀視野對命理學進行研究的人是美國華裔學者陸致極。上世紀90年代中後期，陸致極先生先後出版《八字命理新論》（益群書店，1996年）、《八字與中國智慧》（《八字命理新論》增訂版，益群書店，1998年）。在上述書中，作者創新性地指出八字命造結構含有以日主和月支為主而形成的兩個網絡結構，並討論了八字命理學所包含的中庸思想、平衡哲學以及辯證智慧。進入

21世紀，陸致極先生又以更為宏觀的視野寫出了《中國命理學史論》，該書是迄今為止唯一一本從歷史文化角度論述命理學的通史性著作，因而具有里程碑的意義。該書將傳統命理學作為一種歷史文化現象加以研究，用現代的觀念和語言，探討了傳統命理學發展的歷史，探尋和揭示傳統命理學發展的歷史文化原因。作者首次提出一個成熟的命理學的產生需要具備三個基本條件：一是個人主體性意識的覺醒；二是秦漢以來定型的中國封建的農業社會大結構；三是世俗化的價值取向在社會上盛行。⑥34-40在該書中，作者以歷史和邏輯相統一的方法，勾勒出八字命理發展的邏輯進程、基本意象和分析方法。作者還認為，傳統命理學作為中國漫長的封建農業社會的產物，隨著農業社會向現代工業社會的過渡，將不可避免地喪失其描寫和預測的能力。它目前正面臨著一場前所未有的生死存亡的挑戰。如果命理學的研究和命理術的改進無法出現重大突破的話，那麼，消亡將是其不可避免的命運。⑥408-413

　　進入21世紀以來，中國大陸的命理學研究開始呈現出蓬勃之勢。早在陸致極寫作《中國命理學史論》之前，中國大陸的何麗野（1955—）教授就已經完成了《八字易象與哲學思維》一書。該書從八字易象的組成結構、八字易象的哲學思想以及它對中國古代哲學思想的影響等方面展開論述。何麗野教授注重八字「象」的研究，指出八字易象的發展過程是一個從形而上學思維到辯證思維，最後再到系統思維的變化過程。①「本書多發前人之所未發，填補

了八字易象之哲學思想研究的空白。」⑻作者還首次指出，
八字命理術是從京房易中衍生出來的術數。它對宋明理
學的本體論和人性論思想有著不可忽略的影響。該書還從
社會學的角度深入剖析命理學，認為八字命理術中的「六
親」、「十神」等概念，反映了當時社會的經濟發展狀況
和封建社會裡的家庭與社會的關系。⑼何麗野教授的上述這
些觀點，無論是哲學領域的還是社會學領域的，均具有獨
到之處。

　　除了上面提到的何麗野教授，清華大學的劉國忠教授
（1969—）也是這一時期的代表性人物之一。其博士畢
業論文《五行大義研究》是國內唯一研究《五行大義》的
專著。《五行大義》一書雖不是命理學著作，但該書保存
了眾多先秦至六朝時期的陰陽、五行思想材料，是人們研
究古代陰陽五行思想的一部入門之作。以陰陽五行為推命
基礎的命理術多以此書為其理論源泉，故其研究成果客觀
上對唐宋命理學研究起到促進作用。劉國忠教授的《五行
大義研究》，對《五行大義》的版本源流、《五行大義》
在學術史上的地位以及海內外對它的研究現狀都做了詳盡
的論述。⑩2009年，由黑龍江人民出版社出版的《唐宋時
期命理文獻初探》是劉國忠教授幾年來研究成果的又一次
匯總。該書的主體部分是對唐宋時期命理文獻的討論和整
理。其所集文章涉及廣泛，包括中國古代術數研究現狀、
《五行大義》研究、《五行精紀》研究、徐子平事蹟考述
以及對多篇宋代命理文獻的考辨。該書的下篇「資料篇」

中，作者參照宋代命理文獻《五行精紀》等著作，整理出
《李虛中命書》、《直道歌》、《五行要論》等一批宋代
命理文獻。[①]唐宋時期命理文獻荒蕪雜亂，命理學歷史撲朔
迷離。這一時期的許多問題，諸如李虛中術的產生過程、
徐子平事蹟及其子平術的淵源、唐宋命理文獻的考釋等，
在此之前都還沒有人給予充分的關注，更不要說深入的研
究。劉國忠教授第一次廣泛的回應了上述學術問題，並做
出了相當的貢獻。因此，可以說，《唐宋時期命理文獻初
探》不僅是本世紀以來，亦是建國以來中國大陸出版的有
關唐宋時期命理學研究的最高水準著作。它的出版，為後
人研究唐宋命理學起到了奠基性作用。

　　這一時期中國大陸學者中研究領域涉及到命理學的還
有張榮明、黃正建、林立平、趙益、董向慧等。張榮明在
《方術與中國傳統文化》的第二章「命理術起源及形成的
考證」中，詳細考釋了古代命理術的許多基礎，諸如五行
生剋、四時五行盛衰、五行寄生十二宮、干支配五行等的
產生過程。在判斷出這些小系統的誕生時間後，作者方在
卷帙浩繁的古代文獻中尋找記錄古代命理術的蛛絲馬跡。[②]
其論證過程層層遞進，富有邏輯性。黃正建在《敦煌占卜
文書與唐五代占卜研究》一書中，列舉出敦煌文書中祿命
術類文書22件。其中部分晚唐五代宋初之文書已涉及到干
支知識、推祿法、推驛馬法、五行刑、沖、合、害法等命
理術的基礎知識。[③]這些文書雖然提供的資訊有限，但對
於唐宋命理術的研究不無益處，值得學人們的注意。林立

77

平在《神秘的術數：中國算命術研究與批判》一書的第六章「命學典籍評述」中，詳細點評了十幾本有影響的古代命理學文獻。在第八章「算命術的產生與發展」中，作者論證出命理術產生於漢代的結論。㉔趙益則從新、舊《唐志》及《隋志》等古典術數文獻的對比研究中考釋命理術的形成與發展歷程。㉕董向慧博士所著的《中國人的命理信仰》，該書視角新穎，是一部社會思想史著作，主要從社會學角度分析中國人的命理信仰。㉖值得一提的是，董向慧博士還曾撰文首次披露了載有古代徐子平、徐大昇事蹟和宋代子平術重要文獻《子平三命通變淵源》，這為後人研究子平術早期歷史提供了重要線索。早在2009年，劉國忠教授曾撰文《徐子平相關事蹟辨證》，判定徐子平的事蹟及地位的傳說皆屬子虛烏有，指出這些傳說本身是一個「層累地造成」的學術謊言。㉗之後董向慧博士在新發現的史料的基礎上，特刊文《徐子平與「子平術」考證──兼與劉國忠先生商榷》回應劉國忠教授的論點，認為古代關於子平術傳承的傳說是可靠的，只是它隱秘相傳的歷史，使很多學者對其真實性產生了懷疑。㉘這也是筆者目前僅見的國內兩篇專門探討子平術早期產生發展歷史的重要論文。

二、研究的不足及其原因

命理學的學術史已近百年。本世紀以來，中國命理學研究更呈現出喜人的成就。部分著作開始從社會、歷史、

文化、哲學等多方位角度來審視中國古代命理學。這為今後命理學的研究發展奠定了良好的基礎。但是，我們也應看到當前存在的不足與嚴重問題。首先是目前從事命理學研究的學者數量極為有限。總體來看，命理學研究長期由兩大主流人士把持，一是受現代文明影響的命理術士，二是長期從事命理學研究的學者。前者可看作江湖派之延續，後者則是現代之書房派。兩種人士時而交錯，其研究亦有所互補，但總的來講還是有一定區分領域。術士之研究重在介紹命理術（主要是明清時期子平術）之推命方法以及近代以來對其理論的一些改進和應用成果，即主要限於術的研究；學者之研究旨在考證命理術之產生、發展演進之歷史，以及命理學所涵蓋的哲學、社會學等知識。二者相較，顯然前者的貢獻較為有限。命理學的發展主要還是依賴命理學者的研究。但是，以近二十年學術史的回顧來講，真正提到的專門研究命理學的學者不過十位，且其中一部分人因為各種原因目前已遠離命理學研究工作。命理學研究人數過少及後繼乏人的狀況十分明顯。

其次，這些學者雖然為命理學的發展做出許多開拓性貢獻，但其研究成果還不能視為非常充分，不少領域的探討只能算是淺嘗輒止。就宋代命理術研究而言，不少領域還都是空白。如在李虛中術在宋代的傳承情況、宋代命理術與前朝命理術相比，有哪些方面的進展、子平術的產生時間及早期發展狀況、宋代命理文獻的整理與校釋等方面，目前來看還非常薄弱。

　　最後，當前命理學與其它術數的合作研究還很不夠，命理學之研究應放在整個術數學研究的基礎之上。命理術屬於中國古代眾多術數的一種。它雖然有其自身的特點，但也與眾多術數有著千絲萬縷的聯繫。舉例來說，早期命理術的產生發展過程中就吸收了不少星占學與擇吉術的內容。宋代出現的子平術也吸收了當時盛行的火珠林法的六親配置法則等內容。研究命理學之學者，如果不對古代其它術數有大體的瞭解，恐怕難以深入其研究。當然，這就要求學者們具備精深的術數知識以及宏觀的學術視野。可是我們幾輩學人由於歷史、文化、政治等原因並不具備這些素質。甚至可以說，當前的大多數學者，對於術數知識一無所知。這對今後命理學研究的進一步開展無疑是個巨大的障礙。②

　　總體來講，中國命理學研究還處於起步階段。這一點在中國大陸表現的尤為明顯。中國學術界對包括命理學在內的術數學缺乏研究，這種狀況自20世紀以來便一直存在。造成這一現象的深層次原因，一是自五四以來人們對中國古代陰陽五行思想給予的批判與否定。梁啟超認為，「陰陽五行說，為二千年來迷信之大本營」④（《陰陽五行說之來歷》）。近代以來，隨著人們接受了西方的科學文化思想，陰陽五行思想漸被國人所拋棄；二是建國以來人們反對封建迷信，禁止社會上各種算命活動，這種視算命為落後封建迷信的觀念至今對人們影響很大。雖然今天並沒有禁止命理學的研究，但不少學者還是對其持有偏

見。一些想做命理學研究的學者也怕被扣上搞封建迷信的帽子。況且在今天的學術界，研究命理學的學者很難申請到科研基金，其研究成果也難以發表在高水準的學術刊物上。這些因素，最終導致了今日大陸對命理學研究的缺失。

注釋：

①關於八字象的研究，除了《八字易象與哲學思維》一書外，還可參見何麗野教授的《八字易象與周易卦象的源流關系》，載《周易研究》2006年第3期；《八字象的和諧思想研究》，載《浙江社會科學》2012年第11期。
②關於古代術數研究不足的論述，可參閱劉國忠《中國古代術數研究綜論》，載《湖南科技學院學報》2005年第3期；史少博《中國大陸對古代術數研究卻失問題》，《社會科學論壇》2008年第11期。

參考文獻：
㊀袁樹珊. 新命理探原 [M]. 香港：心一堂，2014.
㊁韋千里. 千里命稿 [M]. 香港：心一堂，2011.
㊂徐樂吾. 子平粹言 [M]. 臺北：武陵出版社，1998.
㊃徐樂吾、潘子端. 命理一得·命學新義 [M]. 臺北：武陵出版社，1993.
㊄吳俊民. 命理新論 [M]. 臺北：進源書局，2006.
㊅陸致極. 中國命理學史論 [M]. 上海：上海人民出版

社，2008.

⑦張明喜. 神秘的命運密碼 [M]．上海：上海三聯書店，1992.

⑧何麗野. 八字易象與哲學思維 [M]．北京：中國社會科學出版社，2004.

⑨張文智. 八字易象與哲學思維 [J]．周易研究，2006，（1）：97.

⑩劉國忠. 五行大義研究 [M]．沈陽：遼寧教育出版社，1999.

⑪劉國忠. 唐宋時期命理文獻初探 [M]．哈爾濱：黑龍江人民出版社，2009.

⑫張榮明. 方術與中國傳統文化 [M]．北京：學林出版社，2000.

⑬黃正建. 敦煌占卜文書與唐五代占卜研究 [M]．北京：學苑出版社，2001.

⑭王玉德、林立平. 神秘的術數：中國算命術研究與批判 [M]．南寧：廣西人民出版社，2003.

⑮趙益. 古典術數文獻述論稿 [M]．北京：中華書局，2005.

⑯董向慧. 中國人的命理信仰 [M]．上海：上海人民出版社，2011.

⑰劉國忠. 徐子平相關事蹟辨證 [J]．東岳論叢，2009，（5）：140-143,

⑱董向慧. 徐子平與「子平術」考證 －兼與劉國忠先生商榷

［J］．東岳論叢，2011，（2）：98-103.

㉚梁啟超．古史辨［M］．上海：上海古籍出版社，1982.

㉛何麗野．八字易象與周易卦象的源流關系［J］．周易研究，2006，（3）：12-18.

㉜何麗野，八字象的和諧思想研究［J］．浙江社會科學，2012，（11）：119-159.

㉝劉國忠．中國古代術數研究綜論［J］．湖南科技學院學報，2005，（3）：133-137.

㉞史少博．中國大陸對古代術數研究卻失問題［J］．社會科學論壇，2008，（11）：4-9.

（本文原載於《甘肅社會科學》2013年第5期）

命理與疾病、體質的臨床研究

　　摘要：命理與中醫，二者都以天干地支作為推斷工具，遵循著陰陽五行學說，以五行屬性聯繫各個臟腑器官，以生剋制化來闡明生理變化的原因。受惠於追求相關關係的科學方法論以及大數據時代的便利，通過100餘例臨床檢驗，本研究初步建立起個人生辰八字與其疾病、體質間的相關關係，進而找尋出藏在現象背後的某些規律。雖然這種對應仍屬粗略，從臨床上檢驗，結論還遠未達到臻於至善的境界，但是其中蘊含的規律激人奮進。

　　關鍵詞：命理健康；生辰八字；臟腑疾病；中醫體質

一、命理與疾病

　　現代命理推論疾病的要點可以歸納為，以生辰八字為研究對象，根據干支五行與人體臟腑的對應關係，觀察八字系統內是否有天干或地支受損過度或亢旺過度，如有，則其對應的臟腑可能會發生相應的疾病。再依據後天時空運氣發展規律，不俟疾病發生，即能預測其何時可能發生何病。在病因病機分析與臨床驗證的基礎上，最終判定命主先天罹患何種臟腑疾病的幾率為高。不過這些疾病，「僅屬於重大的疾病，尤以五臟六腑之病為最」。

天干陰陽五行臟腑對照表①

五行	木		火		土		金		水	
陰陽	陽木	陰木	陽火	陰火	陽土	陰土	陽金	陰金	陽水	陰水
天干	甲	乙	丙	丁	戊	己	庚	辛	壬	癸
地支	寅	卯	巳	午	辰戌	丑未	申	酉	亥	子
臟腑	肝	膽	小腸	心	胃	脾	大腸	肺	膀胱	腎

　　筆者自2019年以來，先後通過100餘例臨床醫案，初步建立起個人生辰八字與其臟腑疾病間的關聯。依臨床檢驗，無論傳統命理學中論命的重心為何，以生辰八字論病，既不能以命理術古法之年柱干支或納音為論病重心，也不能以命理術今法之日干為出發點，而只能以命局內五行旺衰為依。只要五行扶抑得當，五臟即處平和狀態，身體便會康泰；單一或幾種五行之氣太過或不足，與之對應的五臟亦處於亢衰狀態，人體便會患上相應疾病。即所謂「氣相得而安和，氣相逆而災疹」②。

　　輔以陸氏時空基因軟體③的測試生成圖，現通過具體案例將部分關聯展現如下：

（一）肝脾疾病

乾造1：辛酉 癸巳 丁酉 乙巳④

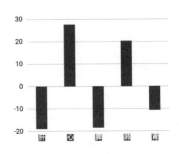

乾造1先天五臟能量分佈圖

　　患者常年處於亞健康狀態。據反饋，其在21歲時曾患急性胰腺炎，之後幾年脾胃問題出現，一度嚴重至休學，直到大學畢業後才逐漸消失。而自大學時代至今20年來，又發現自身一直患有陽痿和極易視疲勞等問題。經脈診，患者肝經損傷嚴重。觀其先天五臟能量分佈，肝脾弱而心肺強，且強弱分明。肝臟能量弱，故肝經先天弱，非後天所致；且肝主宗筋，患者應年少時即有陽痿症狀，只是不自知。肝在竅為目，目的視覺功能，依賴肝血的濡養和肝氣的疏泄。肝經弱，患者自然易患視疲勞。至於其脾胃問題，一方面，和肝疏泄功能失常，無力促進和協調脾胃之氣的升降運動有關；另一方面，與脾運化失常有關。張錫純認為，胰腺屬於脾臟一部分，既然患者脾臟能量弱，故其脾胃疾患和胰腺炎發生幾率較之常人都為高。

（二）腎臟疾病
乾造2：癸亥 丙辰 辛未 戊子

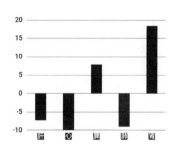

乾造2先天五臟能量分佈圖

　　患者反饋30歲後性功能衰退嚴重。32歲時，發現腎結石，當年曾做過碎石處理，但是目前（38歲）又有新的腎結石出現。從其八字結構來看，肝、心、脾、肺四臟能量數值皆在正常範圍內，唯腎臟能量值過高，不僅命局內有癸水、亥水、子水，而且天干丙辛化水，水行極重。過猶不及，腎為水臟，腎臟系統必然極易處於病態中。待步入壬子大運（32-41歲），天干地支又為水行。命運結合，水氣氾濫，腎陽不足，陰寒凝滯，結而成形。故腎結石在此階段反覆出現，性功能衰退嚴重。

（三）肺臟疾病

坤造1：乙未 丁亥 壬辰 壬寅

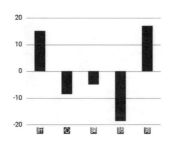

坤造1先天五臟能量分佈圖

　　患者反饋中年以後常年患有氣喘，但從未認真治療。近三年（64歲以後）氣喘愈發嚴重，且冠心病、肺炎反覆發作，幾次住院治療。從其先天五臟能量分佈圖來看，患者肺臟能量最弱，肺氣的宣發與肅降運動不易維繫，進而導致氣虛，出現少氣不足以息、肢倦乏力等症。若肺氣虛弱，不能輔心行血，則又可導致心血運行不暢，甚至血脈瘀滯，出現心悸胸悶等症。至於肝臟能量數值偏高，《素問·刺禁論》載「肝生於左，肺藏於右」⑤，左升右降，則氣機調暢，氣血循環貫通。但是患者肝強而肺弱，肝易升而肺難降，如此則氣機難以調暢，氣血循環難以貫通。又，腎臟能量值也偏高。肺為呼氣之主，腎為納氣之根。患者肺弱而腎強，肺腎之間升降難以協調，則呼吸亦難以和利。況患者五六步大運壬辰、癸巳運（44-63歲）時，再

行水運，腎水數值更高，肺腎之間升降愈發失調，故中年以後呼吸不利問題逐漸凸顯。七八步大運甲午、乙未（64-83歲）又行木運，木亢而侮金，肝升肺降之功效愈弱，患者氣機逐漸失調，氣喘愈發嚴重，氣血循環貫通不暢問題愈發凸顯。

（四）大腸疾病

乾造3：己未 丙寅 丙午 戊子

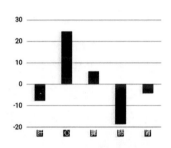

乾造3先天五臟能量分佈圖

患者在2020年（41歲）下半年體檢時發現罹患大腸癌，惡性，已到晚期。已做手術及數次化療，目前仍在恢復中。從其先天五臟能量分佈來看，心系統過亢、肺系統過衰，且心火剋肺金，剋害嚴厲。大腸與肺由手陽明大腸經和手太陰肺經相互屬絡而成表裡關系，故其先天疾病隱患在大腸與肺之間。值得關注的是，患者在發現罹患大腸癌前不久曾前往廣州中山大學附屬腫瘤醫院防癌體檢中心做了79組全序列基因檢測，進行癌症篩查。檢查結果卻顯示，其基因全

是低風險。這也證明患者的腫瘤應該不是來自基因遺傳。那麼，從先天稟賦的角度考慮，其大腸癌的爆發更多應歸因於時空基因中生辰八字蘊含之「氣」的影響。

「康泰生於和合，疾病起於刑傷。究五行衰旺之理，推百病表裡之詳。內應五臟，外屬四肢。」⑥命理論病，在某種意義上，與傳統中醫是一致的，並對古代中醫的發展起到一定作用。但亦應注意到，命理學對疾病的推斷與中醫學有很大的區別。雖然二者都是以五行屬性聯繫各個臟腑，以生剋制化闡明病理變化原因，但是中醫學是以臨床上的四診合參診斷人體的健康狀況，並辨證論治。命理學則是以個體人的生辰八字而非人體本身作為研究對象，其推算過程有時會牽強附會，甚至不乏荒謬之處。現代命理健康研究，聚焦於先天稟賦有缺而導致的臟腑疾病隱患，並未計較於具體的部位和疾病，也是基於規避上述缺陷的考慮。臨床證明，這種預測方法可以大大降低疾病預測的錯誤率，為現代人去實踐古代中醫治未病的理想拓展了新的途徑。在近兩年的時間裡，筆者從臨床100多個案例中初步建立起個體人的生辰八字與其臟腑疾病之間的對應關系。雖然這種對應仍屬粗略，但是其中蘊含的規律激人奮進。

二、命理與體質

體質是指人體生命過程中，在先天稟賦和後天獲得的基礎上所形成的形態結構、生理功能和心理狀態方面綜合的、相對穩定的固有特質。其表現為結構、功能、代謝以

及對外界刺激反應等方面的個體差異性，對某些病因和疾病的易感性，以及疾病傳變轉歸中的某種傾向性。體質學說的提出，最初源於人們對生命個體差異現象的發現。早在《黃帝內經》時代，中醫界對體質就已有了初步的認識。《靈樞·通天》以個體陰陽含量多少的差異，將人分為太陰、少陰、太陽、少陽、陰陽平和5種類型。《靈樞·陰陽二十五人》則按形態特徵、性格心態、寒熱適應等，將人體體質劃分為木、火、土、金、水五種類型，五種主類型下，再依五音太少、陰陽屬性等差異，細分為5種亞型，於是有25種體質。後世名醫不斷將中醫體質學說研究推向深入，尤其是明代張景嶽、清代黃宮繡、葉桂等人，在多年的理論探索與臨床實踐的基礎上，逐漸確定了傳統中醫體質學說。但是，傳統的中醫體質學僅散見於各家醫著，並未形成專門的學術體系。直到上世紀70年代後期，王琦教授開始從事中醫體質學說的理論、基礎與臨床研究，他和他的課題組，在古代體質學說的基礎上，結合臨床實踐、流行病學及統計學調查方法，逐步確立了中醫體質理論體系，建立了中國人九種基本體質類型系統。至此，中醫體質學說作為一門嶄新的學科正式確立。

然而目前的中醫體質學研究，主要還是通過調查的形式，歸納和描寫個體人在後天生命過程中某個階段的相對穩定的固有特質，對於先天體質的研究依舊闕如（這與其觀察和度量本身存在的困難有關）。從發生的角度來看，先天體質是人體體質形成和發展的根本原因，是個體體質

特異性以及穩定性的決定性因素。因此，未來的中醫體質學研究，應當在先天體質研究方面，努力開拓進展。

那麼，這種先天體質該如何探尋呢？

一般而言，先天體質除了來自雙親的基因遺傳，還深受出生時的氣候特質的影響。近幾十年來，不斷有學者嘗試從個人出生時的運氣週期節律入手，推求一個人與生俱來的由外部時空所造成的「基因」圖譜，即先天體質。上世紀80年代，汪德雲⑦、李陽波⑧就以人體胎兒期或出生時的五運六氣狀態為先天稟賦的根源，探索後天疾病發生的規律。進入本世紀，田合祿、毛小妹等人從人出生之年所受的運氣週期節律出發，更深層次地判定人體稟賦體質。⑨只是，上述研究都是在運氣範疇內做出的。而在運氣框架內，時間跨度的下限是60天的時間長度。在這樣一個時限內，涵蓋的人數可能數以萬計。有鑒於此，另一些學者汲取古代命理健康理論，將先天稟賦研究的時間框架，精確至每一個時辰（2小時）。通過臨床檢驗，大膽嘗試以生辰八字推斷人體健康，初步總結個體人出生時的年月日時干支體系框架與中醫九種體質之關聯。

雖然在傳統命理健康理論中，由生辰八字推斷的健康領域內容主要為陰陽五行、臟腑強弱，並未包含人的體質一說。但在中醫體質學說中，氣血、陰陽、臟腑等因素是每種體質形成的最重要根源。如果由生辰八字可以推導出臟腑疾病，那麼，從理論上來講，生辰八字亦可建立起與中醫體質之間的關聯。只是，這中間的理論目前仍是盲

點。不過，受惠於追求相關關系的科學方法論以及大數據時代的便利，我們可以先將二者依據其相關性聯繫起來，進而尋找出藏在現象背後的某些規律。

近年來，陸致極利用計算語言學、大數據方法論，在命理學先天體質研究領域，取得令人矚目成果[10]。大體而言，他以古代命理學的理論為基礎，從生辰八字的成分組合層面深入它的構成元素層面，同時進行數量化編碼，使八字結構成為可以用數字表示的變量關系。通過臨床數據的不斷驗證，確立這些數據與不同體質之間的關聯。整個操作過程大體如下：

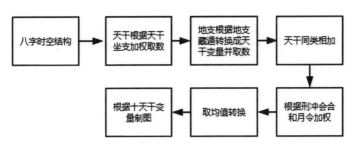

生辰八字轉化體質指數編碼程式圖

經過筆者數百次的驗證，這種經由生辰八字轉化而成的數字變量，大體上符合傳統命理術所推算出的天干強弱。故為使命局五行強弱分佈一目了然，本書所舉命理醫案，皆以陸氏所研發的先天五臟能量計算軟體為佐助，附上其所生成的先天五臟能量分佈圖。

雖然從當下來說，陸致極的研究尚有諸多缺陷。比如其計算的出發點的數據來源是自由心授或古書所授，並非科學意義上的數據生成；又比如經臨床檢驗，由陸氏開發的軟體計算出的體質與現實中通過對患者的調查而得到的體質，差異仍較為明顯。但是，這種通過新測案例修訂統計參數，在不斷測試基礎上，用統計方法重新計算和改進程式的方法，已經大為改觀古代命理學研究的現狀，也為現代命理研究注入了勃勃生機。依託大數據時代所提供的科學調查手段、數理統計方法以及軟體工具，隨著統計案例的增加，其統計的精度或許還會有質的提升。

筆者自2019年以來，亦先後通過100餘例臨床檢驗，初步建立起個人生辰八字與其體質間的相關關係。輔以陸氏時空基因軟體的測試生成圖，現通過具體案例將部分關聯展現如下：

（一）陽虛體質

坤造2：戊辰 庚申 辛亥 戊子

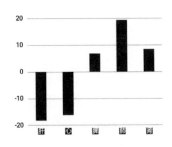

坤造2先天五臟能量分佈圖

坤造2中，臨床調查與命理健康預測皆為陽虛體質。從五行層面來看，命局內肺金、腎水為正值，肝木、心火為負值。金水寒涼，木火溫熱。這恰好對應著陽虛質的定義：由於陽氣不足，失於溫煦，以形寒肢冷等虛寒現象為主要特徵的體質狀態。[11]從生辰八字結構來看，陽虛體質的人通常其出生時空結構中金水遠旺於木火。肺腎系統強旺而肝心系統過衰。

陽盛陰衰、陰盛陽衰，本是人之常態，很少有人八字結構完全中和。生辰八字並非稍有偏差，即落入陽虛或陰虛體質。臨床檢驗上，八字結構中木火和金水的強弱對比，只有較為明顯時（正負值皆在10以上甚至20以上），患者本人才會有陽虛或陰虛的體質傾向。其餘體質的命理推斷亦如此。

（二）陰虛體質

坤造3：丁卯 甲辰 甲午 己巳

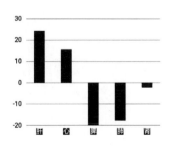

坤造3先天五臟能量分佈圖

坤造3中，臨床調查與命理健康預測皆為陰虛體質。從五行層面來看，命局內木行、火行為正值，金行、水行為負值。與陽虛體質相反，陰虛體質之人往往其出生時空結構中木火旺而金水衰，即肝心系統強於肺腎系統。

（三）痰濕體質

坤造4：戊子 甲子 丁酉 乙巳

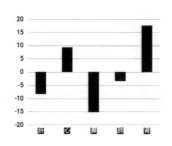

坤造4先天五臟能量分佈圖

坤造4中，臨床調查與命理健康預測皆為痰濕體質。痰濕質定義：由於水液內停而痰濕凝聚，以黏滯重濁為主要特徵的體質狀態。[12]五行層面上，命局內脾土最弱，而腎水最旺。明代張介賓言：「蓋脾主濕，濕動則為痰；腎主水，水泛亦為痰。故痰之化無不在脾，而痰之本無不在腎。所以凡是痰證，非此即彼，必與二臟有涉。」[13]臨床觀測顯示，痰濕體質之人的先天五臟能量分佈中，以脾土虛弱、腎水氾濫最為顯著，此亦暗合張介賓之意。

（四）氣鬱體質

坤造5 癸丑 乙卯 甲子 丁卯

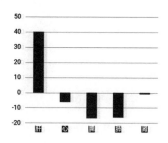

坤造5先天五臟能量分佈圖

　　坤造5中，臨床調查與命理健康預測皆為氣鬱體質。氣鬱質的表現為：由於長期情志不暢、氣機郁滯而形成的以性格內向不穩定、憂鬱脆弱、敏感多疑為主要表現的體質狀態。[14]中醫臨床上，抑鬱症顯著病機為肝氣升發不足。其原因或為肝受寒，或為肝受剋，或為肝血不足，肝氣無以化生。筆者臨床調查顯示，氣郁體質患者雖然先天五臟能量差異不一，但是其八字中皆有一共同點，即肝臟能量明顯不足。這正反映出該類患者的病機特點。

（五）濕熱體質

坤造6丁丑 壬子 壬子 戊申

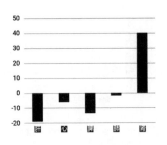

坤造6先天五臟能量分佈圖

　　坤造6中，臨床調查和命理健康預測皆為濕熱質。濕熱質，是以濕熱內蘊為主要特徵的體質狀態。[15]命局內肝木、脾土為負值，唯腎水為正值且數值極高。傅傑英認為，濕熱體質造成的原因主要是肝膽、脾胃功能相對失調。肝膽鬱結化熱，脾虛內生痰濕。[16]而從臨床觀察可以發現，凡濕熱體質之人，其生辰八字中，除了肝脾虛弱外，腎水數值還極高。腎水氾濫，或許可解釋其機體內濕生成之源。

（六）血瘀體質

坤造7 丁丑 丙午 乙未 丙子

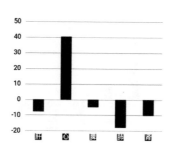

坤造7先天五臟能量分佈圖

　　坤造7中，臨床調查與命理健康預測皆為血瘀體質。血瘀質的定義是：體內有血液運行不暢的潛在傾向或淤血內阻的病理基礎，以血瘀表現為主要特徵的體質狀態。[17]在坤造7先天五臟能量分佈圖中，心火過旺，肺金不足。心火過旺，或熱灼脈絡，導致內出血，以致血液壅滯導致淤血。或血熱互結，煎灼血中津液，使血液黏稠運行不暢。故《醫林改錯·積塊》云「血受熱則煎熬成塊」[18]。肺氣不足則氣虛，氣為血之帥，血隨氣而運行。氣虛則運血無力。《血證論·吐血》云：「氣結則血凝，氣虛則血脫，氣迫則血走，氣不止而血欲止，不可得矣。」[19]故氣虛者亦易成血瘀。

　　然臨床中，血瘀體質之人先天五臟能量之分佈繁雜多樣，以上只為其中一種。其生辰八字之規律尚待更多臨床驗證和總結歸納。

（七）氣虛體質

坤造8 丁卯 甲辰 乙巳 丁亥

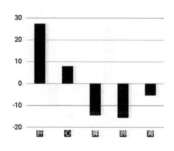

坤造8先天五臟能量分佈圖

　　坤造8中，臨床調查和命理健康預測皆為氣虛體質。先天五臟能量分佈圖中，肝木過亢，而脾土、肺金、腎水皆為負值，其中尤以脾土、肺金為弱。腎、脾弱，如此則先天之精與後天之精皆不足，其所構成之元氣亦不足。而肝木強盛剋伐脾土，更加重脾虛，致使後天之精生化乏力，先天之精亦失其所養，元氣愈加虧虛。肺氣不足，加之水穀精微不能上榮於肺，其人更易喘息氣短，少氣懶言。這種生辰八字所反映出的先天五臟特點，較為貼合氣虛質的定義：由於一身之氣不足，以氣息低弱、臟腑功能狀態低下為主要特徵的體質狀態。[20]

（八）平和體質

坤造9 癸亥 乙丑 甲辰 甲戌

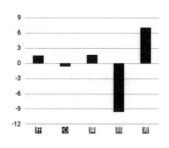

坤造9先天五臟能量分佈圖

坤造9中，臨床調查和命理健康預測皆為平和體質。從其先天五臟能量分佈圖上可以發現，命局內先天五臟能量分佈較為均衡，其均值都在-10至+10之間，無明顯的過與不及。這表明平和體質的人五臟機能完善，陰陽平衡，先天稟賦良好。這也符合平和質的定義：先天稟賦良好，後天調養得當，以體態適中，面色紅潤，精力充沛，臟腑功能狀態強健壯實為主要特徵的一種體質狀態。[21]臨床調查顯示，符合平和體質之人，其生辰八字中的先天五臟能量分佈確實較常人更為均衡。

除了上述八種體質外，還有特稟體質未被提及。未被提及的原因，主要在於臨床調查中尚難以總結其命局的五行分佈規律。這大概跟這種體質與時空結構關聯不大、而與遺傳因素最為緊密有關——由於先天稟賦不足和稟賦遺

傳等因素造成的一種特殊體質。包括先天性、遺傳性的生
理缺陷與疾病，過敏反應等。[22]陸致極曾認為，特稟體質在
先天時空結構中有鮮明的特徵，即脾土為命局內最突出的
五行。其原因很可能與脾胃是消化食物的通道，與外界的
過敏源易發生反應有關。[23]然而筆者在近兩年的臨床檢驗中
卻未能證實。或許，特稟體質與生辰八字結構的關聯的真
實性，還需未來更多臨床的驗證。

三、結論

　　雖然從當下來說，我們的研究尚有諸多缺陷。比如，
這種拋卻四診合參而僅聚焦於出生之時時空信息的論病之
法，其精准度和合理性難免不受後人的質疑；又比如計算
的出發點的數據來源是自由心授或古書所授，並非科學意
義上的數據生成。但是，這種通過新測案例修訂統計參
數，在不斷測試基礎上，用統計方法重新計算和改進程式
的方法，已經大為改觀古代命理學研究的現狀，也為現代
命理研究指明了科學方向。1000多年前，我們的祖先發現
了生命體與出生時空結構的相互關系。但是長期以來我們
只把這種關系看做一種哲學上的思考。在今天的大數據時
代，新的數據統計方法和科學思維，為傳統的研究提供了
前所未有的廣闊天地。搭乘現代科學的便車，中醫先天體
質的研究或許會翻開嶄新的一頁。

　　然而命理健康的現代研究卻才剛剛起步。陸致極等前
輩的研究雖然帶給我們振奮人心的成果，但是從臨床上加

以檢驗，這些成就還遠未達到臻於至善的境界。此外，基於大數據分析的上述研究，雖然在宏觀上使得看似不相關的事物（如生辰八字與疾病、體質）相互聯繫起來，避免了現代科學在實驗室一味建立因果關系的局限，但是這些數據本身還是具有一定模糊性，還需要結合研究者個人主觀的悟性來得出結論。最後，命理健康研究在現當代無論哪個國家，都還處於醫學研究的邊緣地帶甚至禁區。命理健康研究的科學性，長久以來為學者所質疑，這也是其難以步入學術殿堂的重要原因。僅靠個別人士的努力，短時間內難以取得實質性突破。這也是命理健康研究當前及未來一段時間面臨的最大困境。

注釋：

① 《三命通會》、《淵海子平》等命理文獻與《醫宗金鑒》皆將十天干與臟腑做如此搭配。至于地支，遵循《醫宗金鑒》規定：「至于地支所論却有偏差，以天干代入地支即可。」此處以天干代入對照。

② （明）萬民英撰：《三命通會》卷7《論疾病先知五臟六腑所屬干支》，北京：中醫古籍出版社，2008年，第386頁。

③ 該軟件由陸致極開發，在「至基文化」微信公眾平台上應用。平台配有先天體質及疾病傾向的預測程序。在輸入個人出生時間、地點等信息後，該軟件能將抽象的生辰八字命局轉化為形象的臟腑強弱圖像。經筆者上百次臨床驗證，雖然軟件生成的體質結果與實際臨床結果仍有較大差異，但

103

是在生辰八字五行強弱差別較為明顯或命局結構較為單純的的情況下，該軟件的臟腑強弱圖像仍較為可信。其中，五臟能量值在 10 以下，表示五臟能量較為平和，在正常範圍之內；五臟能量值在 10 以上，表示臟腑先天能量過強或過衰，有病變的可能性。以下所舉案例中先天五臟能量分布圖，皆取自該軟件生成圖像。

④按照命理術語，乾造為男，坤造為女。其後排列八字順次為年干支、月干支、日干支和時干支。下同。

⑤《黃帝內經素問》卷 14《刺禁論》，北京：人民衛生出版社，1963 年，第 275 頁。

⑥萬民英撰：《三命通會》卷 7《論疾病先知五臟六腑所屬干支》，第 385 頁。

⑦王德民著：《運氣與臨床》，合肥：安徽科學技術出版社，1990 年。

⑧黃濤、李堅、文玉冰整理：《李陽波五運六氣講記》，北京：中國醫藥科技出版社，2012 年。

⑨田合祿、毛小妹、秦毅著：《中醫自然體質論治》，太原：山西科學技術出版社，2012 年。

⑩陸致極著：《又一種「基因」的探索》，上海：上海人民出版社，2012 年。陸致極著：《解讀時空基因密碼：輕鬆知道你的先天體質》，北京：中國中醫藥出版社，2017 年。

⑪王琦著：《中醫體質學研究與應用》，北京：中國中醫藥出版社，2012 年，第 47 頁。以下體質定義都引自該書。

⑫王琦著：《中醫體質學研究與應用》，第 48 頁。

⑬（明）張景岳著：《張景岳醫學全書》，北京：中國中醫藥出版社，1999年，第1260頁。

⑭王琦著：《中醫體質學研究與應用》，第50頁。

⑮王琦著：《中醫體質學研究與應用》，第49頁。

⑯傅傑英著：《中醫體質養生》，廈門：鷺江出版社，2009年，第135、136頁。

⑰王琦著：《中醫體質學研究與應用》，第49頁。

⑱（清）王清任著：《醫林改錯》，北京：中國醫藥科技出版社，2011年，第30頁。

⑲（清）唐容川著：《血證論》卷2《血上干證治》，北京：中國醫藥科技出版社，2011年，第16頁。

⑳王琦著：《中醫體質學研究與應用》，第46頁。

㉑王琦著：《中醫體質學研究與應用》，第45頁。

㉒王琦著：《中醫體質學研究與應用》，第51頁。

㉓陸致極著：《又一種「基因」的探索》，第124-130頁。

宋代命理術推命法則發微——
以宋代命理文獻爲依託的考察

中文摘要：明清以降，由於宋代命理文獻的佚散和子平術的崛起，宋代命理術逐漸被歷史所湮沒。人們對宋代命理術的推命方法、理論傳承、文獻典故日益模糊。要解決這些問題，研究者必須回歸到宋代命理文獻中去，復原出宋代命理術推命法則。本文以流傳至今的數部宋代命理文獻爲依託，較爲詳細論述了宋代命理術推命的理論，希冀能爲中國古代命理學發展史的研究有所裨益。

關鍵詞：宋代；命理術；命理文獻；推命法則

中國古代命理術，發軔於魏晉，獨立於南北朝，至隋唐初步完成其古法的定型。後歷經兩宋的不斷深化改進，命理術古法日趨完善。與此同時，南宋後期，新法出現，並以蓬勃之勢迅速發展。至明清兩代，新法逐漸取代古法成爲命理術正宗，其影響力至今延續。因此，於整個中國古代命理術史而言，宋代命理術既有「既往」、「承前」之績，又有「開來」、「啟後」之功。但是明清以降，由於宋代命理文獻的佚散和子平術的崛起，宋代命理術逐漸淡出了人們的視線，被歷史所湮沒。人們對宋代命理術的推命方法日益模糊，對宋代命理術的理論傳承語焉不詳，對宋代命理術的文獻典故知之甚少。要解決這些問題，研究者必須回歸到宋代命理文獻中去，梳理出宋代命理術推

命理論，這已成為當前梳理中國古代命理術發展史的一項不可回避的任務。

宋代命理文獻的命理學價值，自不多言，而其在其他領域的價值，也越來越多為今人所重。舉例而言，宋代命理文獻有一個往往被前人忽略的重要的文獻價值，即裡面引用了大量宋代人士的生辰作命例，這些人包括名人、官宦、狀元等，明代的《宋歷科狀元錄》就曾大量引用《三車一覽》書中內容。陝西師範大學李裕民教授也曾對照史書檢閱這些命例，發現部分記載確實可補正史之闕，具有重要的史料價值。因此，宋代命理文獻也為今人研究宋代名人、官宦、文化生活提供了寶貴詳實的資料。

流傳至今的宋代命理文獻如《五行精紀》、《珞琭子》三家注本、《三車一覽》等，皆以宋代古法論命，與今之子平術今法大有不同。故明代萬民英於《三命通會》卷三《子平說辨》一文云：「觀《五行精紀》、《蘭台妙選》、《三車一覽》、《應天歌》等書，與《淵源》、《淵海》不同。蓋觀文察變，治曆明時，皆隨其時而改革，故雖百年之間，術數之說亦不能不異。」①其中，成書於南宋中期的《五行精紀》卷帙浩繁，引文豐富，對南宋中期前的諸多命家之言廣征博采，書中引用的有名可查的命理文獻就有52種。此書堪稱承載宋代命理術古法的集大成之作，筆者據此曾寫就《宋代命理術研究》②。

南宋末年，宋人徐大昇撰寫的《子平三命通變淵源》（即萬民英所述《淵源》之初始版本）刊行於坊間。傳統

意義上來講，該書的出現標志著子平術的誕生，並由此開啟元明清以來持續至今的命理術今法時代。依照書中序和跋的內容可以判定，本書的作者為徐大昇，是徐子平的數傳弟子。該書始刊行於南宋寶祐年間，分為上下兩卷。明代中後期，人們將該書不斷拓展，並最終成為命理術今法子平術的代表性作品《淵海子平》。

此外，成書年代不詳的命理著作《玉照定真經》，由於書中所使用的推命方法，是一種介於宋代命理術古法與明清子平術今法的過渡方法。因此，從命理法則演變軌跡來講，該書的出現應是介於《五行精紀》與《子平三命通變淵源》出現時間之間。該書最早收錄於《永樂大典》，今天人們見到的《玉照定真經》就是四庫館臣從《永樂大典》中輯出的。明初的《菉竹堂書目》載此書一冊。③除此之外，未見對此書更早的著錄。不過，從「僅元、明人星命書偶一引之」之句來分析，該書成書的下限應該是在元代。

上述文獻構成了今人研究宋代命理術的重要憑依。據此，我們可以儘量復原宋代命理術的推命法則，從而為梳理中國古代命理術傳承發展史做好鋪墊。

一、宋代命理術推命法則之一：以年柱三命為主

與明清以來子平術論命以日干為主不同，宋代古法時期的命理術在推命時，絕大多數情況下是以年柱為主，其他三（四）柱為輔的。不少宋代命理文獻將年柱視為身

命。這也就是說，宋代的命局的論命重心是在年柱上。

宋代命理術中，年柱納音、年干、年支三者的具體作用是不同的，宋人往往將此三者通稱為三命。而在具體的推命過程中，一些命理術士可能使用年柱納音，一些命理術士可能著眼於年柱天干，還有一些命理術士可能是以年柱地支為主。在這裏首先要搞清楚三命的真正含義。古代命理書籍中常常提到「三命」這個概念。許多命理書甚至直接以「三命」來冠名，如宋代的《三命提要》、《三命指掌》、《三命纂局》、《三命指迷賦》，明代的《三命通會》等等。那麼，這些三命究竟是何含義呢？宋代及後世對此的解釋往往是將三命等同於年、月、日三柱。如晁公武在《郡齋讀書志》中認為：「三命之術，年、月、日支干也。加以時、胎，故曰五命。」④明代翟灝也認同晁氏之說：「按唐有《珞琭子三命》一卷，祿命家奉為本經，三命即年、月、日干支也。宋林開加以時、胎，謂之五命，撰《五命秘訣》一卷，皆見晁氏《讀書志》，今所謂八字，即取用時，仍不加胎，非三命，亦非五命，乃四命耳。」⑤

晁、翟二人的這種說法，引起了後世余嘉錫的質疑，他指出命理術中的三命非指年、月、日三柱，而是確指四柱命理術：

其（翟灝）謂三命為年、月、日，本之晁公武。考《讀書志》卷十四，其所錄之《珞琭子三命》，即今之《三命消息賦》，有徐子平、釋曇瑩二家注，皆

言年、月、日、時，正是今所謂八字，晁氏自不得其
解耳。《夷堅志補》卷十八云：何清源丞相因改秩
入都，適術士過前，詢其技，曰：能論三命。乃書
年月日時示之。元朱思本《貞一齋雜著》卷一《星
命者說》云：「以人之生年、月、日、時，配以十
干、十二支，由始生之節序，推而知運之所值五行
生、剋、旺、相、死、絕，而知吉凶禍福焉，謂之三
命。」又朱德潤《存復齋文集》卷四《湘中廖如川談
三命序》云：「湘中廖子能以人始生年、月、日、
時，推五行生剋制化，言休咎。」是皆三命用時之
證也。明蘇伯衡《平仲文集》卷十《書徐進喜三命
辯後》云：「以五十一萬八千四百之四柱，包括天
下古今生人之命，蓋昉於虛中。」是則三命即四柱
也。……然則三命、四命、五命，命雖不同，其揆一
也。⑥

余嘉錫考證出三命非年月日三柱，乃是四柱命理術，
但是他也沒有說明三命確指何物。其實，如果把眼光放回
宋代及宋代以前，完全可以從當時的道教及命理文獻中
找出答案來。三命一詞，最早見於唐代道教文獻。晚唐
五代著名道士杜光庭（850—933）在《廣成集》中多次
談到三命一詞。如《上官子榮黃籙齋詞》中提到：「某
氏以今年大小行運之內，恐三命衰微；陰陽宿曜之中，
恐五星照臨。」⑦又如在《三會醮籙詞》提到：「善功未
立，過咎易彰。真氣靈官，未垂應祐。玄司天府，譴責不

專。三命五行，災衰未蕩。旦夕憂懼，冰炭在懷。」⑧杜光庭所提到的三命，雖然未給予其解釋說明，但是很顯然是與五行、祿命等內容緊密相連的，應為宋代三命一詞之直接來源。而在宋代張君房於宋真宗時期編纂而成的《雲笈七籤》中，則對道教中的三命一詞給予瞭解釋：「夫人身有三魂，謂之三命。一主命，一主財祿，一主災衰。」「第一魂胎光，屬之於天。常欲得人清淨，欲與生人延益壽算，絕穢亂之想。久居人身中，則生道備矣。第二魂爽靈，屬之於五行。常欲人機謀萬物，搖役百神，多生禍福災衰刑害之事。第三魂幽精，屬之於地，常欲人好色嗜欲、穢亂昏暗、耽著睡眠。」⑨從該文中的描述來看，三命本於三魂，三魂又主命、祿、身。那麼，這與宋代命理術中三命所指是否相同呢？

宋人王廷光和宋代命理文獻《金書命訣》都講到了命理術中三命之所指：

> 談命者當分祿命身，以干配祿，以支合命，以納音論身，之謂三命。（《珞琭子》王廷光注文）⑩

> 干為祿，定貴賤，支為命，定修短，納音為身，察盛衰。（《金書命訣》）⑪

由此可以明確，三命即指祿——年干、命——年支、身——年柱納音。年干為祿，定貴賤；年支為命，定修短；年柱納音為身，察盛衰。這種所指，和上文中道教之三命所指基本一致。因此，大體可以認定，三命一詞是起源於唐代道教，後被引入命理術中，並於宋代逐漸成為命

理術之代稱。古往今來，人們找術士看命，無非就是想知道自己的健康壽夭、禍福貴賤等情況，而祿、命、身三者，基本上涵蓋了人們的上述所求。故而也就不難理解為何會見到如此多的宋明命理文獻冠以「三命」之名了。

　　宋人常視年柱為己身，故其判命也以年柱身命為主，但凡身命處福聚之地，即可判為富貴之命；但凡身命陷禍聚之地，就難逃凶災卑賤。然而細看這個福聚、禍聚之地，發現其實裡面包含了眾多判命的因素，比如五行間的刑沖害合、神殺吉凶、命主得地與否……所謂的福聚、禍聚之地只是諸多判命法則籠統的說法。因此，具體到對它的應用，不少的問題及矛盾就會凸顯出來。比如五行福聚之地，難以求全，而不同貴命所臨之福亦各有差。如此，宋人難免要以福聚差別將貴命分為數等。如林開《五命》就視貴格條件之高下而將貴命分為九等，術士論命只需對號入座即可。而這九等貴命，還只是諸多貴命格局的一小部分，實際的貴人之命的判定情況肯定比這要複雜的多。於是，另一部宋代命理文獻《三命提要》將貴命分成了二十種。但這樣的劃分還是遠遠不夠，宋代命理術士在為人推命時不得不將貴格進一步細化，以應付眾多的求卜者。這就要求推命者能夠靈活看待命局福聚之地，如福遇多者如何斷，福遇少者如何斷，不同的吉神福力又如何劃分等級……這些都需要術士們有一個度的把握。⑫

二、宋代命理術推命法則之二：詳論四（五）柱間尊卑生剋

在確立了以年柱為主的推命方法後，宋代命理術在推命時還需要注意命局中四、五柱間的尊卑生剋關系。命局無論四柱五柱，皆以年柱為尊。如果不考慮胎元一柱，那麼四柱間從尊到卑的順序依次是年、月、日、時；如果加上胎元一柱，那麼五柱間的尊卑順序則依次為年、胎、月、日、時。釋曇瑩云：「立年為尊，其胎月日時資以次之。」[13]《鬼谷子遺文》云：「五行各有奇儀，須分逆順，歲、胎、月、日、時者順。時、日、月、胎、年者逆。」[14]

這裏有一個問題，宋人為何將胎柱置於年柱和月柱之間，而不置於年柱之前？因為按照宋代六親宮位的排法，胎柱為祖上宮，年柱為父母宮，月柱為兄弟宮，日柱為夫妻宮，時柱為子女宮。[15]按照長幼尊卑的次序，胎柱是應該排在年柱之前的。對此，《鬼谷子遺文》這樣解釋道：「胎本立於歲前，因歲得之胎月、或立胎在歲後月前。」[16]不過這樣的解釋並不是所有人都認可的，就如當時六親宮位的排法還有爭議一樣[17]，宋代命理術中命局的五柱尊卑順序也有另外的說法。《廣信集》言：「凡人命年不可剋胎，月不可剋年，日不可剋月，時不可剋日，胎不可剋時，皆以納音論之。」[18]這裏，五柱間似乎是循環相剋的關系，但其尊卑順序無疑是胎、年、月、日、時。胎柱的重要性在年柱之上，倒也與五柱中六親宮位的安排相吻

合。遺憾的是，《廣信集》的這一說法並沒有為當時命理界廣泛接受，從筆者今天搜集到的史料來看，以年、胎、月、日、時為尊卑序列的說法還是在宋代命理術中佔據著主要位置。而且從推命的敘述中，不難發現年柱在五柱中更多代表的是命主自己，並不代表父母。這大概才是它之所以居於四（五）柱之首而為最尊的根本原因。這樣，以年柱為尊為己，從年柱開始，到胎柱、月柱、日柱、時柱，一個從上到下、由尊至卑的序列便形成了。

依照命局中四（五）柱間的尊卑順序，宋代命理術確立了推命的兩條基本規則。一是以尊生卑為賤，卑生尊為貴；二是以尊剋卑為治，卑剋尊為逆。宋代命理文獻中，對於這兩條規則記敘最多的當屬《廣信集》與《玉照定真經》。關於《廣信集》的情況，據劉國忠考證，該書原注者為李翔。李翔，字迅叔，道號九萬，宣和、紹興間人。⑲由此可以推斷出該書很可能成於南宋初年。而《玉照定真經》已是南宋末年的作品，此書形成於宋代命理術在古法時期相對成熟的階段。四（五）柱間以尊卑順序推命的法則在《玉照定真經》中應用地也最為成熟。

先來看第一條規則。所謂的以尊生卑為賤，卑生尊為貴，具體來說，就是四（五）柱間納音五行順生，主命主卑微，納音五行逆生，主命主發達。這種尊卑相生判吉凶的規則最早在《廣信集》中有一些描述：

　　凡命五行下生上曰助氣，主一生享福，凡事容易受人福力，上生下曰盜氣，主一生為人謀，多庇蔭他

人，供他人之福。⑳

又李莊顯謨丙寅年火，庚寅月木，丁未日水，壬寅時金，無剋制富貴而壽，蓋四柱下生上而粹為實也。㉑

按照《廣信集》的說法，命局中各柱之間，下生上（即卑生尊）為助氣，主一生享福，易得他人相助；上生下（即尊生卑）為盜氣，主多蔭庇他人，自己則甘為他人做嫁衣。該書又舉李莊顯謨之命具體說明。此命造四柱納音由下至上遞生，依次為時柱金箔金生日柱天河水，日柱天河水生月柱松柏木，月柱松柏木生年柱爐中火。這正符合由時柱到年柱的卑生尊為貴的規則，所以可以判此命為前程發達之命。《廣信集》判此命「無剋制富貴而壽，蓋四柱下生上而粹為實也」。

再來看第二條規則，四（五）柱間以尊剋卑為治，卑剋尊為逆。《五行精紀》對此項規則的描述主要集中在王廷光注《珞琭子》及《廣信集》二書中。如王廷光論曰：

若乃尊凶卑吉，救療無功，尊吉卑凶，逢災自愈。……

王氏注云：五行四柱或上尊凶而下卑吉者，卑勝尊也，下之剋上曰伐也，剋我之謂鬼，故雖救療亦無功也。或上尊吉，而下卑凶，陰陽理順，上之制下曰治也，我剋之謂，故雖不藥而自愈。（《珞琭子》）㉒

王廷光借注《珞琭子》之機闡發了自己對四柱五行尊卑相剋的理解。文中，對於《珞琭子》的「尊凶卑吉，救

療無功」，王廷光注解為四柱之間下剋上，鬼剋我，故卑勝尊，上尊凶而下卑吉，雖救療亦無功。這與我們所闡述的卑剋尊為逆的規則正相符合；對於《珞琭子》的「尊吉卑凶，逢災自愈」，王廷光注解為四柱之間上剋下，尊剋卑，我剋他為治，陰陽理順，故曰上尊吉而下卑凶，雖不藥而自愈。這也與宋人所闡述的尊剋卑為治的規則不謀而合。

三、宋代命理術推命法則之三：重視神煞推命

神殺，又名神煞。據今人梁湘潤考證，神殺應為其本名，只因明清以來俚俗論命有官煞一說，因而神煞成為普遍的稱謂。[23]神殺本意所指，乃是天上的星宿神煞。古人認為，人命的好壞與這些星宿神煞關系很密切。因而古代很多術數都將神殺引入其算命體系。但是事實上，天上的神煞與人間命理術中的神殺並沒有直接的聯繫。命理術中的神殺，「是根據命理四柱五行生剋制化的演繹，對某一範疇的事物做出的具體規範並進行形象比喻的術語」[24]。看來，剝去神殺的神秘外衣，其本質也就是一些干支特定組合的命局。宋代的神殺即是如此。宋代的命理術士，從陰陽五行生剋制化的原理出發，把天干、地支、納音之間的某種特定的組合形式規定為固定的格式或公式，並賦予這些格式或公式一定的命理意義，然後再冠之以一個個神殺之名。說白了，神殺就是這些格式或公式的神秘化代稱。

梁湘潤在《神煞探原》中指出，神殺的形成，大抵是依據八個原則而立：一、卦理；二、日月行度；三、奇偶方圓；四、統計積累；五、象形字義；六、俯仰情理；七、先天數理；八、特殊排列組合。㉕

宋代命理界人士對於神殺的作用一直存在著兩種不同的看法。一種觀點認為，神殺作用微乎其微，只能作為推命的一種輔助手段。持這種觀點的人在宋代僅佔少數，但是其觀念卻深刻影響了明清命理學界。而另一種觀點認為，神殺作用明顯，為人推命時可以不論五行生剋制化，而僅靠神殺推算就足矣。這種觀點，於命理術早期發展階段佔統治地位。唐宋時期的命理術，處在推命體系尚未完善的階段，很多論命過程就是單純的神殺推理。這種以神殺為主的推命持續了整個宋代。在宋代晚期出現的《玉照定真經》中，尚有大量的單純神殺推命，當時的命理術士們仍然靠著自己豐富的聯想為一個個命造編織著多彩的命運：

> 寅申庚甲，商途吏人。
>
> 寅為功曹，主曹吏。申為傳送，主道路，上又見庚甲者商路，或公吏人也。又云：甲為青龍，庚為白虎，白虎主道路，青龍主文書、財物，故上言耳。假令庚寅人、甲申日時，或甲申人、庚寅日，或子午卯酉諸命，但有庚甲寅申者，應上文也。㉖
>
> 癸乙壬加卯酉，男女私情。
>
> 癸為玄武，乙為六合，壬為天后，卯、酉為

私門，忌之，男女多奸私也。假令乙卯年、壬午月、癸酉日、乙卯時，此應耳。㉗

第一例中，以命局天干中有庚甲，地支中有寅申，判此人或為商販，或為吏卒。其因為何？蓋庚為白虎，白虎主道路奔波。甲為青龍，青龍主文書、財物。寅為功曹，功曹主小吏。申為傳送，傳送主道路。當以上這些神殺彙聚一堂時，命理術士們便展開想像的翅膀，判四柱中有寅申庚甲的人或為商販，販賣財物；或為吏卒，時常奔波於道路，傳遞消息。如此，一個單靠神殺的斷命便完成了。

再看第二例。一個人四柱天干中有癸、乙、壬，地支中有卯、酉，則此人身上必有男女奸私之事發生。原因何在？因為癸為玄武，玄武主盜竊。乙為六合，六合主私事。壬為天后，天后主淫女。卯酉皆主門戶。試想，當一個人命中神殺出現門戶、盜竊、淫女之象徵事物，不是很容易判其人門戶不正，家有男盜女娼之事嗎？這樣，單靠著神殺的組合，就可以完成一個個命運的推斷。

由宋至今，神殺的取法也發生了一個有趣的變化，那就是宋代神殺多從年柱來查，明清以來的神殺多從日柱來查。以驛馬、將星、劫殺、天乙貴人等為例，在宋代，這些神殺皆是從年柱干支出發來查詢。但到了明清，尤其是清代以後，這些神殺轉而從日柱干支出發來查詢。面對這樣的變化，不少命理人士感到了迷惑。清代陳素庵曾說到：「今考定神煞如天德、月德、貴人、空亡之類，皆有義理。其餘從太歲起者為真，不從太歲起者為妄。真者精

擇而存之，妄者悉舉而削之。」[28]陳素庵生活在清初，當時神殺的查詢已出現由年柱到日柱的劇烈轉變。面對這一轉變，陳素庵還是固守傳統，反對變革。在今日，命理術士們對神殺究竟是以年為主還是以日為主，還是處在爭執中，臺灣著名命理術士梁湘潤對此現象也深表困惑：「這一種變遷之關聯，是頗為令人之所困惑。因為用『年』或者是用『日』，是會產生很大不同的效果。」[29]

　　古往今來，大部分命理人士判斷神殺正確與否的標准，多是從其個人推命經驗為出發點，因此難以形成統一的觀點。不從歷史淵源中搜尋真相，而僅從個人實踐中驗得結論，這種驗證方法從根本上來講就是錯誤的。對於由宋至今神殺選取根據的轉變原因，今人陸致極一針見血地指出：「在傳統命理學中，古法大多是從年干支出發，對照日、時柱的地支來取神煞的。宋代出現了以日干為主的八字標准模型以後，人們往往用日干支替代年干支，來查找神煞了。」[30]很顯然，神殺選取由年柱轉向日柱，是與子平術以日為主的推命方法出現有著緊密聯繫的。在古法時期，李虛中模型多是從年干支出發，對照日、時柱干支來判命。這種判命方法或許促使其有選擇地選取以年柱為依的神殺，然而由於宋代命理術遠未達到完善穩定的地步，尚處於不斷的演化之中，並終於於宋末出現了子平術這一劇烈而又影響深遠的變革。伴隨著這一重大變革，神殺也不得不開始由年到日的轉變。在南宋中期以前，可以發現，廖中《五行精紀》中所收錄的各種命理文獻中，神

殺的取法多以年命為主，只有少數文獻仍以他柱干支來取神煞。隨著時代的發展，宋代命理術逐漸由古法過渡到今法，神煞的取法也發生了顯著的變化。由於子平術「以日為己身，當推其干，搜用八字，為內外取捨之源」[31]，因而，宋代命理術今法取神煞的標准也轉為以日為主。這種神煞取法的轉變，實際上是宋代命理術跨入今法時期所必然出現的結果。

四、宋代命理術推命法則之四：發揮喻象分析

宋代命理術中源流最為久長的推命方法，大概數喻象分析法了。喻象也稱比象，就是用「以彼物比此物」[32]的手法造象。喻象於五行領域的出現極早。這大概與五行思想起源於殷商時期人們對農業生產經驗的認識有關。[33]由農業生產經驗，再到自然和人事活動在內的整個世界的經驗，人們對陰陽五行思想的認識在不斷地深化，而陰陽五行的喻象領域也不再僅僅局限於農業領域，它開始逐步擴展至整個自然界與人類社會。至宋代，建立在陰陽五行基礎上的命理術逐步走向成熟，當時的命理術士也廣泛吸取了陰陽五行領域的喻象手法為人推命。以六十甲子為例，其每一干、支、納音莫不是象的凝聚。「六十甲子，聖人不過借其象以明其理。」「故甲子納音象，聖人喻之，亦如人一世之事也。」[34]透過六十甲子，不僅可以看到五行的性情、材質、形色、功用，還從中可以對照發現人的一生的成長過程。宋代命理術士正是在這些象的基礎上，

120

占人事、推禍福，乃至天地宇宙生化之理。是故《三命通會》總結道：「自黃帝以六十甲子納音取象，於是五行各有所屬，而金、木、水、火、土之性情、性質、功用、變化，悉盡其蘊，而易自在其中矣。故以此而測兩儀，則天地不能逃。以此而推三光，則日、月、星辰不能變。以此而察四時，則寒暑不能易。以此而占人事，則吉凶禍福、壽夭窮通，概不能外，而造化無遁情矣。」㉟

宋時，命理推命以納音為重。納音五行所成之象，對當時命理術的推命起著重要作用。一個六十甲子納音表，就是納音五行象的完整展現。表中六十甲子納音分為三十組，每一五行各有六組，且每一組皆表現為不同的取象。比如，以金行為例，甲子、乙丑納音五行取象為海中金，壬寅、癸卯納音五行取象為金箔金，庚辰、辛巳納音五行取象為白臘金，甲午乙未納音五行取象為沙中金，壬申、癸酉納音五行取象為劍鋒金，庚戌、辛亥納音五行取象為釵釧金。而按照《五行精紀》卷1、卷2的相關記載，六十甲子納音五行之喻象還可以細分。如庚申、辛酉納音五行喻象同為石榴木，而在宋代又細分為榴花、榴子；壬午、癸未納音五行喻象同為楊柳木，而在宋代還可細分為楊柳幹節和楊柳根；壬戌、癸亥納音五行喻象同為大海水，在宋代又細分為海與百川；壬寅、癸卯納音五行喻象同為金箔金，在宋代又細分為金之華飾者與錄鈕鈴鐸……正是這些豐富多變的喻象，為宋人利用六十甲子推命提供了豐富的想像空間。

通過對納音五行所臨十二宮位與其喻象的比較分析，不難發現，納音五行凡在自生、自冠帶、自臨官、自旺之位時，其象有生旺勃發之勢；凡在自敗、自衰、自病、自墓、自絕、自胎、自養之位時，其象呈衰弱無氣之狀。前者之象，不忌官鬼之五行來剋；後者之象，忌剋而喜它行生助。唯自庫之象喜生旺而又不畏剋。宋人注重納音喻象與納音坐支之間的關系，《五行精紀・論六甲納音法》中，作者在對六十甲子納音五行的喻象講解之前，往往點明其坐支宮位元情況，是以知二者關聯之緊密。㊱

所謂的喻象分析推命，簡而言之，就是將五行所喻之象通過類比想像而延伸到人的命運上。這些喻象，往往會構成自然界的一些景觀、物質。人們通過對這些景觀、物質的性質、作用、宜忌以及人類對它們所賦予的品性的描述，來類比個人的才華、品性及貴賤。喻象分析不比後世子平術中的關系分析要求分析者有縝密的邏輯分析及系統思維的能力。喻象分析對分析者要求更多的是對喻象的豐富聯想力。做喻象推命者，需要具備在象與命之間解釋它們共通性的能力。

試以《五行精紀》中部分納音五行喻象與推命結論為例，看看喻象是如何直接影響推命的㊲：

庚午、辛未納音五行喻象皆為始生之土、厚德之土。該土木不能剋，惟忌水多，反傷其氣，木多卻有歸，蓋歸未也。由於此為厚德之土，故命含此土之人含容鎮靜，和氣融怡，福祿優裕。入格貴命者多歷方岳之任，有普惠博

愛之功。

乙亥納音五行喻象為伏明之火、火之熱氣。其氣湮鬱而不發，含明敏自靜之氣，葆光晦路，寂然無形。得之者為妙道高人，吉德君子。

壬午納音五行喻象為柔和之木、楊柳幹節。由於枝幹微弱，喜水土盛而忌見火多，蓋火多則木燼矣。該木又為自死之木，木死絕則魂遊，而神氣靈秀。故《五行要論》認為其稟之者挺靜明之德，抱仁者之勇，以主為功行也。可謂靜而有勇，延年益壽。

通過對以上三條範例的解讀，可以認識到喻象與推命之間所具有的前因後果的聯繫。一個命理術士，如果能對六十條納音五行喻象與推命的關聯熟記於胸，那麼其在卜肆中現場論命妙語就會隨手拈來。

不過，由於這種喻象與推命之間的聯繫並非緊密和合理，需要論命者發揮自身獨特的想像力，因此宋人在運用此法時往往新意層出。比如，從廖中收集到的數種命理文獻來看，各個文獻論及同一五行喻象及推命時，結論就未必一致。如《五行精紀》論丁卯伏明火時，認為其氣弱宜木生之，遇水則凶，其中乙卯、乙酉水最毒。而《五行要論》云：「丁卯沐浴之火，含雷動風作之氣，水濟之則達，土載之則基厚，以木資之為文彩，以金橐之，更逢夏令則兒暴。」[38]同一納音五行，其喻象卻又不同，當然得出的推命結論也會不一樣。喻象分析所需的豐富想像力再加上各家相互矛盾的命理說教，更加重了宋代命理術推命

的雜亂無章。

此外，在宋代命理推論中，一個喻象的形成並不一定是一柱五行所構成的。通常一個命局的四柱或五柱干支納音包含著多個相互作用的五行。這些相互作用的五行，會形成某種特殊的組合。這種特殊的組合可以稱為格、命格或格局。這些特殊的格局，包含著一個到數個不等的象。宋代的命理術士往往會據此將命格描繪成一幅聚象的圖畫，也就是新的喻象，進而再賦予這些新的喻象一定的命理意義。在《五行精紀》的第四卷、第五卷中，收集了宋人歸納總結的62個命格。㊴通過仔細的閱讀分析，可以發現，這62個命格，基本上都是以喻象的分析方法來推命的。這些命格，均以歌訣與解說相配合的方式出現。這種形式是古代坊間卜算書籍常見的形式。它對於研讀、使用者來說，既方便記憶，又易於理解。宋代的命理術士，正是通過一個個格局之喻象，來推理人的命運。

總之，喻象分析之所依，可為某一五行，亦可為某一命格。命理術士由五行或命格所喻之象，通過類比想像的方式來描繪人生的命運起伏。通過這些象以及對它們所賦予的品性的描述，推測一個人的才華、品性及命之貴賤。喻象分析是宋代命理術的一種主要分析方法，且該法並沒有隨著命理術古法時期的終結而結束，相反，在明清兩代的命理文獻中還反覆可見此法的應用。成書於明末的《窮通寶鑒》（又名《攔江網》）更是將喻象分析的方法運用到了極致。其書不再拘於格局之說，而是以十干喻象於四

季，來分析人命之喜忌吉凶，形成後世獨具一格的調候說。與神煞分析逐漸湮沒於後世不同，喻象分析竟然久盛不衰。歸根到底，這大概與華夏農耕民族自古以來敬天地重鬼神，講求順天應人、天人合一的思想有關吧。

注釋：

① （明）萬民英撰：《三命通會》卷7《子平說辯》，文津閣《四庫全書》第268冊，第602頁。

②程佩著：《宋代命理術研究》，花木蘭文化出版社，2019年。

③ （明）葉盛撰：《菉竹堂書目》卷6《陰陽卜筮書》，第132頁。

④ （宋）晁公武撰、孫猛校證：《郡齋讀書志校證》卷14《五行類》，上海古籍出版社，1990年，第621頁。

⑤ （清）翟灝撰、顏春峰點校：《通俗篇》卷21《藝術》，中華書局，2013年，第292頁。

⑥ 余嘉錫著：《四庫提要辨證》卷13《子部四》，中華書局，1980年，第763頁。

⑦ （唐）杜光庭撰：《廣成集》卷4《上官子榮黃籙齋詞》，中華書局，2011年，第49頁。

⑧ （唐）杜光庭撰：《廣成集》卷6《三會醮籙詞》，第80頁。

⑨ （宋）張君房編：《雲笈七籤》卷54《魂神·說魂魄》，中華書局，2003年，第1188~1190頁。

⑩ （宋）廖中撰：《五行精紀》卷6《並論干神》，華齡出版社，2010年，第49頁。

⑪（宋）廖中撰：《五行精紀》卷9《論五行三》，第76頁。

⑫（宋）廖中撰：《五行精紀》卷22《論貴局下》，第173、174頁。

⑬（宋）廖中撰：《五行精紀》卷27《論凶殺》，第211頁。

⑭（宋）廖中撰：《五行精紀》卷18《論三奇》，第141頁。

⑮《廣信集》中論述太歲與命局中各柱刑冲所導致的親人災害曰：「凡太歲刑冲壓害生年，主父母亡身之災；刑冲壓害生月，主兄弟僚友之災；刑冲壓害生日，主妻妾己身之災；刑冲壓害生時，主子孫之災。五行不戰則生兒女；刑冲壓害胎元，主父母長上骨肉之災。」從太歲與各柱冲刑所導致的親人災害来看，年柱是主父母的，月柱是主兄弟的，日柱是主妻妾己身的，胎柱是主祖妣的。見（宋）廖中撰《五行精紀》卷34《論晦數》，第263頁。

⑯（宋）廖中撰：《五行精紀》卷18《論三奇》，第141頁。

⑰《五行精紀·釋男命例》開篇便說：「凡推命，以年為父，胎為母，月為兄弟（官員以月為僚友），日為己身、妻妾，時為子孫。」這裡的六親宮位中年柱為父宮，胎柱為母宮，月柱為兄弟宮，日柱為夫妻宮，時柱為子孫宮。其中年柱和胎柱的六親宮位較為奇特。見（宋）廖中撰《五行精紀》卷29《釋男命例》，第224頁。

⑱（宋）廖中撰：《五行精紀》卷10《論年月日時胎》，第79頁。

⑲劉國忠：《＜五行精紀＞與＜三命通會＞》，見劉氏著《唐宋時期命理文獻初探》，黑龙江人民出版社，2009年。

⑳（宋）廖中撰：《五行精紀》卷9《論五行三》，第70頁。

㉑（宋）廖中撰：《五行精紀》卷8《論五行二》，第67頁。

㉒（宋）廖中撰：《五行精紀》卷27《論凶殺》，第211頁。

㉓梁湘潤著：《神煞探原》，行卯出版社，2003年，第23頁。

㉔凌志軒著：《古代命理學研究：命理基础》，中山大學出版社，2013年，第261頁。

㉕梁湘潤著：《神煞探原》，行卯出版社，2003年，第17頁。

㉖《玉照定真經》，文淵閣《四庫全書》第809冊，第31頁。

㉗《玉照定真經》，文淵閣《四庫全書》第809冊，第31頁。

㉘（清）沈孝瞻、（清）陳素庵撰：《子平真詮·命理約言》，華齡出版社，2010年，第287頁。

㉙梁湘潤著：《神煞探原》，第18頁。

㉚陸致極著：《中國命理學史論》，上海人民出版社，2008年，第97頁。

㉛（宋）徐大昇撰：《子平三命通变淵源》上卷《定真論》。

㉜朱熹集注：《詩集传》卷1《國風》，上海古籍出版社，1980年，第4頁。

㉝張涅：《五行說由經驗性認識向先驗信念的异变》，《中國哲學史》2002年第2期。

㉞（明）萬民英撰：《三命通會》卷1《論納音取象》，第31、29頁。

㉟（明）萬民英撰：《三命通會》卷1《釋六十甲子性質吉凶》，第64頁。

㊱明代《三命通會·論納音取象》中，又有一種納音所坐

地支對納音五行喻象的聯繫的說法解釋。該文認為，每一種納音五行的六組喻象並不是孤立存在的，它們隨著所在地支子丑寅卯辰巳午未申酉戌亥的排列順序而呈現出一些規律性的變化。這些變化，反映了事物的發生、發展到最後歸宿的過程。這裡地支與喻象的關系，並未牽涉到五行所在十二宮位。其說不見於宋代命理文獻，應是明人附會添加，雖解釋略顯牽強，但也可視為一說。參見（明）萬民英撰《三命通會》卷1《論納音取象》，第29~31頁。

㊲以下分析所依主要自（宋）廖中撰《五行精紀》卷1《論六甲納音法》，第2~8頁。

㊳（宋）廖中撰：《五行精紀》卷1《論六甲納音法》，第2頁。

㊴此62个命格皆来自《太乙統記》，參見（宋）廖中撰《五行精紀》，第28~42頁。

命學祖師徐子平生平真僞考辨

　　說到宋代命理史上的重要人物，一個中國古代最知名的命理術大師的名字就不得不映入人們的眼簾。他就是徐子平。在明清以來的命理史上，徐子平的名字已經與宋代命理術緊密相連。他被認為是五代、宋初與陳摶、麻衣道者相交的一位隱士，是宋代子平術的創始者。①在他的改進下，唐代的三柱六字算命法變成了今天通用的四柱八字算命法。也是在他的影響下，宋代以後的命理術都帶有明顯的徐子平術的痕跡。再經過明清數百年的命理文化的宣傳，使得當今主流的命理術幾乎皆託名其下。直到今天，無論是江湖術士的命理作品，還是學者文人的命理學研究著作，幾乎都將此人視為子平術的創始人，而少有人質疑其存在與歷史描述的真實性。所以，不論其人真實情況如何，徐子平三個字的含義都幾乎與宋代乃至整個中國古今的命理術等同。

　　除了託名於徐子平的《珞琭子三命消息賦注》，相傳宋末出現的《子平淵源》、《子平淵海》二書也與徐子平有一定關聯。此二書均是由自稱為子平術傳人的東齋徐大昇所作。近年來《子平淵源》單行本於韓國首爾大學圖書館發現，已證實確為南宋末年徐大昇的作品。而《子平淵海》，依筆者考證，則是《子平淵源》的明代注本。其做注者很可能是明代中期之人而非宋人。明代中後期人們又將二書合併為《淵海子平》，署名東齋徐昇撰。由是後人

常將此書視作徐子平術正宗及開山之作。不少人甚至認為
此即為徐子平本人作品，或徐昇即為徐子平本人。②雖然
人們不得而知徐大昇之書中有多少內容源自徐子平本人，
但是該書極有可能是最接近於子平術原貌的作品。這對於
今人研究徐子平及子平術的早期發展歷史都有不可替代的
意義。

　　徐子平本人的事蹟又如何呢？雖然就整個宋代甚至中
國古代命理學發展史來講，徐子平這個文化符號所代表的
命理文化是無法忽略的，但是他個人的身世及其著作的真
實性還是很值得後人懷疑。所幸，近年來有一些文章已經
關注到了這一點，個別學者開始就此人的真實性問題展開
了辯論，並取得了一定的研究成果。而本文所需要做的，
就是在前人研究的基礎上進一步考證徐子平這個人物在宋
代的影響力。

　　最早關注到徐子平人物真實性問題的學者是清華大學
的劉國忠教授。他發表於2009年的文章《徐子平相關事
蹟辨證》第一次提出了「命理學家們關於五代末宋初的徐
子平的追述實際上只是一個假像，當時並沒有徐子平這樣
一個人物，更沒有所謂的徐子平把算命理論由三柱發展為
四柱的史實。關於徐子平的事蹟及地位的傳說本身是一個
『層累地造成』的學術謊言」的驚人結論。值得肯定的
是，劉國忠得出的結論是建立在其對史料的嚴謹考證基礎
之上的，因而該文具有較高的學術參考價值。他在該文中
檢索了宋代的圖書目錄中與徐子平有關的記載，發現並沒

有任何屬於徐子平的著作。劉國忠又進一步扒疏了宋代的各種史料及宋人的筆記小說，也未找到與徐子平相關的任何記錄。這一奇怪的現象，引發了劉國忠的懷疑：「這位在明清時代如此聲名顯赫的算命大師，而且傳說是算命學說發展史上的關鍵人物，為何在宋代卻從來沒有人提起過他，也沒有任何關於其著作的相關著錄呢？是由於宋人的疏忽，還是當時根本就不存在徐子平這個人，也沒有他的任何著作呢？」他據此認為，「當時根本就不存在徐子平這個人，也不存在他的著作，更沒有後人所說的那種從李虛中的三柱法到徐子平的四柱法這樣的發展演變過程」。元代以後出現的徐子平之名，實為《淵海子平》的作者徐彥升（亦即徐昇、徐大昇）。③

對於劉國忠的這一推斷，僅僅過了一年多，就有南開大學董向慧博士予以反駁。董向慧在其發表於2011年的論文《徐子平與「子平術」考證——兼與劉國忠先生商榷》中認為，因為子平術一直處於秘密傳授的狀態，所以徐子平之名及其術在南宋命理書中絕少露面也就不足為怪。而針對劉國忠認為的現存的相傳為徐子平所作的命理書籍，所出均較晚，因而不可能為徐子平的作品的結論，董向慧找到藏於韓國首爾大學的由南宋徐大昇所撰寫的《子平三命通變淵源》，證明了徐子平實有其人、徐大昇就是子平術的傳承者與總結者、徐子平絕非徐大昇以及到南宋末期子平術經徐大昇的整理已開始形成了完備的體系等一系列結論。④ 不過，董向慧博士的幾個論證結果並不能令

人滿意。其一，他據明代戴冠的《濯纓亭筆記》中的記
載，認為子平術處於秘傳狀態，因而罕有宋代命理文獻記
載。按，戴冠的《濯纓亭筆記》所載《子平源流辨》一文
多荒誕不實之事，其不為信史明矣。而董氏以明代書論證
宋代事，更是不能令人信服。其二，董氏雖發現了宋末徐
大昇所撰《子平三命通變淵源》一書，但是該書的序及跋
並未提到徐子平的身世，因而它也只能證明宋代寶祐年間
（1253—1258）該書已經刊行，子平術和徐子平之名在當
時已經出現，以及徐子平和徐大昇確實為兩個人等事實。
至於董氏據此所得出的「如此一來，徐子平是確有其人還
是子虛烏有就一目了然了」及子平術確實為秘傳的結論還
是頗為牽強。儘管如此，筆者還是認為，董向慧的這些觀
點以及他所發現的南宋徐大昇撰的《子平三命通變淵源》
一書，對於今天追溯徐子平身世以及子平術早期發展過程
都具有一定的參考價值。

　　在梳理完上述二位學者的研究成果後，再回到史料
中，去看看歷史上對徐子平事蹟的相關記載。有趣的是，
歷史上最早提到徐子平之名的人並不是什麼命理術士，而
是生活在兩宋之交的文人王庭珪（1079—1171）。王庭
珪在其著作《廬溪文集》中，有《挽徐子平》一詩，首次
提到了一位叫徐子平的人：「子平臨終神色不亂，遣人
告別，且求挽詩為賦兩篇。數椽破屋臨溪水，日日讀書
喧四鄰。白首傳經窮到骨，清風入座靜無塵。堆窗史傳
千張紙，過隙光陰一轉輪。富貴掀天亦埃滅，今時何必歎

斯人。季子過徐因掛劍，吾詩似劍敢欺徐。才華本自輕場
屋，詁訓猶堪授裡閭。踏雪打門人問字，載舂從學酒盈
車。兒童誦得平生賦，不是兔園遺下書。」⑤詩中的被挽
者徐子平，是一位生活在兩宋之際的文人。此人精於小學
或訓詁之學。這從詩中「詁訓猶堪授裡閭」、「踏雪打門
人問字」的描述可以看出。⑥其次，從詩中的描述中，大
體上可以看出徐子平是一個不屑科場功名、富有才華、重
情重義之人。此人生活貧困，只能靠教授裡閭孩童為業。
總之，詩中向人們展現出的是一位令人欽佩的飽讀詩書、
具有崇高氣節的的宋代文人形象。對於王庭珪這首詩中的
主人公徐子平，歷來較少有人關注。一是詩中並無隻字提
及命理術。二是大概因為絕大多數人相信徐子平是與五
代、宋初的陳摶、麻衣道者往來之人，不可能和該詩中人
發生聯繫。所以，人們很少能將此二人視為一人。

　　不過，在2011年年底，一篇題為《秘宗子平祖師徐
子平──徐子平相關事蹟辨證（二）》的文章開始出現在
互聯網上。文章的作者是民間命理術士邱平策。⑦在該文
中，邱平策將《挽徐子平》一詩與命理術士徐子平聯繫起
來。在該文中他（或他的弟子）說道：「子平先師臨終時
的『挽詩』既然收入兩宋著名文人王庭珪的《瀘溪文集》
中，那麼很顯然子平先師與王庭珪是同時代人並先於王庭
珪去世。查閱兩宋文人王庭珪先生生平事蹟，恰恰發現王
生於北宋神宗元豐二年（即西元1079），去世於南宋孝宗
乾道八年（西元1172），而這與邱平策所考證的子平先師

徐昇先生主要生活於南宋高宗紹興（1131—1162）年間正好吻合！也就是說，子平先師在1162—1172的十年當中（或稍前）去世。」⑧而在同年稍早些時候，他還撰文寫道：「子平先師，徐氏，名昇，字子平，東海人；先生博通經史，熟諳河洛，於祿命之學尤精；先生在世時業專刻印，是南宋高宗趙構紹興（1131—1162）年間的著名刻工，曾刻有《樂府詩集》、《經典釋文》、《廣韻》等宋代經典『監本』；命理著述有《淵海》、《徐氏珞琭子消息賦注》、《定真論》、《喜忌篇》、《繼善篇》等；有宋一朝，先生雖以《淵海》、《徐氏珞琭子消息賦注》、《定真論》等命理經典著稱於世，然因先生生性淡泊、不尚名利且終其一生以刻工為業而名不見經傳；先生此舉不僅與開創四柱命理學先河的祖師珞琭子之『大隱』風範相得益彰，而且致使蘊藏人類生命玄機的四柱命理學更加隱顯莫測！」⑨且不論這兩篇文章的多處謬誤，單就命理術士徐子平與《挽徐子平》詩而論，邱氏也未給出二者之間令人信服的聯繫。至於他所謂的徐子平是南宋紹興年間的著名刻工，曾刻有《樂府詩集》、《經典釋文》、《廣韻》等宋代經典監本的資訊，筆者在翻閱了一些宋代相關刻本後，也沒有在其中發現徐子平或與徐子平相近的刻工的名字。不知邱氏所據為何。總之，這位民間術士邱平策先生之言，雖不乏驚人之語，卻無有任何有據的論證。

　　雖然邱文學術價值不高，但是筆者也傾向於認為徐子平應實有其人，只是他並不像明清以來人們所言身處五

代、宋初之時，而應是南宋前期的一位命理術士。至於王
庭珪的《挽徐子平》一詩中的徐子平是否就是本文所要追
尋的徐子平，雖然此二人年代相近，但是由於相關史料的
匱乏，暫且不得而知。總之，本文傾向於認為，建立在目
前史料基礎上的分析結果，並不非常支持二者為一人之
說。

　　今天可見的最早有關命理術士徐子平的史料源自南宋
寶祐年間（1253─1258）徐大昇所撰的《子平三命通變
淵源》（以下簡稱《子平淵源》）。在該書的《序》及
《跋》中，徐大昇和另一位署名為錢塘子錢芝翁的人分別
提到了徐子平的名字及其術。徐大昇在該書《序》中寫
道：「夫五行通道，取用多門，物不精不為神，數不妙不
為術。子平之法，易學難精，有抽不抽之緒，見不見之
形。……僕自幼慕術，參訪高人，傳授子平真數、定格
局。歷學歲年，頗得真趣。今因閒暇，類成編次，尋其捷
徑，名曰《通變淵源》，謹鋟於梓，以廣其傳。……」⑩
徐大昇在這裏提到了他曾訪求高人學習子平術。這說明，
徐子平其人其術的出現，要早於徐大昇生活的年代。不
過，該序文並未涉及徐子平生平事蹟。筆者認為，徐子平
生活的年代不會太早，因為在南宋中期以前成書的《五行
精紀》、《郡齋讀書志》、《通志》中，均未發現有關徐
子平其人其術的任何記載。要知道廖中、鄭樵等人對於當
時流行的命理書籍的收錄是非常全面的。而且從理論方法
上來講，徐大昇所記載的子平術推命方法在南宋《五行精

135

紀》中也多有反映。對比《五行精紀》與《子平淵源》，很難說後者的理論有哪些在前者的廣征博引中找不到相關的論述或源流。據此，子平術並非是由徐子平及其後人單獨一門所創建，事實上，他們也是廣泛吸收了宋代以來不斷成熟的命理術理論，並在此基礎上漸漸形成了自己的特點。從理論形成的時間上來推斷，子平術的出現大概是在南宋中前期。⑪

　　而錢塘子錢芝翁在該書《跋》中，對子平術源流的論述，則讓人對子平術的起源時間說又有了新的困惑。該跋文也作於寶祐年間，其文曰：

　　　　……惟唐韓昌黎文公序禦史李虛中，以日為主，言人禍福。不惑者信矣。夫由是徐子平之術得其正傳，名重朝野。耳目之及，無不欽敬。⑫

　　這裏，錢氏至少犯了兩個錯誤。一是他說韓愈在《唐故殿中侍御史李君墓誌銘》所言的李虛中術是以日為主的，這一點是不符合事實的，也與之前、之後人們對李虛中術的理解差距較大；二是他認為李虛中與徐子平所傳為一術。這混淆了命理術古法與今法的區別。這樣一來，徐子平反倒是李虛中之術的傳承人了。至於錢氏所謂的「夫由是徐子平之術得其正傳，名重朝野。耳目之及，無不欽敬」之句顯然是誇大不實之辭。總之，錢氏跋文中的徐子平之資訊較為混亂。從跋文所作時間來看，錢芝翁與徐大昇應是同時期人，或許他們還有些往來。但是錢氏給人們的資訊是，徐子平這個人物似乎比李虛中還要虛幻。這反

映出子平術的所謂祖師徐子平本身就是一個生平模糊的小人物。總之，南宋後期的命理界，的確出現了徐子平的名字，但彼時其名氣不是很大。

元代以後，徐子平似乎開始暴得大名。元代文人舒頔在其著作《貞素齋集》卷2《贈星者房景星序》中，提到了徐子平的大名。文中載房景星自稱「於星也，發躔度之妙；於數也，闡河洛之秘；於五行也，而徐子平之玄旨，尤究心焉」。⑬生活於元末明初的劉玉在《已瘧編》中曰：「江湖談命者，有子平，有五星。」⑭這裏，徐子平顯然已有取代李虛中成為命理術代言人的意味。

這一時期，有關徐子平最引人關注的記載應是《子平三命淵源注》。《四庫全書總目》卷111《子部·術數類存目二》中錄有《子平三命淵源注》一卷，題為元代李欽夫撰。該書出自浙江範懋柱家天一閣藏本。書名後記曰：「元李欽夫撰。書末題『大德丁未孟冬朔日長安道人李欽夫仁敬注解』。前有泰定丙寅翰林編修官王瓚中序，稱《子平三命淵源》得造化之妙。自錢塘徐大昇後，知此者鮮。五羊道人李欽夫取《子平》『喜忌』、『繼善』二篇特加注解，括以歌訣，消息分明，脈絡貫通云云。蓋專釋徐子平之書。其說視後來星家亦多相仿。」⑮根據文中內容，可知該書注本成於元大德十一年（1307），作者為長安道人李欽夫；而後泰定三年（1326）翰林編修官王瓚中為此書作序。此二人的身世很值得人們重視。首先，他們應該都是北方人。依照上文《子平淵源》的《序》和

《跋》，徐子平及子平術的最初出現應該是在南宋江浙一帶。且彼時其名氣不會很大。這從宋代目錄學著作如《宋史藝文志》等皆無所載可以肯定。而在元代，徐子平的大名已傳至北方，可見其傳播速度之快、傳播區域之廣；其次，為該書作序的王瓚中是元朝的翰林編修。這樣一位上層社會士大夫也為子平術書籍作序，足見其書在社會各階層流布之迅速。不過，依照王瓚中序中所言，「《子平三命淵源》得造化之妙。自錢塘徐大昇後，知此者鮮」，可以推測出，該書雖然深得士人喜愛，但是畢竟成書較晚，知道的人較少。而王氏提到的錢塘徐大昇，正是此書原作者。這更加證實了徐大昇與《子平淵源》一書來歷的真實。

到了明代，徐子平儼然已經成為獨步古今的一代命學宗師。明初宋濂在《祿命辨》一文中讚揚徐子平道：「虛中之後，唯徐子平尤造其閫奧也。」[⑩]稍後的戴冠（1442—1512）於其著作《濯纓亭筆記》中杜撰出子平術「法統」之傳承譜系。文中徐子平首次以五代、宋初時期高人的身份出現：

（子平術）其源蓋出於戰國初之珞琭子，稱珞琭子者，取老子「珞珞如玉，琭琭如石」之義。世有《原理消息賦》一篇，謂是其所作。然觀其文，殆後人偽撰，非珞琭之本真也。珞琭同時有鬼谷子；漢有董仲舒、司馬季主、東方朔、嚴君平；三國時有管輅；晉有郭璞；北齊有魏寧；唐有袁天罡、僧一行、

李泌、李虛中之徒，皆祖其術。泌嘗出遊，見農夫觀書柳下，問其姓氏，則云管輅十八世孫；視其書，則《天陽訣》也。泌既得其書，又得一行所授《銅鈸要》，以占人吉凶極有驗。《天陽訣》予昔嘗見之，《銅鈸要》則不知何書也。泌以是傳之李虛中，虛中推衍以用之，其法至是一變矣。五代時則有麻衣道者、希夷先生及子平輩。子平得虛中之術而損益之，至是則其法又一變也。子平嘗與希夷、麻衣二人從，復其學，則不及二人遠甚。子平沒後，宋孝宗淳熙間，有淮甸術士，亡其姓名，自號沖虛子者，精於此術，當世重之。時有僧道洪者，密受其傳，或問其派系，則云子平之遺術。道洪後入錢塘，傳布其學，世俗不知其所由來，直言子平耳。道洪以傳之徐大昇。徐大昇者號東齋，理宗寶祐間人。今世所傳如《三命淵源》、《定真論》等書皆其所著。」⑰

該文中徐子平之所以出現在五代、宋初，筆者分析原因有二：一是為了通過陳摶、麻衣道者等宋初高人拔高徐子平地位；二是為了從時間上更便於傳承命理術之「法統」。此文後被明代中後期成書的《三命通會》轉引，於後世產生深遠影響。而後人對徐子平身世地位的認識也多源自本文。

然而筆者認為，該文雖不乏荒謬之處，卻也為後人追尋徐子平的生活年代提供了有力的暗示。在子平源流辨一文中，人們很容易關注到這樣兩句話：「子平沒後，宋孝

宗淳熙間，有淮甸術士，亡其姓名，自號沖虛子者，精於
此術，當世重之。時有僧道洪者，密受其傳，或問其派
系，則云子平之遺術。」依照本文的說法，徐子平是五
代、宋初之人，嘗與陳摶、麻衣道者二人往來。則此人生
活時間範圍大概在西元900—1000年。而徐子平死後，直
到宋孝宗淳熙年間（1174—1189），其術又「重現」江
湖——其實，用「重現」二字是不確切的，因為當時的人
們是第一次見到所謂的子平術——此時距徐子平生活的
年代幾乎已有200年。那麼，在200年前，是否有徐子平
這個人，這個徐子平是否發明瞭子平術，子平術又是否曾
出現在北宋的社會中？這些都是很值得懷疑的。按照歷史
記載詳近略遠、今實古虛的特點，該文中子平術早期記錄
的可信度應是遠遠低於其後期記錄的可信度的。雖然尚不
能對此十分肯定，但是本文更傾向於認為，子平術的第一
次出現就是在宋孝宗淳熙年間。如果歷史上果真有徐子平
其人，那麼真實的徐子平的生活年代必然距淳熙年間不
遠。按照這一推理，歷史上真實的徐子平很可能就是自號
沖虛子的人的師父甚或沖虛子本人。所謂徐子平的傳說，
則是沖虛子、僧道洪等子平派門人神話祖師爺的結果。他
們之所以要這麼做，是與中國古代術數行業推崇秘傳文化
（culture of esotericism）有關。

　　通過對上述史料的梳理，可以發現，有關命理大師徐
子平的造星運動，始於南宋晚期，經元代初見成效，至明
代最終完成。在最初的文獻中，幾乎沒有發現任何有關徐

子平生平事蹟的描述。能推測出的，就是他很可能是一個
生活在南宋前期的生平模糊的命理術士。在元代，隨著
《子平淵源》等講解子平術的書籍的暢銷，徐子平開始名
遍大江南北，並逐漸有了子平術宗師的地位。至明代，經
宋濂、戴冠等文人的渲染，徐子平正式成為繼李虛中之後
的又一位命理大師，且有青出於藍而勝於藍的態勢。最終
在明朝中後期，他完全取代了李虛中成為命理術的首席代
言人。徐子平的這一獨尊地位，一直延續至今。以至於長
久以來，幾乎所有的命理術士及學者都一致認為他是宋代
命理術的開創者。宋代及宋代以後的命理術因他而有了質
的飛躍。最後本文希望借助劉國忠教授的一席話，來提醒
世人，「命理學家們關於五代末宋初的徐子平的追述實際
上只是一個假像，……關於徐子平的事蹟及地位的傳說本
身是一個『層累地造成』的學術謊言」。

注釋:
① 《珞琭子三命消息賦注‧提要》中言：「傳宋有徐子平
者，精於星學，後世術士宗之，故稱子平。又云子平名居易，
五季人，與麻衣道者、陳圖南、呂洞賓，俱隱華山，蓋異人也。」
② 在明代已有徐彥昇（大昇）即徐子平的說法，王世貞
（1526—1590）最先提出「按，子平名居易，五季人，與
麻衣道者、陳圖南游。今所謂徐子平，則宋末徐彥昇耳，
其實非子平也」的觀點。見王氏著《弇州四部稿》卷160《說
部》。而後明末徐承其說。見徐氏著《徐氏筆精》卷8《子

平》，文津閣《四庫全書》第 283 冊。四庫館臣也引用明人觀點，但不作肯定之辭。今人劉國忠亦認可這種觀點，認為「實際上從種種迹象來看，元人所說的徐子平，應該是南宋末年的徐彥昇」。見其文《徐子平相關事跡辨證》，《東岳論叢》2009 年第 5 期。

③劉國忠：《徐子平相關事跡辨證》，《東岳論叢》2009 年第 5 期。

④董向慧：《徐子平與「子平術」考證——兼與劉國忠先生商榷》，《東岳論叢》2011 年第 2 期。

⑤（宋）王庭珪撰：《廬溪文集》卷 25《挽徐子平》，文津閣《四庫全書》第 379 冊，第 402 頁。

⑥訓詁，專論字義。訓詁書得鼻祖為《爾雅》。後晉時期劉昫在《舊唐書經籍志》中首次將《爾雅》歸入「小學」類。從宋代開始，則明确地以「小學」指稱文字、音韵、訓詁之學。參見胡奇光著《中國小學史》，上海人民出版社，2005 年，第 1~4 頁。

⑦據百度百科介紹，邱平策，字通真，号泰山隐居，山東泰安人。道家内丹修行者，资深命理學家，著名地理風水師，國際品牌命名專家，中國當代「平派命理」創始人，平策文化（北京）有限公司總裁。見百度百科「邱平策」條，網址：http：//baike. baidu. com/link？url=vAdZuIh5yyh0 0T7Poo5y8pNRI7iMFTRyr5HkyJjJaoOFxIZa5P4HWbZ8wGW ODbFb4VHSUVy8YXXZQrBp7yRMi_。筆者最後一次查詢于 2014 年 1 月 14 日。

⑧邱平策：《秘宗子平祖師徐子平──徐子平相關事跡考證（二）》，採自邱平策新浪博客，網址：http：//blog. sina. com. cn/s/blog_6caab0df0100z152. html。筆者最後一次查詢于 2014 年 1 月 14 日。

⑨邱平策：《徐子平相關事跡考證（一）》，採自邱平策新浪博客，網址：http：//blog. sina. com. cn/s/blog_6caab0df0100vjf0. html。筆者最後一次查詢于 2014 年 1 月 14 日。

⑩《子平三命通变淵源·序》，韓國首爾大學縮微文本。

⑪有關宋代命理術逐漸向子平術轉变的論述，參見程佩著《宋代命理術研究》第六章第二節「宋代命理術對後世的影響──以宋代命理術演變軌迹為例」。

⑫《子平三命通变淵源·跋》，韓國首爾大學縮微文本。

⑬（元）舒頔撰：《貞素齋集》卷 2《贈星者房景星序》，文津閣《四庫全書》第 406 冊，第 677 頁。

⑭此句引自《四庫全書總目》卷 109《子部·術數類二》中《徐氏珞琭子賦注》提要。然而筆者在檢索（明）劉玉撰《巳疟编》的《叢書集成初編》時，並未發現該句話。或是原話於文中已佚。

⑮《四庫全書總目》卷 111《子部·術數類存目二》，第 946 頁。

⑯（明）宋濂撰：《文憲集》卷 27《祿命辩》，文津閣《四庫全書》第 409 冊，第 138 頁。

⑰（明）戴冠撰：《濯纓亭筆記》卷 8，第 483、484 頁。

此文後被萬民英之《三命通會》轉引，使明人廣為所知，影響深遠，至今猶傳。參見《三命通會》卷7《子平說辯》，文津閣《四庫全書》第268冊，第601、602頁。

淺談宋代命理術中的大運

一、命與運的概念與關系

命的概念。《周易》乾卦《象》曰：「乾道變化，各正性命。」《正義》注云：「命者，人所稟受，若貴賤夭壽之屬是也。」①古人對於世間的種種富貴貧賤、榮辱不定、生死無常等現象，有時不得其解，只能看成人所稟受自天，並強名之曰「命」。先秦時期，人們普遍認為命發源於天，由上天指掌。《詩經·大雅·大明》云：「有命自天，命此文王，于周於京。」《詩經·小雅·十月之交》云：「天命不徹，我不敢效我友自逸。」②諸子百家對命的思考，也多落此窠臼。孔子曰：「死生有命，富貴在天。」③在孔子看來，一個人的命的貴賤完全取決於天而不取決於人。故知命者，可以洞悉天命而知道。這樣的人，方可論君子。「不知命，無以為君子也。」④孟子也認為，人生諸事的發生，看似無緣無故，實則均由天命主宰。「莫之為而為者，天也；莫之致而至者，命也。」⑤既然如此，人當然應該聽天由命。「君子行法，以俟命而已矣。」⑥墨子雖強調「非命」觀，但在他所處的時代執「有命」觀的人更是大有人在：「執有命者之言曰：『命富則富，命貧則貧，命眾則眾，命寡則寡。命治則治，命亂則亂，命壽則壽，命夭則夭。命，雖強勁，何益哉。』」⑦總體來看，中國人自先秦起便建立起一套「認命」的觀念，並長期持續下去。這種觀念為命理術的出現

奠定了堅實的思想基礎。

運的概念。人的命因為受到客觀條件的影響而產生的盛衰變化，就是運。命為體，運為用。有命者，未必有運。有運者，未必有命。只有命運兩全的人，才是大貴之人。有時，運往往能發揮很大的作用於命。古人認為，一個人如果時運不濟，其命就會異常坎坷。唐代王勃在《滕王閣序》中這樣歎道：「嗚呼，時運不齊，命途多舛。馮唐易老，李廣難封，屈賈誼於長沙，非無聖主。竄梁鴻於海曲，豈乏明時。」⑧命理家認為，運有別於命。命是先天稟受的，運是後天形成的。如果說命是截取一個人出生時間的橫截面，以這個特定時空狀態的干支組合來表示的話，那麼這個特定時空狀態所稟賦的天地五行之氣是固定的，其所代表的一個人原始的生命資訊也是與生俱定的。這就是人們常說的命。干支組合所主宰的人生基本狀態，自一個人降生伊始，便已經註定不變了。而運，則屬於命的外延部分。命一開始形成，就會按著大運、小運、流年的軌跡向前行走。這個軌跡，統稱為運。命是靜態的，運是動態的。

人自降生之後，除受先天之命的影響，也受後天之運的影響。命運就是命與運的有機組合。用馬克思的基本辯證法來講，命是內因，運是外因。外因通過內因起作用。所以古人論命，首重命局，次重運勢。《三命通會·論大運》這樣評價命與運之間的關系：「夫運者，人生之傳舍。探命之說尤以三元四柱、五行生死、格局致合以定根

基，然後考究運氣，協而從之，以定平生之吉凶也。……
更看當生年時得氣深淺。四柱得氣深，迎運便發；得氣
淺，須交過運始發；得其中氣，運至中則發。……仍須察
當生根基，十分則應五分，生時則應十分。富與災同。」
⑨如果一個人命局較差，就是根基不好，雖然連走佳運，
也未必大富大貴。如果一個人命局較好，就是根基強壯，
即使一生大運走勢不佳，一生走的應該也不會很艱辛。故
韋千里論曰：「人之富貴貧賤，窮通善惡，已在八字中而
定。惡乎復用行運為哉。故人之窮通善惡，雖不能出乎八
字之外，而行運扶之抑之，足使善者益善，惡者愈惡。此
五行之所以不可忽也。」⑩命是事物變化發展的基礎，運
是事物變化發展的條件。二者對一個人的命運而言，是相
輔相成，互為條件，缺一不可的。

二、宋人眼中的命與運

宋人在命與運的關系上，已有著深刻的認識，《燭神
經》這樣分析了命與運之間的制約關系：

> 凡推命之禍福，須先度量基地厚薄，然後定災
> 福。運氣譬之船也，命譬之水，隨其水之廣狹深淺，
> 發得船之力也。凡命有八分福神，行三四分惡運，都
> 不覺其凶，福力厚故也。若五六分惡運，只浮災細累
> 而已。至七分惡運，方有重災。凡五分福命，行三四
> 分惡運，為凶甚切。若四五分惡運，則須死，蓋基地
> 不牢固也。凡命中五行衰者，運宜盛（《寸珠尺璧》

云：凡衰處行運到旺處脫)。五行盛者，運宜衰。衰者復行衰運，是謂不及。五行不及，則遁塞沉滯。五行盛而復行盛運，是謂太過。過則擊作成敗也。[11]

宋人形象地將運譬之於船，命譬之於水。水若深，則船可大；水愈淺，則船宜小。隨其命之水之廣狹深淺，發得運之船之力也。命是一個人的基礎，基礎的厚薄，決定了一個人可以承擔的厄運的等級。若福力深厚，有八分厚度，則行三四分厄運而不覺其凶，行五六分厄運方有不順之感，行至七分厄運方有重災；若人命福力一般，只有五分厚度，則行三四分厄運已為大凶，行至四五分厄運，須死。由此可見，一個人命運之吉凶不僅取決於運的好壞，更取決於此人命的厚薄。宋人對命與運關系的認識，顯然為後世所繼承發揚。而且，宋人在看一個人命運時，要把此人的命局與大運、流年等作為一個整體系統結合起來看。單從命局來看，宋人分析命局之好壞的重要標准便是看命局中五行是否平衡，若出現五行太過、不及的情況，他們多半將此命作賤命來看。同樣，宋人分析人命運的好壞也遵循著這樣一種中和原則。若命局中五行衰，則運宜盛；命局中五行盛，則運宜衰。命局衰而復行衰運，是為五行不及；命局盛而復行盛運，是為五行太過。五行太過不及，命運皆為塞滯。很顯然，宋人是把歲運放到命局之中，把命運作為一個整體而結合分析的。宋人分析命運時所運用的這種整體觀念，對後人推算大運、流年的吉凶產生了直接的影響。[12]

　　值得一提的是，宋人不僅認為每個人有自己的命運，人類歷史也已經安排好了自己的命運。北宋邵雍按照自己創立的元會運世的宇宙進化史觀編制了一份世界歷史年表。這一年表，上自唐堯，下至五代，逐年按周易卦象，對照重大歷史事件加以核對吉凶。「其書以元經會，以會經運，以運經世，起於帝堯甲辰，至後周顯德六年己未，而興亡治亂之跡皆以卦象推之。朱子謂《皇極》是推步之書，可謂能得其要領。」[13]當然，邵雍的人類歷史不可能只限於短短的幾千年。他以元會運世外加歲月日辰以應八卦從而推導出十餘萬年乃至無窮盡的人類的歷史演變軌跡。按照邵雍的規定，一元等於十二會，一會等於三十運，一運等於十二世，一世等於三十年，一年等於十二月，一月等於三十日，一日等於十二辰。《宋元學案‧百源學案》總結其運演算法則道：「皇極之數，一元十二會，為三百六十運；一會三十運，為三百六十世；一運十二世，為三百六十年；一世三十年，為三百六十月；一年十二月，為三百六十日；一月三十日，為三百六十時；一日十二時，為三百六十分；一時三十分，為三百六十秒。蓋自大以至於小，總不出十二與三十之反覆相承而已。」[14]如此推算，一元之數為十二萬九千六百年。滿一元天地將發生一次大的變化，而後再步入新的一元。試以邵雍之子邵伯溫繪製的《經世一元消長之數圖》來看一元期中，世界由開辟到滅亡的過程：

經世一元消長之數圖

元	會	運	世			
日甲	月子一	星三十	辰三百六十	年一萬八千	復	
	月丑二	星六十	辰七百二十	年二萬一千六百	臨	
	月寅三	星九十	辰一千八十	年三萬二千四百	泰	開物 星之巳七十六
	月卯四	星一百二十	辰一千四百四十	年四萬三千二百	大壯	
	月辰五	星一百五十	辰一千八百	年五萬四百	夬	
	月巳六	星一百八十	辰二千一百六十	年六萬四千八百	乾	唐堯始 星之癸一百八十 辰二千一百五十七
	月午七	星二百一十	辰二千三百二十	年七萬五千六百	姤	夏殷周秦兩漢兩晉十六國南北朝隋唐五代宋
	月未八	星二百四十	辰二千八百八十	年八萬六千四百	遯	
	月申九	星二百七十	辰三千二百四十	年九萬七千二百	否	
	月酉十	星三百	辰三千六百	年十萬八千	觀	
	月戌十一	星三百三十	辰三千九百六十	年十一萬八千八百	剝	閉物 星之戌三百一十五
	月亥十二	星三百六十	辰四千三百二十	年十二萬九千六百	坤	

　　上表是邵伯溫根據其父思想編制的。在這樣一個列表中，可以發現，從復卦到乾卦，六爻之中陽爻由一至六，陽逐漸上升，陰逐漸減退。當陽初長，陰尚盛時，萬物未俱；至第三寅會時，泰卦主事，陰陽持平，至此開物。而

後陽爻逐漸佔據上風，至第六巳會，乾卦主事，陽達極盛，遂有唐堯在世，上古盛世來臨。這是人類歷史居於上升的階段。而後從姤卦到坤卦，陰逐漸上升，陽逐漸減退。人類歷史開始逐漸走向下坡路。所以至第七午會，姤卦主事，人類進入三代至今時期，雖歷史持續發展，但總體上在走下坡路，已不及堯舜之時。而至十一戌會末期，剝卦主事，陽剝盡，進入閉物時期，人與萬物喪失生存條件，歸於消亡。最後至十二亥會，坤卦主事，天地歸於消亡，一元結束，新的一元即將開始。邵雍把中國歷史的發展當做他的元會運世說的一種驗證，並以此說為人類歷史的命運進行了推命。難怪朱熹將邵雍的《皇極經世書》列為推步之書。只是這種推步，是對人類歷史大勢的推步，而不同於一般宋代命理術士的僅僅限於個人命運的推步了。

三、大運的編排

現存命理文獻中有關大運的最早記載可能是《俄藏敦煌文獻》中編號為Φ. 362A的一件文書。該文書有如下文字：

> 一論流運者，是一世之動，作百年之期。凡大運」
> 如大軍，如小卑將，大歲如人君，三者相」
> 和，然後濟事。大運五歲令八個月逆行。」
> 今大運見居甲午金。今詳此運：貴神在位，」
> 諸煞伏藏。一德扶身，眾凶皆散。此運之內，己」

身亨通。此運之中，財物散失。此運之中，」

大歲四十五歲，兼有遠行之災，不」

為害矣。四十六、七、八，財帛進旺，稍有」

破財不利為忌。四十九五十歲，雖有」

空亡暗合主氣，丁壬化木之本位。以此」（下缺）⑮

　　據黃正建推斷，該文書應該是宋以後的文書。不過，黃氏的論據主要是因為大運及起運法的出現一定是在宋代以後。這就不免有先入為主的偏見。⑯因此，此文書的出現時間還可存疑。此段記載，不僅有大運的字樣，而且提到「大運五歲令八個月逆行」，應是大運起運時間。當然，由於這裏語焉不詳，無法確切得知當時人是如何編排大運的，其編排方法是否與宋人相同。今天能看到的大運編排方法，最早可以追溯到宋代。

　　大運的編排，指如何起大運、排大運。這是判斷一個人大運吉凶的前提，是推算一個人命運必須要完成的準備工作。有關大運編排的最早記載見於宋代《珞琭子》，其文曰：「運行則一辰十歲，折除乃三日為年。」對於這樣一個簡短描述的起運方法，王廷光注云：「論折除之法，必用生者，實歷過日時，數其節氣，以合歲月之數，乃若陽男陰女，大運以生日後，未來節氣日時為數，順而行之。陰男陽女，大運以生日前過去節氣日時為數，逆而行之。」⑰

　　仔細分析一下這段話。所謂的「運行則一辰十歲」，指的是人的每一個大運干支主宰人生十年。宋人為何判定

一步大運管人生十年，王廷光是這樣解釋的：「大運一
辰十歲者，何也？蓋一月之終，晦朔周而有三十日，一
日之內，晝夜周而有十二時，總十年之運氣，凡三日有
三十六時，乃見三百六十日，為一歲之數，在一月之中，
有三百六十時，折除節氣算計，三千六百日為一辰之十歲
也。人生以一百二十歲為周天。」⑱

　　第一個大運的干支，是從月柱順排或逆排而來，之後
的大運干支，再依此順排和逆排。如何來確定第一個大運
的干支呢？首先，要從命主的年幹的陰陽來區分出命主是
陽男陰女還是陰男陽女。若命主為男，生在年干為甲、
丙、戊、庚、壬等年中，是為陽男；若命主為女，生在年
干為乙、丁、己、辛、癸等年中，是為陰女。陽男陰女，
按月柱干支順排其大運。如下面這兩個命造：

	乾造		坤造	
年柱	壬	戌	年柱	丁 卯
月柱	丁	未	月柱	乙 巳
日柱	己	酉	日柱	甲 申
時柱	庚	午	時柱	丁 卯

　　左邊的乾造（男命）年干為陽干壬，屬於陽男。其大

運按月柱干支順排。月柱為丁未，則其大運依次為戊申、己酉、庚戌、辛亥……；右邊的坤造（女命）年干為陰干丁，屬於陰女。其大運亦按月柱順排。月柱為乙巳，則大運分別為丙午、丁未、戊申、己酉……。反之，如果命主為男，生在年干為乙、丁、己、辛、癸等年中，是為陰男；若命主為女，生在年干為甲、丙、戊、庚、壬等年中，是為陽女。陰男陽女，按月柱干支逆排其大運。試以下面兩個命造為例：

乾造		坤造	
年柱	丁巳	年柱	戊辰
月柱	壬子	月柱	壬戌
日柱	辛丑	日柱	丁未
時柱	乙未	時柱	庚子

左邊的乾造年干為陰干丁，屬於陰男。其大運按月柱干支逆排。月柱為壬子，其大運依次為辛亥、庚戌、己酉、戊申……；右邊的坤造年干為陽干戊，屬於陽女。其大運亦按月柱干支逆排。月柱為壬戌，則大運依次為辛酉、庚申、己未、戊午……。從以上的列舉可以得知，判定了陽男陰女及陰男陽女，才可以以月柱干支為依據，確

定每一步大運的干支。

知道了大運推排的原則，還需知道人幾歲入運，即何時起大運。古往今來，命理術士們一直採用宋代的折除法來起大運。「論折除之法，必用生者，實曆過日時，數其節氣，以合歲月之數，乃若陽男陰女，大運以生日後，未來節氣日時為數，順而行之。陰男陽女，大運以生日前過去節氣日時為數，逆而行之。」⑲計算大運的起運歲數，陽男陰女，從本人生日那天起，順數到下一個節令為止，看共有幾日，然後將所數天數除以3，所得的商即為起運歲數。除不盡者，餘數為1，則為幾歲零四個月起運；餘數為2，則為幾歲零八個月起運。通常，以三天計一年，一天計四個月，一個時辰計十天。相反，陰男陽女起大運，從本人生日那天起，逆數到上一個節令為止，看共有幾日，然後將所數天數除以3，所得商即為起運歲數。舉例來說，一個甲子年出生的男性（陽男），十二月二十四日巳時出生。該月二十九日申時立春，那麼就從其出生之日順數至立春之日，得五天零三個時辰。以五除以三，商一餘二，計一歲零八個月，再加上三個時辰共計三十天，則此人實際是在一歲零九個月起的大運。又比如一個壬午年出生的女性（陽女），三月八日未時出生。女性陽年生逆數至上一個節令，上一個節令為二月二十日酉時之清明。從三月八日未時逆數至二月二十日酉時，共計十六天零七個時辰。以十六除以三，商五餘一，計五歲零四個月，再加上七個時辰共計七十天，則此人大約是在五歲零六個月起的

大運。

　　這裏尤其要注意的是農曆的24個節氣。農曆一年中有二十四個節氣，其中十二個個節氣，十二個中氣。正月立春，二月驚蟄，三月清明，四月立夏，五月芒種，六月小暑，七月立秋，八月白露，九月寒露，十月立冬，十一月大雪，十二月小寒，這些是一年中的十二個節氣；正月雨水，二月春分，三月穀雨，四月小滿，五月夏至，六月大暑，七月處暑，八月秋分，九月霜降，十月小雪，十一月冬至，十二月大寒，這些是一年中的十二個中氣。其中每個月有一個節氣一個中氣，十二月合計二十四個節氣。

二十四節氣表

月份	正月	二月	三月	四月	五月	六月	七月	八月	九月	十月	十一月	十二月
節氣	立春	驚蟄	清明	立夏	芒種	小暑	立秋	白露	寒露	立冬	大雪	小寒
中氣	雨水	春分	穀雨	小滿	夏至	大暑	處暑	秋分	霜降	小雪	冬至	大寒

　　推算一個人的起運時間，要以節氣來推算，不能以中氣來推算。無論是陽男陰女還是陰男陽女，都是從其出生日到下一個或上一個節氣為止，而不是到下一個或上一個中氣為止。也就是說，對於推算起運時間而言，宋人真正重視的是一年中的十二節氣。

　　千百年來，宋人的起大運法輾轉流傳至今。至於宋人為何判陰男陽女以月柱逆排推起大運，今人已很難知道這其中確切的理由。不過，王廷光對《珞琭子》的一段注釋

156

談到了這個問題，可以供後人參考：

> 王氏注云：男，陽也。或稟五行之陰而生，則謂
> 之陰男。女，陰也。或稟五行之陽而生，則謂之陽
> 女。陰男陽女稟氣不順，故大運歷過去節，不順者，
> 時觀出運入運之年而有吉凶之變。順者雖不以出入之
> 年為應，亦不可與元辰之厄會。[20]

王廷光認為，相對於陽男陰女稟氣之順，陰男陽女生來便稟氣不順，故而起大運時以出生日辰逆向前推，直至遇到上一個節氣為止。稟氣順而順推，稟氣逆而逆推，如此，也算是順天應人吧。

四、大運的吉凶判定

分析一個人一生運勢的好壞，主要查的就是他的大運的吉凶。「小大災福，皆以大運為之主。」[21]無論古今，人們皆是把歲運放到命局之中，把命運作為一個整體而結合分析的。今人在將大運與命局放在一起討論大運吉凶時，往往認為若大運為命局喜用神，則該運走高；若大運為命局忌神，則該運走低；若大運既非喜神也非忌神，則此運為稀疏平常之運。當然，有關大運吉凶的斷法遠非如此單一，筆者只是述其基本推理原則。[22]那麼，追溯到宋代，命理術士們又是以何標准判定大運的吉凶呢？

綜合起來看，宋人的判定標准可以分為兩條：一是命主對大運的喜忌隨其年齡階段的不同而不同。大體說來，就是人在早年，喜逢生旺之運，晚年，喜遇衰絕之運。大

運若能順之人的生長規律，在成長發育、身強體壯時運勢處身命得地之處，在年老體衰時運勢處身命不得地之處，就是吉運。若逆之，即是衰運。釋曇瑩注解《珞琭子》時講到身須逐運，勢須及時的行運之道就是如此：

> 其為氣也，將來者進，功成者退。

> 瑩和尚注云：將來者進，迎之以臨官、帝旺。功成者退，背之以休廢、死囚。則福禍凶吉可見也。

> 或曰：生逢休敗，早歲孤貧；老遇建旺之鄉，臨年偃蹇。

> 瑩和尚注云：身須逐運，必假運而資身，勢須及時，亦假時而成勢。生逢旺歲，運須處於旺鄉，晚遇衰年，運恰宜於困地。[23]

在該處，《珞琭子》提到大運應遵循「將來者進，功成者退」之原則。另一部宋代命理文獻《燭神經》曾有對此語的相關解釋：「功成者謂五行稟旺氣者也，旺而能止息，是謂退藏。將來者五行在冠帶胎養之地，其氣虧而未盈，故欲子母相生，以益其氣，則有榮進振發之道也。」[24]功成者貴於退藏，將來者貴於榮振。人之早年，大運應處身命之旺地。人到晚年，大運也要到身命之衰地。人之旺歲衰年與運之旺衰是要一一對應的。這也就是釋曇瑩所謂的「生逢旺歲，運須處於旺鄉，晚遇衰年，運恰宜於困地」。如若大運的旺衰走勢與人生的生老病死步驟不相一致，甚至前後顛倒，那麼這就違背了《珞琭子》所言的將來者進，功成者退的原則，而其後果也只能是人逢驅馳連

塞之運了。「凡人初中之限，合行生旺，而不生旺，晚老之年，合行衰絕，而不衰絕，乃為運背，此等人三限最為驅馳連塞也。」㉕

　　細推起來，若將人生分為早、中、晚三限，則三個時期大運旺衰亦不同，其所臨之五行十二宮宜分仔細。人生早年，大運喜逢胎、養、長生、沐浴、冠帶之鄉；人逢壯年，乃可行臨官、帝旺處；人至晚年，行運不可複旺，宜行衰、病、死、墓、絕地。《壺中子》總結道：「生旺雖吉，而未必吉，衰滅雖凶，而未必凶，達此者始可論運。蓋人自生至老，必從微以至少壯，十歲二十歲方當少年之時，惟可行胞胎、養、生、沐浴、冠帶處。三十、四十歲當陽強齒壯之時，乃可行旺處。五十、六十歲當天癸枯竭，只可行衰限。反此者如老得少年脈，少年得老年脈，非所宜也。」㉖由此可見，生旺雖好，但不宜見於晚景；死衰雖惡，卻合人生晚年之境況。所以，宋人在論及大運的吉凶時，並非一心只求旺運。

　　宋人判定大運吉凶的第二條標准是大運喜逢旺地及有吉星高照。上文提到，宋代命理文獻記載大運的旺衰走勢應與人生的生老病死步驟相一致。但是大運行至身命休敗之地，雖然符合了人生晚年之衰朽境況，還是讓很多人無法接受。或許在不少宋人看來，人生無論早晚，運勢均是愈旺愈好，畢竟，誰也不喜歡晚景的淒涼。王廷光曰：「論行運至五行生旺之地，如木之得春，其敷榮華實可知矣。或行運至五行休敗之地，如木之逢秋，衰朽枯槁亦可

見矣。人之四柱五行休旺、生死之理，在乎悟理窮幽，達微通變，以盡其妙。」[27]行運之五行得地處，春風得意，富貴榮華接踵而至；行運至五行失地處，秋風蕭瑟，衰朽枯萎不可避免。好生惡死，乃人之常情。雖然王廷光這裏並未指出何者為吉，何者為凶，但從王氏言談中，人們不難做出對大運的喜好選擇。於是，可以看到宋代命理文獻中另一種對大運喜忌的評判標准：大運只喜旺地，不喜衰地。

　　凡大運到臨官地旺之地，主人盛旺快樂，發權進財，生子骨肉之慶，一運中亨通也。凡大運到衰病之鄉，一運中多退、破財、疾敗事。凡大運到死絕鄉，一運中，骨肉死喪，自身衰禍、鈍悶、百事寒塞也。凡大運到五行敗鄉，主人落魄懶惰，酒色荒迷。大運到胎庫成形冠帶之鄉，一運中百事得中，安康平易也。（《燭神經》）[28]

　　上面這段話很明確地表示出，一個好的大運，與人的年齡無關，只與大運在五行十二宮中的位置有關。「夫五行之性，大概以胎、生、旺、庫為四貴，死、絕、病、敗為四忌，餘為四平，……」[29]所以，《燭神經》的作者認為，大運到胎庫成形冠帶之鄉，一運中百事得中，安康平易。大運到臨官帝旺之地，該人發權進財，運勢亨通。而大運一旦行至衰病死絕等敗地，那麼破財、疾病、死喪等厄運當然也就接踵而至。

　　大運的喜忌不僅與其得地不得地有關，更牽涉到吉神

與兇殺。如果說大運已不考慮人生的旺衰規律，只喜歡一味高走的話，那麼它當然也只喜歡吉神而討厭兇殺。《廣信集》、《三命提要》簡單列舉了一些大運所喜好的吉神：

> 凡行運至夾貴、華蓋、貴人、六合上，及乘生旺氣者，皆主喜慶，仍須察當生根基，十分則應五分，生時五分則應十分，福與災同。③

> 凡大運到歲干祿馬同位，生馬同位，祿長生處，長生臨官旺庫，驛馬貴神，貴窠，以上十位，皆為大亨之運。運上更帶正官、正印，尤吉。……運行到祿合命、六合，更帶六神干，亦為亨運。③

大運對於吉神的極度喜好也決定了其對兇殺的極度厭惡。宋代命理文獻列舉的一些兇神惡煞，若大運行至此處，往往意味著人生已步入「大凶之運」：

> 運到伏吟上，逢喪吊、白衣、飛廉、孤寡、歲刑剋身者，定主災厄。凡得此限，不利親戚，主有喪服。（《鬼谷遺文》）③

> 凡大運行到祿干死絕病敗上，為大凶之運。行到伏吟、反吟、空亡、三刑、六害、兇殺驟處，及祿逢鬼，皆為凶運（太歲行運，行到主一年凶）。（《三命提要》）③

以上講到了宋人判定大運吉凶的兩條標准。兩條標准孰對孰錯，後人難以做出評判，可以說二者都有一定道理。前者更符合人生老病死的成長規律，後者更符合人們

好生惡死的心理需求。況且，很多命理法則是命理術士們在長期算命實踐中積累起來的經驗總結，其法則的修改演變往往以命理術士們的實踐檢驗為依據。如《三命提要》的作者就是以自己常年算命應驗結果來「證明」自己理論的確切無誤：「余歷觀貴人之運，死於死絕病敗者，十有七八。死於伏吟、反吟、空亡、刑害之運者，十有五六。死於三兇殺或二兇殺聚處者，十有三四也。此謂祿在無氣處者。如運到伏吟、反吟上，主有喪服、哭泣之災。古人云：伏吟反吟，悲哭淋淋。若大運小運相沖，或太歲壓運，或太歲小運亦到凶處，此為災發之年也。災大則父母亡，災小則陰人小口之哭。若伏吟、反吟運到祿馬建合，生庫旺相位上，於祿則利，於家則有小災。若晚年福衰祿謝，到此運，又是祿命凶位，必死也。」[34]該文作者如此信誓旦旦保證自己理論的應驗，是因為他的理論都是建立在以往應驗的數據上。依照其說法，貴人之運，亦懼死絕病敗之地，兇神惡煞之臨。從後來的命理術演變情況來看，大運吉凶的第一條判定標准在明清以後的命理文獻中已經消失不見了。雖然由宋至今，命理術已經發生了翻天覆地的變化，但是大運吉凶的判定標准基本上沿襲了大運喜逢旺地及有吉星高照的准則。為什麼後人承襲了宋人的第二條判定標准而捨棄了第一條判定標准？第二條標准的准確度是否高於第一條判定標准的准確度？要回答這個問題，還是要回到明清以來日漸盛行的子平術上。依筆者的分析來看，大運吉凶的第二條判定標准似乎更接近於明清

以來子平術的命運判定標准。在子平術中，無論是命局還是大運流年，只要干支為喜用神，那麼它便喜行十二長生運的長生、建祿、帝旺等旺地，忌行衰、病、墓、絕等衰地。這恐怕才是後人選擇第二條標准的主要原因吧。

五、轉運與換甲運

《五行精紀》在講到大運的專題時，也談到了大運的轉換問題。從上一個大運到下一個大運的轉換，通稱為轉運。宋人認為，人在轉運之時，運勢並不會隨著新的大運的吉凶轉變而迅速轉換。轉運期間，人的大運還會受到上一個大運的一段時間的影響：

> 年雖逢於冠帶，尚有餘災。初入衰年，尤披尠福。
>
> 王氏注云：年運或初離沐浴暴敗之地，而順行才至冠帶之上，未可便以為福，蓋尚有衰敗之餘災也。或自旺之地而行，初至衰鄉，亦不可便以為禍，蓋尤披旺鄉之尠福也。所以行運有前後五行之說，蓋由此耶。（《珞琭子》）[35]

大運也好，小運、太歲也好，在運勢交接之後的短暫時間裡，都會受到上一個運勢的影響。由敗運初值好運，尚有衰敗之餘災。由好運初值衰鄉，福運尚存，不可立論災至。更有甚者，認為大運在由災轉福之時更有重災，由福轉災之時更有重福。《壺中子》就認為在大運轉換之時，前運之福禍尤應：

　　將徹不徹，寧有久否之殃；欲交不交，尚有幾殘之福。

　　運在衰絕處，將入吉慶之地者，必於臨離之時，更有重撓。運在吉慶之地，將入衰絕之處，必於初入時，更有重福也。（《壺中子》）㊱

　　無論是《珞琭子》中王廷光的觀點，還是《壺中子》中的觀點，都可以看出，在宋人眼中，轉運並不意味著命運的即刻轉變，它還是需要一定時間的等待的。這種觀點也深刻影響到了後人。

　　宋代還有一種特別的轉運概念，叫換甲運。「凡行運有逆行換甲入癸者，有順行換癸入甲者，名曰換甲運。」換甲運，即大運由癸×運順行轉至甲×運，或大運由甲×運逆行轉至癸×運。由於天干隔十遇甲，而一個大運又管人生十年，因此，人的一生中至多只能逢一次換甲運。在宋人看來，換甲運不同於其他的大運轉換，它是一個獨特的災運。「古語云：傷寒換陽，行運換甲，換得過是人，換不過是鬼。」㊲此運老人尤忌，多恐奪命。幼年或少年經換甲者，可以度過難關，然亦多病多災，或父母早亡。

　　並不是每一個人的大運適逢換甲便可稱作換甲運，換甲也是需要一定的條件的。「凡換甲者，謂六甲旬中，至換甲處，被納音所剋，換甲無氣也。」具體說來，人逢換甲運時，年柱納音五行所代表之身命，須被換甲運納音五行所剋，且換甲運之納音五行自坐地支為死、墓之位。若納音五行金、木、水、火、土自坐死、坐墓，通常稱其為

死金、死木、死水、死火、死土。所以，「換甲所畏者，謂生金畏死火，生火畏死水，生水畏死土，生土畏死木，生木畏死金」。試看《三命鈴》中所舉換甲運之命例：

> 假令甲子金人，二月建丁卯，是金胎處生，男命順行，大運經巳為金長生，此人大運到酉戌即死，緣甲子至癸酉，是十干氣止處，換得甲戌納音屬火，到酉為死，到戌為墓，所謂生金畏死火，此為換甲無氣也。[38]

查六十甲子納音表，甲子海中金，一個甲子金命人生於二月丁卯月。男命陽年生，其大運干支依月柱干支順行，行至第七步大運至甲戌運，恰逢換甲。甲戌納音屬火，剋甲子金人之身命，且火自坐墓，為死火。所以，這就恰恰符合了換甲運的生金畏死火的要求。這就是一個典型的換甲運的命例。而按照此處說法，此甲子金人，「大運到酉戌即死」，看來此換甲運是必死之運。

再比如《三命提要》中所列舉的這樣一個命例：

> 如納音是木，木為身，運過癸亥長生處，交到甲子金，是換甲逢死鬼也。謂金死在子，墓在丑，故一金皆為死鬼也，其人必死。餘准此。[39]

一個身命為木的人，運交甲子金運，恰剋其身。又甲子金自坐死，故謂之換甲逢死鬼也。這就是所謂的生木畏死金。這也是一個標准的換甲運，交上這樣大運的人，命書判為「其人必死」。

另有一些大運雖逢換甲，但是可以與平常大運一般看

待，無須將其視作換甲災運。試看《三命鈐》下面所舉之命例：

> 凡納音不經長生至換甲處，納音不在死墓，即不為換甲也。假令丁卯人，正月中氣日生，作五歲氣運算，正月建壬寅，男命逆行即平生不換甲也。緣逆行過去之月，謂五歲以前在壬寅，七十五歲大運方到甲午，納音已屬金，故不為換甲也。[40]

查六十甲子納音表，丁卯為爐中火。這是一個陰年生之男命，故其大運逆推。其月柱壬寅，行至第八步大運方至甲午沙中金運。論其納音五行，身命反剋大運，且大運納音五行自坐沐浴。這裏姑且不論此步大運之吉凶，但無疑其並非換甲運。

換甲運可以說是宋代命理術特有的產物，後世命理學者評判大運時，不再設此特殊之運，而將換甲之運與其他大運一視同仁。這應該也是符合命理術發展趨勢的。

（本文原載於釋大願、賈海濤主編《中國哲學與文化論集》，廣州：世界圖書出版廣東有限公司，2014年。）

注釋：

①黃壽祺、張善文撰：《周易譯注》卷1《乾卦第一》，第5、6頁。

②程俊英撰：《詩經譯注》，上海古籍出版社，2004年，第411、317頁。

③黃懷信主撰：《論語匯校集釋》卷12《顏淵第十二》，上海古籍出版社，2008年，第1076頁。

④黃懷信主撰：《論語匯校集釋》卷20《堯曰第二十》，第1747頁。

⑤楊伯峻譯注：《孟子譯注》，中華書局，2010年，第204、205頁。

⑥楊伯峻譯注：《孟子譯注》，第314頁。

⑦吳毓江撰、孫啓治點校：《墨子校注》卷9《非命上第三十五》，中華書局，1993年，第400頁。

⑧（唐）王勃著、（清）蔣清翊注：《王子安集注》卷8《秋日登洪府滕王閣餞別序》，上海古籍出版社，1995年，第233頁。

⑨（明）萬民英撰：《三命通會》卷2《論大運》，第128頁。

⑩韋千里著：《千里命稿》，第132頁。

⑪（宋）廖中撰：《五行精紀》卷33《論大運》，第253、254頁。

⑫如民國時期韋千里在《千里命稿》「運限篇」中歸納的「善運惡運之分析」，就是以大運同用神或生助用神者為善運；以大運剋洩用神者為惡運。這實質上就是宋人分析命運時所用到的整體觀念。參見韋千里著《千里命稿》，第132~138頁。

⑬《四庫全書總目》卷108《子部·術數類一》，第915頁。

⑭（清）黃宗羲原著、（清）全祖望補修、陳金生、梁運華點校：《宋元學案》卷10《百源學案下·附黎洲皇极

經世論》，中華書局，1986 年，第 456 頁。

⑮轉引自黃正建著《敦煌占卜文書與唐五代占卜研究》，學苑出版社，2001 年，第 131 頁。

⑯黃正建著：《敦煌占卜文書與唐五代占卜研究》，學苑出版社，2001 年，第 132 頁。

⑰（宋）廖中撰：《五行精紀》卷 33《論大運》，第 252 頁。

⑱（宋）廖中撰：《五行精紀》卷 33《論大運》，第 252 頁。

⑲（宋）廖中撰：《五行精紀》卷 33《論大運》，第 252 頁。

⑳（宋）廖中撰：《五行精紀》卷 33《論大運》，第 253 頁。

㉑（宋）廖中撰：《五行精紀》卷 34《論晦數》，第 264 頁。

㉒大運吉凶的判定方法多種多樣，有關這方面的論述，可參照韋千里著《千里命稿》，第 132~138 頁；秦倫詩著《八字應用經驗學》，內蒙古人民出版社，2009 年，第 146~150 頁；亦可參照凌志軒著《古代命理學研究：命理基础》，中山大學出版社，2013 年，第 73、74 頁。

㉓（宋）廖中撰：《五行精紀》卷 33《論大運》，第 252 頁。

㉔（宋）廖中撰：《五行精紀》卷 8《論五行二》，第 63 頁。

㉕（宋）廖中撰：《五行精紀》卷 33《論大運》，第 253 頁。

㉖（宋）廖中撰：《五行精紀》卷 33《論大運》，第 252、253 頁。

㉗（宋）廖中撰：《五行精紀》卷 33《論大運》，第 252 頁。

㉘（宋）廖中撰：《五行精紀》卷 33《論大運》，第 253 頁。

㉙（宋）廖中撰：《五行精紀》卷 8《論五行二》，第 63 頁。

㉚（宋）廖中撰：《五行精紀》卷 33《論大運》，第 254 頁。

㉛（宋）廖中撰：《五行精紀》卷33《論大運》，第257頁。

㉜（宋）廖中撰：《五行精紀》卷33《論大運》，第257頁。

㉝（宋）廖中撰：《五行精紀》卷33《論大運》，第258頁。

㉞（宋）廖中撰：《五行精紀》卷33《論大運》，第258頁。

㉟（宋）廖中撰：《五行精紀》卷33《論大運》，第253頁。

㊱（宋）廖中撰：《五行精紀》卷33《論大運》，第253頁。

㊲（宋）廖中撰：《五行精紀》卷33《論大運》，第255頁。

㊳（宋）廖中撰：《五行精紀》卷33《論大運》，第255頁。

㊴（宋）廖中撰：《五行精紀》卷33《論大運》，第255頁。

㊵（宋）廖中撰：《五行精紀》卷33《論大運》，第255頁。

上古和秘傳──命理術三代起源說及其歷史內涵考釋

摘要：唐宋以來，命理術起自三代之說經久不衰。該說雖然來自古人臆斷或市井傳言，但是卻在民間及術數界有著廣泛長久的生命力，並且似乎絲毫不受後世學者考據的影響。本文從「仙術」知識流傳的秘傳文化的角度分析，認為命理術起源越早，其術的神授和上古神聖性也就越強，也就越容易為世人所推崇敬畏。這才是命理術三代起源說最原始的歷史內涵。

關鍵詞：命理術；三代；起源；歷史內涵

唐宋以來，人們對命理術的起源眾說紛紜。其中認為命理術起自三代的說法經久不衰。言其說者，其追溯又有不同：有言始於珞琭子者，有言始于戰國鬼谷子者，亦有言始于黃帝時期者。

一、命理術三代起源說

1. 命理術起源於珞琭子說

宋代時，祿命書中流行著《珞琭子賦》諸注本。宋人往往將《珞琭子賦》視為命理術的最早著作，「《珞琭子》，實天下命論之母也」[①]。「此書祿命家以為本經。」[②]「傷寒必本仲景，猶兵家之本孫吳，葬書之本郭氏，三命之本珞琭，壬課之本心鏡。舍是而之他是，猶舍

規矩而求方圓，舍律呂而合五音，必乖謬矣。」③

「珞琭子」也被視為命理術的鼻祖。對於「珞琭子」其人，宋人有四種解釋。其一是周靈王太子晉。朱弁《曲洧舊聞》云：「世傳《珞琭子三命賦》，不知何人所作，序而釋之者，以為周靈王太子晉，世以為然。……俚俗乃以為子晉，論其世，玩其文理，不相俟，而士大夫亦有信而不疑者。」④趙彥衛《雲麓漫鈔》提到當時的命理界「業其術者，託名於鬼谷子、王子晉」。⑤王廷光也云當時世人對所傳《珞琭子》「又以為周靈王太子晉之遺文」。⑥其二是南朝陶弘景。宋人楚頤云：「陶弘景自稱珞琭子，蓋取夫不欲如玉如石之說，方其隱居時，號為山中宰相，故著述行者尤多命書。作賦，其言愈見深妙，至於凝神通道。豈淺聞之士所能及哉？題篇直曰《珞琭子》，則謂陶弘景復何疑焉。……世莫知珞琭子為誰，因以所聞而序之。」⑦其三是梁昭明太子。王廷光曰：「世傳《珞琭子》，以為梁昭明太子之所著，及東方朔疏序。」⑧其四是古時不知名之隱士自號：「珞琭子者，不知何許人，古之隱士也，自謂珞琭子。」⑨四種說法相較，第一種珞琭子為周代王子晉的說法似乎流傳更為廣泛。

在宋代以及宋代之後，有關珞琭子的著作層出不窮。這也可以看出珞琭子這一人物在後世的影響力久盛不衰。《宋史·藝文志》中錄有《珞琭子賦》1卷、《珞琭子三命消息賦》1卷、《珞琭子五行家國通用圖錄》1卷、《珞琭

子五行疏》10卷。《通志・藝文略》錄有《三命消息賦》
1卷（作者為珞琭子、僧叔昕、杜崇龜）、《東方朔珞琭
賦疏》10卷。《文獻統考・經籍考》錄有《珞琭子三命》
1卷（此即為《宋史・藝文志》中《珞琭子三命消息賦》1
卷）、《珞琭子疏》5卷（宋朝李仝注、東方明疏，《宋
史・藝文志》中《珞琭子賦》1卷題為宋李企注，「企」字
當為「仝」字誤。《珞琭子賦》或無東方明疏，故僅有一
卷）。《永樂大典》還收錄有《徐氏珞琭子賦注》2卷（徐
子平注，此注本當源於宋末元初或元時）。

　　這些著作，雖然注疏者各有不同，但基本上都源於同
一種文獻——《珞琭子賦》。《珞琭子賦》源於何時，
至今已不可考。今所知最早版本，是出現於嘉佑四年
（1059）李仝注、東方明疏的《珞琭子疏》。清朝瞿鏞在
《鐵琴銅劍樓藏書目錄》第15卷《子部三》中錄有宋影抄
本《新雕注疏珞琭子三命消息賦》3卷（附李燕《陰陽三
命》2卷），該書有嘉佑四年仝序。[10]故可據此判定此書的
出現至遲是在北宋中期。[11]

　　明代時，一些重要的命理學著作在追溯命理術早期發
展史時，仍將珞琭子視為戰國時期的一位命理大家。如明
人戴冠在《濯纓亭筆記》中記載：「其源蓋出於戰國初
之珞琭子，稱珞琭子者，取老子珞珞如玉、琭琭如石之
義。」[12]值得指出的是，戴冠的這篇文章後來被《三命通
會》的作者萬民英（1521—1603）轉載，而後其說輾轉流
傳於明清兩代的命理文獻中，其影響可謂甚劇。古之命理

術起源於珞琭子的說法也為後世之人廣為接受。

2. 命理術起源於黃帝說和鬼谷子說

宋明時期有關命理術起源於先秦的說法還有兩種。一是命理術起于黃帝說。二是命理術起於鬼谷子說。最先持第一種說法而今日可考者，是元人吳萊（1297—1340）。吳萊認為：「天文、星曆、五行之說尚矣。黃帝、風后、漢河上公有三命一家，《藝文志》不著錄也。」⑬這裏，吳萊所謂的起于黃帝、風后、河上公一說，應該還是本於當時流行的《珞琭子賦》某一注本。事實上，以黃帝或黃帝近臣為術數始祖的說法由來已久。考《漢書·藝文志》、《隋書·經籍志》、《舊唐書·經籍志》、《新唐書·藝文志》中都有不少以黃帝、風后等命名的或託名於其下的術數、醫學著作。命理術在這裏也不能免俗。

第二種說法最晚源自宋代。宋人趙彥衛言及當時命理術士「業其術者，託名於鬼谷子、王子晉」，可知宋人亦視鬼谷子是與王子晉（珞琭子）齊名的命理界祖師。這種觀念在民間長期傳承不衰。明人戴冠（1442—1512）在其著作《濯纓亭筆記》中就承襲了這一說法：「其源蓋出於戰國初之珞琭子……珞琭同時有鬼谷子……」⑭又，宋以來，託名於鬼谷子的著作並不少。《五行精紀》中轉引了《鬼谷子遺文》、《鬼谷子要訣》、《鬼谷子命格》。清代《四庫全書》編纂者們從《永樂大典》輯出《李虛中命書》3卷，題鬼谷子撰，唐李虛中注，並提及李虛中自序一篇云：「司馬季主於壺山之陽遇鬼谷子，出逸文九篇，論

幽微之理，虛中為掇拾諸家注釋成集。」⑮四庫館臣這篇
提要裡，也將命理術的鼻祖追溯到鬼谷子。雖然司馬季主
遇鬼谷子之說宛如關公戰秦瓊之鬧劇，但是由於此篇提要
影響深遠，對其深信不疑的不明就裡之人亦不在少數。而
且相對於虛無縹緲的珞琭子，鬼谷子作為歷史上真實的人
物，更易為後人所接受。

二、命理術三代起源說考據

1. 從考據角度證實命理術三代起源說

上述種種命理術源於三代古聖的說法，或出於古人的
臆斷，或來自市井傳言，均缺乏足夠的論證。其實，亦有
古人從古籍中尋找線索，以較為嚴謹的考據，證明命理術
三代起源說的真實。這一做法的代表者是宋朝的晁公武
（1105—1180）和岳珂（1183—1243）。

晁公武在《郡齋讀書志》卷14《五行類》中曾有一段
論述命理術起源的話：

　　……推人生休咎、否泰之法。箕子曰：『五行：
水、火、金、木、土。』禹曰：『辛壬癸甲。』則甲
子、五行之名，蓋起於堯、舜、三代之時矣。鄭氏釋
『天命之謂性』，曰：『謂木神則仁，金神則義之
類。』又釋『我辰安在』，曰：『謂六物之吉凶。』
此以五行、甲子推知休咎否泰於其傳者也。……且小
運之法，本于《說文》巳字之訓；空亡之說，本于
《史記》孤虛之術，多有所自來，故精於其術者，巧

發奇中最多。」⑯

晁公武所言之干支五行出現于三代的史實確有所據。從今天的考古發現來看，干支作為紀日工具最早于殷商時期即已出現。「殷墟中出土的十數萬片甲骨刻辭中，記有干支日的甲骨俯拾即是。」⑰現存最早的完整的六十甲子表就刻在屬於黃組的即《合集》37986號的一塊牛胛骨上。至於鄭玄（127─200）所釋之「天命之謂性」及「我辰安在」等語句，則屬於早期的命理知識。晁公武堅信以上證據充分證明了三代之時命理術的推命方法已然產生。

無論晁氏論證是否充分，都是建立在考據的基礎上。這比之前諸說無疑前進了一大步。明初宋濂（1310─1381）汲取了晁氏考據的成果，重申此說，並於明清兩代產生了深遠的影響：

> 曰：「然則假以占命，果起於何時乎？」曰：「《詩》云：我辰安在？鄭氏謂六物之吉凶。王充《論衡》云：見骨體而知命祿，睹命祿而知骨體。皆是物也。況小運之法，本許慎《說文》己字之訓。空亡之說，原司馬遷《史記》孤虛之術。蓋以五行甲子推人休咎，其術之行已久矣，非如呂才所稱起于司馬季主也。」⑱

比晁公武稍晚的岳珂，也從考據的角度論證了命理術源自三代的可信。其在刻印的《五行精紀》序言中言：

> 世皆謂祿命始於漢，予固未暇考信，獨竊怪夫三代而上，官人以世，科目不立，以閭族黨之繁，殷俊

秀選造之升矣，夫豈無一人焉。有庚丁戊己之同，甲
辰癸丑之合，均得所養矣。祿固不可以輕重別，仕不
出境矣。馬固不可以澄清期軍制於卿列，而將置閒
士、止於奉璋，而天乙廢。不寧惟是，大撓作甲子，
固今所謂納音之辨，笄儷用則釵釧何有，巢穴處而屋
壁何居。夫漢之夾是術者，師說相承，要必有所祖，
進則接於三代矣。⑲

　　岳珂傾向於認為命理術起於三代。其所據是祿、馬、
納音等命理要素，在三代應該就已出現。況術數多靠師徒
間的口耳相傳，若漢初已有命理術，豈非三代以來無傳
承？

　　然而，無論是晁氏之言還是岳珂所論，其所據皆為古
文獻所出的命理術術語及部分基礎知識。這些術語及知
識，作為命理文化的組成部分，或許出現甚早，但是它們
的出現並不能代表整個命理術雛形的誕生。事實上，最早
出現的命理術古法，不僅沒有在三代出現，亦很有可能在
東漢末年尚未形成。⑳

　　2. 從考據角度對命理術三代起源說證偽

　　宋代以來，既有人對命理術三代起源說進行證實，亦
不斷有人從考據角度對其說予以證偽。如《珞琭子賦》的
注解者之一王廷光便指出命理術源自珞琭子說之謬：

　　　　此篇言懸壺化杖之事，及卷終舉論郭景純、董仲
舒、管公明、司馬季主，皆漢故事，前後不同。所謂
珞珞如石，琭琭如玉，此書如玉石之參會，萬古不

毀，使知者以道取之可也。㉑

王廷光不僅指明了賦中人物時間上的矛盾，而且提出珞琭子可能的本義──非人名也，而是取自珞珞如石、琭琭如玉、玉石參會、萬古不毀之意。

稍後朱弁在《曲洧舊聞》中也駁斥了珞琭子為命理術始祖之說：

> 考其賦所引秦河上公如懸壺化杖之事，則皆後漢末壺公、費長房之徒，則非周靈王太子晉明矣。賦為六義之一，蓋《詩》之附庸也。屈、宋導其源，而司馬相如斥而大之。今其賦氣質卑弱，辭語儇淺，去古人遠甚，殆近世村夫子所為也。㉒

他亦從人物時間上的矛盾，否定了珞琭子為周太子晉的說法。緊接著又從《珞琭子賦》語言的儇淺卑弱分析，指出該賦不會是古聖賢所做，只能是近人村夫野老所為。

對於世傳的命理術起于黃帝、風后的說法，明初宋濂在《祿命辯》中駁斥道：

> 「三命之說，古有之乎？」曰：「無有也。」曰：「世之相傳有黃帝、風后三命一家，而河上公實能言之。信乎？」曰：「吾聞黃帝探五行之精，占斗罡所建，命大撓作甲子矣，所以定歲月，推時候，以示民用也，他未之前聞也。」㉓

宋濂沒有盲從民間的傳言而人云亦云。他雖確信命理術起於先秦，但從自己掌握的史料分析，並未聽說黃帝時期已出現命理術。

然史學從來證有容易證無難。源自民間的命理文獻本就錯漏百出，上述三人之考證，雖言必有據，但僅就上述漏洞進行指摘，其過程、結論未必服人。

三、命理術三代起源說的歷史內涵

最後，綜合上述觀點，來檢討一下命理術起於三代說的歷史內涵。由於該說本取自古代士人臆斷或市井傳言，加之其術晦澀難懂，因此後世考據家對其進行的證實或證偽，亦難以命中要害。誠如余嘉錫先生所言：「蓋考證家不喜觀術數書，瞽史之流，又不知學術，宜無有能言其源流者矣。」[24]

然而，這些坊間所傳的版本卻在民間及術數界有著廣泛長久的生命力。無論是史實還是謬說，該說似乎絲毫不受後世學者考據的影響。其中一些傳言至今仍為人津津樂道。其中原因何在？

對於這一問題，筆者嘗試引用國外學者探討中古道教「成仙」問題的研究中的一個觀點來予以回應：「仙術」知識的流傳有其秘傳文化（culture of esotericism），其中神授（divine revelation）和上古（如得自黃帝、鬼谷子）兩種形態的遙遠起源是秘傳文本常見的說法。[25]比如晉朝術士戴洋，《晉書・戴洋傳》這樣描繪其術數修成的原因：

> 戴洋，字國流，吳興長城人也。年十二，遇病死，五日而蘇。說死時天使其為酒藏吏，授符錄，給吏從幡麾，將上蓬萊、昆侖、積石、太室、恒、廬、

衡等諸山。既而遣歸，逢一老父，謂之曰：『汝後當
得道，為貴人所識。』及長，遂善風角。」㉖

後世對戴洋的尊崇雖然來自於對其出神入化的術數的
描繪，但是也可以這樣理解，正是因為戴洋的術數來自於
神授，所以當時及後世之人對其術數的靈驗更無懷疑。雖
然命理術有別於仙術，但二者的共通性也有不少。如二者
在神秘性方面多少有些近似。仙術指引人升天成仙，命理
術可預測人之生死未來。命理術的這一功效，在古今人看
來，都是神秘莫測。

宋代以來，無論是卜算者還是刻印這些命理書籍的書
商，都刻意強調自己（書籍）的命術起源於遠古的神仙或
聖人。正是由於世人相信命理術來源越是神聖或神秘，其
應驗性就越強。從「仙術」知識流傳的秘傳文化的角度來
講，命理術起源越早，其術的神授和上古神聖性也就越
強，也就越容易為世人所推崇敬畏。而從考據的角度而
言，命理術起源越早，該術考證的難度也就越大，也就越
難以證偽。這些，恐怕是坊間盛傳命理術起於三代的最原
始的歷史內涵。

注釋:

① (宋) 釋曇瑩等撰：《珞琭子賦注·原序》，文淵閣《四
庫全書》第809冊，第106頁。

② (宋) 陳振孫撰：《直齋書錄解題》卷12《叢刊陰陽家類》，《宋
元明清書目題跋叢刊叢刊》（第一冊），中華書局，2006年，

第 701 頁。

③（宋）許叔微原著、（清）葉天士注：《類證普濟本事方釋義》卷 9《傷寒》，張麗娟、林晶點校，中國中醫藥出版社，2012 年，第 164 頁。

④（宋）朱弁撰：《曲洧舊聞》卷 8《〈珞琭子三命賦〉非周靈王太子晉作》，中華書局，2002 年，第 201、202 頁。

⑤（宋）趙彥衛撰：《雲麓漫鈔》卷 13，文津閣《四庫全書》第 286 冊，第 277 頁。

⑥（宋）釋曇瑩等撰：《珞琭子賦注》卷上，文淵閣《四庫全書》第 809 冊，第 119 頁。

⑦（宋）釋曇瑩等撰：《珞琭子賦注・原序》，文淵閣《四庫全書》第 809 冊，第 107 頁。

⑧（宋）釋曇瑩等撰：《珞琭子賦注》卷上，文淵閣《四庫全書》第 809 冊，第 119 頁。

⑨（宋）釋曇瑩等撰：《珞琭子賦注》卷上，文淵閣《四庫全書》第 809 冊，第 107 頁。

⑩瞿鏞撰：《鐵琴銅劍樓藏書目錄》卷 15《子部三》，《宋元明清書目叢刊題跋叢刊》（第十冊），中華書局，2006 年，第 224 頁。

⑪劉國忠認為《珞琭子》的成書不會晚于唐代，我們應籠統地將之視為唐宋時期的祿命作品。劉國忠所依證據是相傳為唐代祿命家李虛中的作品《五行要論》。該書曾提到《珞琭子》一書，是以知《珞琭子》在唐代已有。參見劉國忠《四庫本〈珞琭子賦注〉研究》，見劉氏著《唐宋時期命理文

獻初探》，黑龙江人民出版社，2009年。不過，考之《五行要論》亦只出現在南宋廖中所著《五行精紀》一書中，之前並無文獻提及，此書應為宋人作品；且唐代李虛中也未見有作品傳世，宋代所謂《李虛中命書》等托名為李虛中所著之命理著作，只是坊間营銷的手段，不足以信以為真。另外，活躍於兩宋之交的祿命家釋曇瑩在其《珞琭子賦注》前原序中也談到「鄭潾、李仝得志於前」，可見北宋時期除了李仝外，還出現了鄭潾的注本，而且鄭潾注本出現的時間可能還在李仝之前。參見《珞琭子賦注・原序》，文淵閣《四庫全書》第809冊，第106頁。

⑫ （明）戴冠撰：《濯纓亭筆記》卷8，《续修四庫全書》第1170冊，上海古籍出版社，2002年，第483、484頁。

⑬ （元）吳萊撰：《淵穎集》卷12《王氏範圍要訣後序》，文津閣《四庫全書》第404冊，第66頁。

⑭ （明）戴冠撰：《濯纓亭筆記》卷8，《续修四庫全書》第1170冊，上海古籍出版社，2002年，第483、484頁。

⑮《四庫全書總目》卷109《子部・術數類二》，中華書局，1965年，第925、926頁。

⑯ （宋）晁公武撰、孫猛校證：《郡齋讀書志校證》卷14《五行類》，第617、618頁。

⑰常玉芝著：《殷商曆法研究》，吉林文史出版社，1998年，第88頁。

⑱ （明）宋濂撰：《文憲集》卷27《祿命辯》，文津閣《四庫全書》第409冊，第138頁。

⑲《五行精紀・岳序》。

⑳程佩著：《宋代命理術研究》，暨南大學 2014 年博士學位論文，第 21—38 頁。

㉑（宋）釋曇瑩等撰：《珞琭子賦注》卷上，文淵閣《四庫全書》第 809 冊，第 119 頁。

㉒（宋）朱弁撰、孔凡禮點校：《曲洧舊聞》卷 8《＜珞琭子三命賦＞非周靈王太子晉作》，第 201 頁。

㉓（明）宋濂撰：《文憲集》卷 27《祿命辯》，文津閣《四庫全書》第 409 冊，第 138 頁。

㉔余嘉錫著：《四庫提要辨證》卷 13《子部四》，第 766 頁。

㉕ Campany, Robert Ford. Making Transcendents：Ascetics and Social Memory in Early Medieval China. Honolulu：University of Hawai'I Press, 2009, 88-129.

㉖（唐）房玄齡等撰：《晉書》卷95《戴洋傳》，中華書局，1974年，第2469頁。

參考文獻:

㊀（唐）房玄齡等撰：《晉書》，中華書局，1974年；

㊁（宋）釋曇瑩等撰：《珞琭子賦注》，文淵閣《四庫全書》第809冊，上海：上海古籍出版社，2007年；；

㊂（宋）許叔微原著、（清）葉天士注：《類證普濟本事方釋義》，張麗娟、林晶點校，北京：中國中醫藥出版社，2012年；

㊃（宋）朱弁撰：《曲洧舊聞》，北京：中華書局，2002

年;

⑮ （宋）陳振孫撰：《直齋書錄解題》，《宋元明清書目題跋叢刊》（第一冊），北京：中華書局，2006年

⑯ （宋）趙彥衛撰：《雲麓漫鈔》，文津閣《四庫全書》第286冊，北京：商務印書館，2005年；

⑰ （宋）晁公武撰、孫猛校證：《郡齋讀書志校證》，上海：上海古籍出版社，1990年；

⑱ （宋）廖中撰：《五行精紀》，北京：華齡出版社，2010年；

⑲ （元）吳萊撰：《淵穎集》，文津閣《四庫全書》第404冊；

⑳ （明）戴冠撰：《濯纓亭筆記》，《續修四庫全書》第1170冊，上海：上海古籍出版社，2002年；

㉑ （明）宋濂撰：《文憲集》，文津閣《四庫全書》第409冊；

㉒ （清）永瑢等撰：《四庫全書總目》，中華書局，1965年；

㉓ （清）瞿鏞撰：《鐵琴銅劍樓藏書目錄》，《宋元明清書目題跋叢刊》（第十冊），北京：中華書局，2006年；

㉔ 余嘉錫著：《四庫提要辨證》，北京：中華書局，1980年；

㉕ 常玉芝著：《殷商曆法研究》，長春：吉林文史出版社，1998年；

㉖ 劉國忠著：《唐宋時期命理文獻初探》，哈爾濱：黑龍

江人民出版社，2009年；

⊕ 程佩著：《宋代命理術研究》，新北：花木蘭文化出版社，2019年；

Ⓐ Campany, Robert Ford. Making Transcendents：Ascetics and Social Memory in Early Medieval China. Honolulu：University of Hawai』I Press, 2009.

《五行精紀》序

一

中國古代命理術，發軔于魏晉，獨立於南北朝，至隋唐初步完成其古法的定型。後歷經兩宋的不斷深化改進，命理術古法日趨完善。與此同時，南宋後期，新法出現，並以蓬勃之勢迅速發展。至明清兩代，新法逐漸取代古法成為命理術正宗，其影響力至今延續。因此，於整個中國古代命理術史而言，宋代命理術既有「既往」、「承前」之績，又有「開來」、「啟後」之功。可以說，沒有宋代命理術，之前魏晉至隋唐緩慢發展的命理術便不會迎來輝煌，甚至只能視為無果而終、半途夭折；沒有宋代命理術，之後的命理術發展便會失去方向，當然更不會有明清以來深入人心的八字算命術——子平術。

宋代命理術「既往」、「承前」的功績不容抹殺。中國古代命理術雖于唐代就已形成了古典模型。然而數百年間，其演變極為緩慢。宋代以前，命理術甚至始終難於在同時期的眾多術數中立足，其在術數中地位堪稱微不足道。再加上術數在中國古代地位的卑下，以及北宋以前雕版印刷的尚未普及，使得這樣一門術數，隨時面臨被歷史淘汰的厄運。幸而宋代以後，隨著術數市場空前繁榮以及雕版印刷在社會上的普及，命理術的生存環境有了根本性的轉變。宋人在繼承前人成果的同時，也對命理術古法不斷完善，使得傳承千年的命理術古法終于在宋代迎來了自

185

已遲到的輝煌。宋代命理術，遠非後人想像的那樣，僅僅是將李虛中的三柱算命增加為徐子平的四柱算命。①命理文化在宋朝的繁榮，不僅源於命理文化歷千餘年演進而在當時形成的厚重歷史積澱，更歸功于宋人全面振興此術而做出的總結與開創。從這個角度來講，宋代，的確是一個擅于繼承發揚前朝歷代文明成果的偉大時代。歷史學家陳寅恪認為的「華夏民族之文化，歷數千載之演進，造極于趙宋之世」②的觀點，令人服膺。

　　宋代命理術「開來」、「啟後」的作用更為明顯。相比於對前朝命理文化的繼承總結，宋代命理術對後世、乃至今日的影響更是不可小覷。這種影響，不僅體現在南宋末年《子平三命通變淵源》對明清以來子平術形成的直接作用，更體現在宋代命理文獻總匯《五行精紀》對後世命理文化的深遠影響。舉例來說，今日流傳的「甲子乙丑海中金」這首六十甲子納音口訣，其完整著錄，最早見於《五行精紀》；今日流行或不流行的諸神殺，幾乎都曾用於宋代《五行精紀》中的神殺推命；今日論男命、女命的區別，論命運吉凶的標准，都能在宋代《五行精紀》中找到相應的記載；今日以財官、六親等十神系統為基礎建立起來的關系分析方法，在《子平淵源》乃至《五行精紀》中就已出現初步的使用。……可以說，元明清以來近八百年的命理術，皆宋代命理術之遺法。其間，雖偶有創新，亦難脫宋代命理術理論與實踐的窠臼。明代陳邦瞻曰：「今國家之制，民間之俗，官司之所行，儒者之所守，

有一不與宋近乎？非慕宋而樂趨之，而勢固然已。」③其實這種承襲，又豈止步於明代？單以命理文化而論，直至今日，人們也不應忽略宋代命理術發揮的直接或間接的影響。若忽略了這一點，則今日之命理學研究，只能是數典忘祖、無水之源。

宋代著錄的命理文獻較之前代大為增加。趙益統計了唐代祿命文獻的著錄情況，指出《舊唐書經籍志》錄有祿命文獻四種，分別是《孝經元辰》（二卷）、《推元辰厄命》（一卷）、臨孝恭④《祿命書》（二十卷）、王琛《祿命書》（二卷）。此四種文獻應取自《隋書經籍志》，但是具體情況略有變更。⑤《新唐書藝文志》增補祿命文獻五種，分別是《雜元辰祿命》（二卷）、《澁河祿命》（二卷）、《黃帝鬥曆》（一卷）、《福祿論》（三卷）、李淳風《四民福祿論》（三卷）。其中前三種于《隋書經籍志》中亦有著錄。此外，他還統計了《新唐書藝文志》不著錄部分所增開元以後書二十五家，其中屬於祿命類的有《王叔政推太歲行年吉凶厄》（一卷）、《祿命人元經》（三卷）、《楊龍光推計祿命厄運詩》（一卷）。⑥不過，趙益的祿命術範圍大於狹義的命理術。其所指的祿命術大概等同於星命術，即除了命理術外，星占部分的內容他也歸於祿命之中了。這就勢必將祿命包涵的內容擴展不少。所以在上述趙益所歸納的祿命書籍中，真正符合命理術範疇的大概只有臨孝恭《祿命書》（二十卷）、王琛《祿命書》（二卷）、《澁河祿命》

（二卷）、王叔政《推太歲行年吉凶厄》（一卷）、《祿命人元經》（三卷）、楊龍光《推計祿命厄運詩》（一卷）。以上命理書籍，總計6部29卷。而且這僅有的幾部書籍，真正流傳至宋代的大概只有楊龍光《推計祿命厄運詩》了。⑦

　　相比于唐代及唐代以前命理著作的稀少，宋代命理著作可謂汗牛充棟。以鄭樵的《通志藝文略》為例，其在「五行類」中列舉的「三命」、「行年」著作就有125部198卷。這大大超過了前代的命理著作數量。又如南宋中期成書的命理著作《五行精紀》，其作者廖中參考引用的時下命理著作有確切名目者就有51種之多，另有不知名著作若干，作者一概以「廣錄」蓋之。則就命理著作數量而言，宋代的確是遠勝於前代。

　　宋代命理著作不僅在總量上遠超前代，而且在同時期術數著作中所佔比例亦遠高於前代。仍以《新唐書藝文志》與《通志藝文略》來做比較，《新唐書藝文志》「五行類」中計有術數書籍160部647卷。其中如前所論，命理著作只有6部29卷。其與「五行類」總計術數書籍數量相比，部數比及卷數比分別為3. 75%與4. 49%。《通志藝文略》「五行類」中，其術數種類、部數、卷數分佈情況更反映出這一特徵：

《通志藝文略》五行類術數文獻分類表⑧

序列	種類	部數	卷數
1	易占	113	368
2	易軌革	12	19
3	筮占	7	40
4	龜卜	24	75
5	射覆	7	10
6	占夢	7	14
7	雜占	21	52
8	風角	32	145
9	鳥情	10	14
10	逆刺	4	6
11	遁甲	71	179
12	太一	48	152
13	九宮	18	25
14	六壬	82	191
15	式經	22	56
16	陰陽	71	769
17	元辰	17	59
18	三命	101	164
19	行年	24	34
20	相法	73	195
21	相笏	6	13
22	相印	2	2
23	相字	2	2
24	堪輿	11	23
25	易圖	12	15
26	婚嫁	22	27
27	產乳	8	10
28	登壇	11	15
29	宅經	37	61
30	葬書	149	498
合計	30	1024	3233

　　該表中，命理著作包括三命及行年，總計125部198卷。與「五行類」總計術數書籍數量相比，其部數比及卷數比分別為12. 2%和6. 12%。這兩個比值，較之前《新唐書藝文志》中命理著作數量與術數著作總量的兩個比值，都要高出不少。要知道在宋代，術數的繁榮並非命理術一家，而是包括眾多術數。⑨在各家術數皆有長足發展的當時，命理術書籍數量所佔術數書籍數量的百分比較之唐代還能有如此顯著的增長，這更突顯出了命理術在宋代的普及繁榮之盛況。

二

　　雖然在宋代，命理學著作大量湧現，但是流傳至今的卻少之又少。明清以來，由於宋代命理文獻的佚散和子平術的崛起，宋代命理術逐漸淡出了人們的視線，被歷史所湮沒。很長一段時間以來，人們可以參考的宋代命理文獻很少，因而其研究遲遲無法展開。宋代命理書籍傳世的不多，流傳至今的主要有《李虛中命書》、《珞琭子賦》三家注本、《珞琭子賦》徐子平注本、《三命指迷賦》、《玉照定真經》、《子平三命通變淵源》、《五行精紀》。除去《五行精紀》外，上述這些文獻皆篇幅不大，且由於時代的久遠及版本問題複雜，對於這些書籍的時代和真偽，人們還存在不少的爭論。這種狀況對於今人研究宋代命理術無疑是很大的困難。所幸，近年來隨著一些宋代命理文獻尤其是《五行精紀》的發現，以及少數學者

的研究成果的面世⑩，宋代命理術研究的基礎條件大為好轉。有賴於對《五行精紀》的挖掘，宋代命理術在中國古代命理術發展過程中所處的地位也得到了重新的認識。

《五行精紀》是一部南宋時期的命理總匯著作，由南宋士人廖中完成於南宋中期。它篇幅巨大（約有20萬字），旁徵博引當時流行的50多種（甚或更多）命理文獻，不僅引文豐富，條理清晰，而且信實可靠。該書的存世，為今人瞭解宋代命理術提供了極大的便利。該書成後，廖中囑同鄉周必大為之作序。周必大之序，也成為後人瞭解該書作者廖中及此書成書背景的重要史料。由周序可知，該書的作者廖中，字伯禮，清江鄉貢進士，因連舉未第，乃刻意於編纂命理術等術數著作。⑪此書薈萃當時流行的命理著作數十部，其中有名可考的即有52部，另有無名可考的皆以「廣錄」代指。周必大之序寫于慶元丙辰年，即西元1196年，則可推斷該書及該書所引用眾多材料皆早於1196年之前。

除了周必大序，今日流傳的《五行精紀》書前還附有南宋岳珂之序。該序作於南宋紹定元年戊子清明日，即西元1228年。此距周必大作序時間已有32年。岳序中，也簡明提到了廖中身份及周必大為之作序之事：「後得廖君書，而文忠周公宴敘其篇，慨然撫卷而歎曰：前輩宗工于小道，可視之用不，慶蓋如此。廖君儒者也，刊蕪翦謬，欲托以傳，夫豈無說？而文忠之序，惟取其占驗之一偏意者，約而歸之，正廖君之望，猶若有不止乎是者。」⑫岳

珂為《五行精紀》作序，是因為他曾自行刊印該書。此事在南宋耐得翁的《就日錄》中就有記載：「近東淮岳總卿刊江西廖君所類諸家命書，為《五行精紀》。」⑬據《宋史》卷41《理宗本紀》載，寶慶三年（1227）五月，宋廷「詔岳珂戶部侍郎，依前淮東總領兼制置使」。⑭這與岳珂為《五行精紀》作序時間正好相錯一年。因此，岳珂刊行《五行精紀》並為之作序之事，是大體可信的。

最早對《五行精紀》進行著錄的是陳振孫。他在《直齋書錄解題》中稱「《五行精紀》三十四卷」，並在書目下注明「清江鄉貢進士廖中撰，周益公為之序。集諸家三命說」。⑮值得關注的是，陳振孫在《直齋書錄解題》中雖提到了周必大之序，卻並未提到岳珂之序。或許其所睹版本並非由岳珂刊印。後來馬端臨在《文獻統考》中一字不差的轉引了陳振孫的解題內容。⑯代對《五行精紀》的著錄也史不絕書。《文淵閣書目》、《國史經籍志》、《世善堂藏書目錄》、《玄賞齋書目》、《菉竹堂書目》等重要文獻皆對其有著錄。其中《國史經籍志》、《世善堂藏書目錄》二書皆標明《五行精紀》為34卷。⑰可知在明代，此書的傳承並未中斷。

到了清代，《五行精紀》的傳承情況不再令人樂觀。不僅清代的幾部大型叢書匯編皆未收錄《五行精紀》，就是當時的目錄學著作中也不再能見到完整的印本，而只能見到殘缺的手抄本。清初錢曾（1629—1701）在《讀書敏求記》中錄有「《五行精紀》三十二卷」，並注明道：

「所引書五十一種，予所有者惟《珞琭子》，他則均未之見。」⑱錢氏所見《五行精紀》，應該已不是完本，且其書在清初似已較為罕見。清代藏書大家瞿鏞（生於嘉慶初，卒于道光三年（1864））在《鐵琴銅劍樓藏書目錄》中著錄的《五行精紀》也只有33卷，為抄本，並注明其「所引星命家五十一種，多不經見者」⑲。稍晚時期的丁丙（1832—1899）著錄該書亦為33卷，精抄本，「所引星命家五十一種，皆世不經見者」。⑳由此可見，該書自清初以來就不甚流行，且偶有所見，也不再是完整的版本，而多為缺卷的抄本。造成這一現象的根本原因，應該是與明代後期子平術的勃興有密切的關聯。明代後期，命理術中的子平術逐漸佔據統治地位，原先風靡兩宋的命理術古法漸行漸失，並最終消失在清代命理術歷史的長河裡。作為承載宋代命理術的集大成之作，《五行精紀》在當時的術數市場已失去了應用價值。久而久之，其書不再刊印，並逐漸佚失。

解放以後，由於種種歷史原因，古代術數書籍的保存、流布情況一直不能令人樂觀。特別是《五行精紀》的情況，更令人擔憂。目前大陸所能見到的《五行精紀》抄本，只有國家圖書館還有保留。據《北京圖書館古籍善本書目》所錄，《五行精紀》存於國圖的只有33卷本。書目下注解曰：「宋廖中撰，清海虞瞿氏恬裕齋抄本，四冊，十行二十四字，黑口左右雙邊。」㉑據劉國忠考證，目前國家圖書館所藏《五行精紀》有兩種，分為善本和普通古

籍，皆為33卷。二者應為同一來源，都是源於瞿鏞《鐵琴銅劍樓藏書目錄》抄本。[22]從版本的價值來考慮，國圖的這兩個版本均非全本，且據筆者目測，其抄錄情況亦不甚令人滿意。大概也正因如此，建國以來，該書罕見出版刊行。這為世人瞭解和研究《五行精紀》帶來了極大的不便。

值得慶幸的是，十多年前，劉國忠教授在韓國延世大學作訪問學者時，發現該書在韓國還有明代的翻刻全本。韓國多家圖書館，如韓國中央圖書館、延世大學圖書館、漢城大學圖書館、全南大學圖書館和韓國精神文化研究院圖書館，都收藏有《五行精紀》一書。不同於國內其書皆為手抄本的情況，該書在韓國上述圖書館中皆為刻本。其中，延世大學圖書館所藏《五行精紀》刻本為34卷全本。據劉國忠所言，該本《五行精紀》共有5冊34卷，每半頁11行，每行20字。他初步推測該書為朝鮮李朝中宗（1506—1544年在位）、宣祖（1567—1608年在位）時期的翻刻本。[23]在這一時期，明朝的書籍恰好處在刻印、銷售的高峰期[24]，很有可能該書連同當時流行的眾多書籍一同流傳至朝鮮，並被當地人翻刻流通。因此，韓國延世大學圖書館及韓國多所圖書館所藏《五行精紀》，就其版本形成時間、質量而言，應該是最接近于宋代《五行精紀》原貌的。正因為劉國忠教授認識到該版本之價值，因此近年來不斷撰文推介。[25]臺灣和大陸的出版社，也先後以延世大學圖書館館藏本為依據，出版了《五行精紀》的完整版。[26]

三

　　《五行精紀》對於研究中國古代命理術，尤其是宋代命理術的理論發展，具有十分重要的價值。相較與其它幾部宋代命理文獻，該書卷帙浩繁，引文豐富，編排系統。而且，該書對南宋中期前的諸多命家之言廣征博采，據劉國忠教授統計，書中引用的有名可查的命理文獻就有52種：

《五行精紀》引用52種命理文獻統計表㉗

序號	書名	注者	著錄情況
1	《王氏注珞珠子賦》	王廷光	除了《五行精紀》引用其單行本外，元代以後該書一直以四家或三家注本的形式存在。如最早的四家注本是影鈔元本的《新編四家注解經進珞珠子消息賦》，該本收錄了王廷光、李仝、釋曇瑩、徐子平四家注本；明清以來，無論是《永樂大典》還是《四庫全書》，王廷光注本都是與李仝、釋曇瑩注本合而為一，並以釋曇瑩本為主。
2	《瑩和尚注珞珠子賦》	釋曇瑩	同上。
3	《趙氏新注珞珠子賦》	趙寔	未見著錄。
4	《珞珠子貴賤格局》	第安之	未見著錄。
5	《鬼谷子遺文》	李虛中	本書最早出現在《五行精紀》中，明代的《文淵閣書目》和《籙竹堂書目》均有著錄。
6	《鬼谷子要訣》	不詳	未見著錄。
7	《鬼谷子命格》	不詳	未見著錄。
8	《李虛中命書》	李虛中	《宋史藝文志》錄有《李虛中命書格局》二卷；《通志藝文略》錄有《李虛中命術》一卷、《命書補遺》一卷；《郡齋讀書志》錄有《李虛中命書》三卷；《國史經籍志》錄有《李虛中命書》三卷、《命書補遺》一卷。《四庫全書》錄有《李虛中命書》三卷，系四庫館臣從《永樂大典》中輯出，但除了上卷為《李虛中命書》原文外，中卷、下卷皆抄自《鬼谷子遺文》。
9	《五行要論》	李虛中	未見著錄。

195

10	《直道歌》	李虛中	未見著錄。
11	《神白經》	李宿或郭璞	《五行精紀》言注者為李宿，《宋史藝文志》錄有郭璞《三命通照神白經》三卷。
12	《燭神經》	東野公	《路史》、《三命指迷賦》有所引用。
13	《五命秘訣》	林開	《郡齋讀書志》、《通志藝文略》錄有林開《五命秘訣》一卷；《宋史藝文志》錄有林開《五命秘訣》五卷。
14	《閻東叟書》	閻東叟	《三命指迷賦》亦有引用。
15	《玉霄寶鑒》	通真子	《宋史藝文志》錄有《玉霄寶鑒經》一卷。
16	《三命指掌》	通真子	《宋史藝文志》錄有《三命指掌訣》一卷。
17	《宰公要訣》	魏征	未見著錄。
18	《廣信集》	李翔	未見著錄。
19	《樵夫論》	陽夏	《新唐書藝文志》、《宋史藝文志》、《通志·藝文略》、《崇文總目》均錄有濮陽夏《樵子五行論》，其中《通志·藝文略》作陽夏。或為此書。
20	《壺中子賦》	壺中子	《直齋書錄解題》錄有《壺中賦》一卷。《三命指迷賦》亦有引用。
21	《隱迷賦》	司馬季主	未見著錄。
22	《指迷賦》	東方朔	又名《三命指迷賦》，岳珂曾為其做注。今所見之版本系四庫館臣從《永樂大典》中輯出。
23	《理愚歌》	不詳	沈括在《夢溪筆談·納音納甲》一文中提及《理愚歌》。
24	《金書命訣》	回龍長老善嵩	《宋史藝文志》錄有僧善嵩《訣金書一十四字要訣》，或為此書。
25	《八字金書》	不詳	未見著錄。
26	《悟玄子命書》	悟玄子	未見著錄。
27	《天元變化書》	不詳	未見著錄。
28	《孫子才書》	孫子才	未見著錄。
29	《希尹命書》	希尹	未見著錄。
30	《太乙統紀書》	李吉甫	未見著錄。
31	《太乙妙旨》	不詳	未見著錄。

32	《三命提要》	郭景初	未見著錄。
33	《三命鈐》	陳昉	《通志藝文略》錄有《三命鈐》一卷、《三命鈐釋》一卷。
34	《三命纂局》	不詳	未見著錄。
35	《紫虛先生局》	紫虛先生	未見著錄。
36	《紫微太乙局》	不詳	未見著錄。
37	《源髓歌》	沈芝	《直齋書錄解題》錄有《源髓歌》六卷、《後集》三卷。
38	《天寶經》	王寶	未見著錄。
39	《通玄集》	王寶	未見著錄。
40	《玉門關集》	蔣日新	未見著錄。
41	《寸珠尺璧》	不詳	未見著錄。
42	《洞微經》	不詳	《通志藝文略》錄有《洞微經》一卷。
43	《靈台經》	不詳	《道藏》洞真部眾術類中錄有本書殘卷；《通志藝文略》錄有《靈台歌》一卷，或為此書。
44	《穿珠指掌》	不詳	《宋史藝文志》錄有《穿珠歌》一卷；《通志藝文略》錄有《穿珠三命》一卷，或為此書。
45	《五星捷論》	吳誠之	未見著錄。
46	《百忌曆》	呂才	《新唐書藝文志》、《崇文總目》錄有呂才《廣濟陰陽百忌曆》一卷；《宋史藝文志》、《通志藝文略》、《直齋書錄解題》皆錄為二卷。
47	《三曆會同》	不詳	《直齋書錄解題》、《文獻通考》皆錄有《三曆會同》十卷。
48	《馬子才命格》	馬存（子才）	未見著錄。
49	《預知子貴格》	不詳	未見著錄。
50	《太乙經》	袁天罡	《直齋書錄解題》錄有袁天罡《太一命訣》，或為此書。
51	《太乙降誕實經》	不詳	同上。
52	《化成書》	東方朔	未見著錄。

　　事實上，廖中在《五行精紀》中引用的文獻遠不止上面52種，另有不知名作品數種，皆以「廣錄」蓋之。正是因為《五行精紀》薈萃了南宋中期以前諸家之說，所以說該書可以使後人比較充分地領略宋代命理術的發展狀況。從《五行精紀》中，可以大體梳理出宋代命理術的發展規律。通過對比它與明清命理術理論聯繫與命理文獻傳承關系，人們可以重新認識宋代命理術對後世的影響。

　　考察宋代命理術的特徵，實質上有助於我們理清宋元明清周易術數發展變化的軌跡。宋明兩代，命理術雖迥然不同，但是二者之間的聯繫卻異常緊密。宋代的命理文獻在明清時期，多湮沒不聞，以至於到清代，許多宋代命理著作逐漸佚散而不為世人所知。但是，宋代命理文獻對明代以來命理著作形成的影響卻不容忽視。舉例來說，明代的命理巨著《三命通會》，正是在《五行精紀》的影響下形成的。《三命通會》於明代命理著作中地位如何，今人可以從清代《四庫全書》中的一句話中揣測一二。該書提要論曰：「自明以來談星命者，皆以此本為總匯，幾於家有其書。」[28]這句話不僅告訴人們該書在明代的普及，而且點明該書是一本總匯。嚴格來說，《三命通會》並不是一部純粹的子平術專著，它更像是一本宋明命理文獻的匯總之作，如同《五行精紀》性質一樣。書中既有當時人們對子平術認識的成果，也有不少宋代命理術推命的方法。故而該書古法、今法混為一體，對古籍旁徵博引、混同諸家，理論頗為繁雜。雖然有諸如此類缺陷，但是該書在明

代命理著作中的地位卻是無可動搖的。

說《三命通會》是一本匯總之作，是因為該書是萬民英在參照了《五行精紀》、《子平淵源》等書後寫就的。萬民英對《五行精紀》、《子平淵源》等宋代命理書籍並不陌生。他在《三命通會》卷7《子平說辯》一文中，提到過他曾目睹《五行精紀》、《子平淵源》等宋代命理著作：「觀《五行精紀》、《蘭台妙選》、《三車一覽》、《應天歌》等書與《淵源》、《淵海》不同，蓋觀文察變，治曆明時，皆隨其時而改革，故雖百年之間，數術之說亦不能不異。」㉙

《三命通會》的許多內容幾乎都是照抄《五行精紀》。近代以來，最早注意到《五行精紀》與《三命通會》之間關系的學者，是著名文獻學者葉德輝（1864—1927）。據葉德輝寫於1920年的《舊抄本宋廖中五行精紀跋》言，他很早就注意到萬民英在《三命通會》中「采摭群言」、「引據賅恰」的唐宋命理文獻，多後人不得之書。他疑諸書明時已大半失傳，何以萬氏獨得見之？葉氏認為其必有所本。而宋廖中所撰《五行精紀》，可能性最大。後來葉氏找到《五行精紀》，經與《三命通會》相比照，發現萬民英果以《五行精紀》為藍本而襲就其書，證實了他自己的推測是正確的。㉚

今人劉國忠也於近年來關注到這個問題，他曾撰文《<五行精紀>與<三命通會>》，指出如果把《五行精紀》與《三命通會》加以對照，就會發現後者的大量論述都抄自

於前者。而且在抄寫過程中，後者存在大量抄漏、抄錯現象。比較《三命通會》與《五行精紀》的相似內容，就會發現前者存在的錯誤比比皆是，因而很有必要再根據《五行精紀》一書內容對《三命通會》重新加以勘定。㉛

　　細觀《三命通會》的目錄及內容，就會發現該書的許多內容幾乎都是原封不動地在照搬《五行精紀》。比如《三命通會》卷1《釋六十甲子性質吉凶》就是匯總《五行精紀》卷1《論六十甲子上》、《論六甲納音法》及卷2《論六十甲子下》而得；《三命通會》卷1《論五行》則綜合了《五行精紀》卷7《論五行一》及卷8《論五行二》的相關內容。《三命通會》其餘諸如《論大運》、《論小運》、《論六害》、《論十干祿》、《論金輿》、《論驛馬》、《論天乙貴人》、《論三奇》、《論羊刃》、《論空亡》、《論災煞》、《論六厄》、《論孤辰寡宿》、《論天羅地網》等內容，莫不是抄自或總結自《五行精紀》。

　　綜上，《五行精紀》對於今人瞭解宋代命理術的理論方法及應用情況，實有不可替代的作用。也正因為如此，人們有必要加強對《五行精紀》一書的點校和研究的重視，爭取早日整理出版該書及其研究著作，以便打開宋代命理術研究的大門。筆者早在2014年寫就的博士論文《宋代命理術研究》，就因無法尋覓到嚴謹的國內版本，只能以韓國所藏《五行精紀》刻本為依託。版本搜尋與查閱的不易，更增添了當時論文寫作的艱辛。雖然後來拙著

付梓，但《五行精紀》優秀版本遲遲不現，一直讓筆者引以為憾。此次香港心一堂出版社以韓國多家圖書館館藏《五行精紀》刻本為依託，選取書面清潔的頁面綜合為一本「百衲本」，名之曰《五行精紀》（覆刻明刊百納本足本）。心一堂版《五行精紀》字跡清晰、印刷精良，可以說是目前已出版的質量最佳的《五行精紀》版本。《五行精紀》（覆刻明刊百納本足本）的問世，不僅填補了國內該書出版的缺失，而且使我們第一次目睹韓國刻本《五行精紀》的風采。希望能以此書的出版為起點，我國的子部術數類研究再上新的台階。

（本文原載《五行精紀》（覆刻明刊百衲本足本），香港心一堂出版社2023年版）

注釋:

①清代四庫館臣在《李虛中命書》、《徐氏珞琭子賦注》、《三命通會》諸書提要中皆認為宋初徐子平將唐時李虛中年、月、日三柱算命術轉化為年、月、日、時四柱算命術，並將論命重心由年柱換為日柱。參見《四庫全書總目》卷109《子部・術數類二》，北京：中華書局，1965年，第925~928頁。今人受清人影響，也多接受了這一說法，甚至在一些權威的學術著作中，也不乏這種觀點。參見漆俠主編《遼宋西夏金代通史》（宗教風俗卷），北京：人民出版社，2010年，第112~114頁。

②陳寅恪：《鄧廣銘宋史職官志考證序》，載陳氏著《金明館叢稿二編》，北京：生活·读书·新知三联书店，2009 年，第 277 頁。

③ (明) 陳邦瞻撰：《宋史紀事本末·序》，北京：中華書局，1977 年。

④《舊唐書經籍志》題作「劉孝恭」，誤。

⑤如《推元辰厄命》于《隋書經籍志》中並無著錄，但當為其書中所錄元辰諸書之一種，很有可能是《推元辰厄會》一卷，只是名字略有更改；又比如王琛《祿命書》，《隋書經籍志》提到王琛所著書多種，此《祿命書》當為其中一種。

⑥以上統計分析參見趙益著《古典術數文獻述論稿》，北京：中華書局，2005 年，第 177、189 頁。

⑦楊龍光《推計祿命厄運詩》在《宋史藝文志》中題《祿命厄運歌》。名雖異，但應為同一著作。

⑧本表以倪士毅著《中國古代目錄學史》(杭州大學出版社，1998 年) 第 162 頁「五行類」表格為基礎修改製成。

⑨有關宋代各類術數發展狀況，可參閱漆俠主編《遼宋西夏金代通史》(宗教風俗卷)，第 102~118 頁。

⑩程佩：《宋代命理術研究》，新北：花木蘭文化出版社，2019 年。

⑪ (宋) 周必大撰：《五行精紀·周序》。另，歐陽守道亦提及贛鄉貢進士廖老庵以郭璞《葬書》為依據，集數百上佳風水墓穴圖，而編成風水書一部。不知此作者是否也

是廖中。不過此處的廖老庵无論是其名還是籍貫，均與廖中相近，且其編寫風水書的方法亦類似于廖中編纂《五行精紀》的方法。參見（宋）歐陽守道撰《巽齋文集》卷18《題廖老庵地理書》，文津閣《四庫全書》第395冊，第462頁。

⑫（宋）岳珂撰：《五行精紀·岳序》。

⑬（宋）耐得翁撰：《就日錄》，載（明）陶宗儀等編《說郛三種》卷14，上海：上海古籍出版社，1988年，第269頁。

⑭（元）脫脫撰：《宋史》卷41《理宗本紀》，北京：中華書局，1977年，第789頁。

⑮陳振孫撰：《直齋書錄解題》卷12《叢刊陰陽家類》，《宋元明清書目題跋叢刊》（第一冊），北京：中華書局，2006年，第703頁。

⑯（元）馬端臨撰：《文獻通考》卷47《經籍考》，北京：中華書局，2011年，第6104頁。

⑰參見（明）楊士奇等撰《文淵閣書目》卷15《叢刊陰陽》，《宋元明清書目題跋叢刊》（第四冊），北京：中華書局，2006年，第150頁；（明）焦竑撰《國史經籍志》卷4下《三命》，《宋元明清書目題跋叢刊》（第五冊），第853頁；（明）陳第撰《世善堂藏書目錄》卷下《五行》，《宋元明清書目題跋叢刊》（第五冊），第51頁；（明）董其昌撰《玄賞齋書目》卷6《天文》，《宋元明清書目題跋叢刊》（第五冊），第95頁；（明）葉盛編《菉竹堂書目》卷6《陰陽卜筮書》，《叢書集成初編》，北京：中華書局，1985年，第132頁。

⑱（清）錢曾著、（清）管庭芬、章鈺校證、傅增湘批注、馮惠民整理：《藏園批注讀書敏求記校證》卷3中《星命》，北京：中華書局，2012年，第307頁。

⑲（清）瞿鏞撰：《鐵琴銅劍樓藏書目錄》卷15《子部三》，《宋元明清書目題跋叢刊》（第十冊），第224頁。

⑳（清）丁丙撰：《善本書室藏書志》卷17《子部七》，《宋元明清書目題跋叢刊》（第九冊），第598頁。

㉑《北京圖書館古籍善本書目》，北京：書目文獻出版社，1989年，第1323頁。

㉒參見劉國忠《＜五行精紀＞與唐宋命理學說研究的新思路》，載劉氏著《唐宋時期命理文獻初探》，哈爾濱：黑龍江人民出版社，2009年。

㉓參見劉國忠《＜五行精紀＞與唐宋命理學說研究的新思路》，載劉氏著《唐宋時期命理文獻初探》。

㉔明代書坊的发展及書籍銷售的成熟主要出現在明代中後期的嘉靖（1522~1566）、萬曆（1573~1620）年間之後。這段時期恰好是朝鮮李朝的中宗、宣祖在位時期。因此，這一時期明朝大量書籍流入朝鮮。戚福康在《中國古代書坊研究》一書中認為，明代書坊真正成熟的階段主要是指嘉靖年間至明末，代表明代書坊刻書水平的蘇州、金陵兩地書坊絕大部分都是在嘉靖之後才出現。這時期的書坊書籍生產才進入它的高潮時期。參見戚福康著《中國古代書坊研究》，北京：商务印書館，2007年，第161~168頁。另外，暨南大學蔡亞平博士也指出，明代讀者購讀通俗小

說的現象，在萬曆年間之前很少有記載。而且彼時書籍價格昂貴，堪比黃金。通俗小說購讀現象的普遍，主要出現在萬曆以後，亦可見當時書坊書籍生產步入高潮。參見蔡亞平著《讀者與明清時期通俗小說創作、傳播的關系研究》，廣州：暨南大學出版社，2013 年，第 107~109 頁。

㉕參見劉國忠《<五行精紀>與唐宋命理學說研究的新思路》、《<李虛中命書>真偽辨》、《<五行精紀>與<三命通會>》，載劉氏著《唐宋時期命理文獻初探》。

㉖台灣武陵出版社于 2009 年出版了 34 卷本《五行精紀》，隨後大陸的華齡出版社於 2010 年出版了該書的 34 卷點校本。

㉗該表據劉國忠《<五行精紀>與<三命通會>》一文中統計內容而制，見劉氏著《唐宋時期命理文獻初探》。

㉘《四庫全書總目》卷 109《子部・術數類二》，第 928 頁。

㉙（明）萬民英撰：《三命通會》卷 7《子平說辯》，文津閣《四庫全書》第 268 冊，第 602 頁。

㉚葉德輝著：《郋園山居文錄》卷上《舊抄本宋廖中五行精紀跋》，載葉氏著《葉德輝文集》，上海：華東師範大學出版社，2010 年，第 39、40 頁。

㉛劉國忠：《<五行精紀>與<三命通會>》，載劉氏著《唐宋時期命理文獻初探》。

《〈易經天下〉編者語》（四則）

按，2021年年末，筆者有幸受命於中國風水研究會，成為《易經天下》電子雜誌主編。2022年，在編輯部全體仝仁的努力下，《易經天下》先後刊發三期。2023年起，正式定為半年刊，每年的合集由香港心一堂出版社編輯成書，在港臺及東南亞出版。截止2023年夏，筆者共為其撰寫四期編者語。作為中國大陸幾乎唯一的周易術數雜誌，每期編者語都寄予了編輯部對其殷切的期望。

（一）

經過一段時間的精心策劃、籌備，《易經天下》（電子版）雜誌於2022年春節面世。這本刊緊扣編者的初心，也飽含讀者的期待。金虎送福，中國風水研究會、易經天下公眾號在新春之際為易學愛好者們送上祝福與驚喜！

我們本著正本溯源、推己及人、理術並用的辦刊宗旨，旨在打造一本富有綜合性、開創性、學術性、實戰性的易學精品期刊。本刊內容涵蓋天文、氣運、易醫、易理、易史、六爻、四柱、風水、擇日等。所刊文章雅俗共賞，既突出經典的演變與發展，又闡釋了術數、星曆等各自的框架與脈絡；既注重排盤起卦，傳授高階技法，又引實戰案例融通，舉一反三，以達到觸類旁通之目的。總之，《易經天下》，體用分明，學術並重。作為周易術數愛好者，無論你是零基礎學習者，還是學驗豐富的專業人

士，都值得收藏本刊。

子曰：夫《易》何為者也？夫《易》開物成務，冒天下之道，如斯而已者也。是故聖人以通天下之志，以定天下之業，以斷天下之疑。是故蓍之德圓而神，卦之德方以知，六爻之義易以貢。聖人以此先心，退藏於密，吉凶與民同患。神以知來，知以藏往，其孰能與於此哉！古語云，易為聖人之道。為什麼說是聖人之道？因為只有明智而深識的人，體察入微的人，善於變通的人，才可能裁斷出正確的結論來。吉凶悔吝之斷，在今日科學昌明時代之人看來，雖只是古人神道設教下的一種方法，然經此法可正人心，興善俗，非鄉野鄙俚之迷信可等同。且夫易者，上極天文，下窮地紀，中系人事。陰陽變化，氣運星曆，音律象數，臟腑氣血，靡不縷指而臚列。故易非小道，乃聖人之道。《易經》者，天下之大道也。故定刊名《易經天下》。

粵稽往古，古先賢發明玄秘雖多，但遺漏亦為不少。近代以來，易學沉潛，諸家順文敷衍者多，窺奧指明者少。加之西風漸盛，時風肅嚴，鄙易誤易之人心積習既久，遂至訛以傳訛，易道愈遠。《易經天下》創刊於此時，正是希冀正人心，興善俗，挽絕學。古人云，壁影螢光，能資志士；竹頭木屑，曾利兵家。若讀者一卷展而重門洞開，入金穀園，覽龍宮寶，綜核究竟，直窺淵海，則編者之願遂，研者之願了。

2022年1月28日

（本文原載于《易經天下》2022年第一期）

（二）

自《易經天下》（電子刊）2022年第1期首次與各位讀者分享後，引起了各方尤其是易學愛好者的廣泛關注。本刊編輯部仝仁對此表示感謝與欣慰，同時更感受到大眾的付囑與期待。春分過後，晝夜平分。風雨送暖季中春，桃柳著妝日煥新，赤道金陽直射面，白晝黑夜均半分。《易經天下》第2期也在這陰陽平衡之季應時而生。

自漢以後，《周易》被儒家奉為眾經之首、大道之源，對中華文化產生了深遠的影響。此後兩千年，易數、易理、易醫、易道等諸學開枝散葉，經久不衰，共同構成了中華易學文化絢爛的色彩。經由近代，中華國勢頹危，列強侵蝕，上下南北，無不圖強，以致廣開西學，大興實業。反觀國學頻遭質疑，諷為落後之根苗，大有掃而除之之勢。易學以為國學一脈，其情勢之複雜自不待言。以賴中華文化生生不息，在不斷的中西論戰之中愈發自我完善發展。

反者道之動，弱者道之用。在新時代中華國力勃發之時，作為深植國人心中的易學，再度為大眾廣泛學習與探討。然而所謂愛好亦或研究者，必當有一定的知識儲備或理論基礎，否則空談易學不啻為空中樓閣，水月鏡花。本刊即是考慮以上情況，其所涵蓋既有天文、醫理、命理等理論精品文章，又有風水、六爻、奇門、梅花起局、演卦、占測案例。所涉涵蓋面廣，可讀性強，對於易學初學者和研究者都有一定針對性。

望讀者諸君許其心之所欲赴、恕其力之所不逮，唯期以一點之明光，試探易學之無窮。

2022年3月20日

（本文原載《易經天下》2022年第二期）

（三）

秋分已過，寒露將臨。2022年不知不覺中將步入尾聲。《易經天下》（電子版）雜誌自春節面世以來，亦來到了第三期。自茲往後，期刊將正式定為半年刊。同時，期刊紙質版也將由香港心一堂出版社以書籍形式正式出版，一年兩輯，書名為《易經天下──術數與文化》。《典論》云：「蓋文章，經國之大業，不朽之盛事。」文字得以付梓，是對期刊仝仁及所有與文者的莫大安慰。繇此言之，我輩其可不盡心於是刊乎？雖經文奧衍，至道未明，研閱誠難，期刊仝仁仍欲仰諸君上智，冀通神運微，共襄大業。值此國慶、重陽雙節到來之際，期刊全體人員謹向一直以來默默支持、幫助我們的讀者、作者朋友們致以節日的問候。

夫易，起大道之源，備三才之道。上自墳典，下至今時，性理格物，靡不縷指而臚列焉。是故夫子嘗韋編三絕。往昔先賢，莫不精思極論盡其理也。《周易·繫辭傳》云：「君子居則觀其象而玩其辭，動則觀其變而玩其占。」觀象玩辭，三才體立。觀變玩占，三才用行。昔康節先生初至洛也，蓬蓽環堵，不芘風雨，躬樵爨以事父

母，雖平居屢空，而怡然有所甚樂，人莫能窺也。名其居曰「安樂窩」。昔陽明先生之居夷也，穴山麓之窩而讀《易》。函六合，入無微，得而玩之，優然其休，充然其喜，油然春生。名其窩曰「玩樂窩」。嗟乎！古之君子洗心而退藏於密，齋戒以神明其德，甘囚奴，忘拘幽，而不知其老之將至。先賢若此，我輩研易不亦宜乎！

2022年9月23日

（本文原載《易經天下》2022年第三期）

（四）

　　《周易繫辭傳》曰：「寒來則暑往，暑往則寒來，寒暑相推則歲成焉！」不覺間，《易經天下》（電子版）雜誌已陪伴大家整整一個春秋了。值此辛卯伊始，軍師府、易經天下公眾號恭祝讀者諸君新春快樂，在新的一年中，向祿臨馬，謀為順遂，再接再厲，學有所成。回顧往昔，本刊融易之象數理占於一爐，集天文易史、卜筮星命、堪輿擇吉、醫易相術於一帙，匯納百家之妙論，統諸方技之精華，或釋前聖之遺文，或啟數術之幽微，或校典冊之錯繆，或考諸家之得失。務在傳承中華學術，弘揚國學要義。跋望前路，我刊必當不忘初心，砥礪前行，帶領讀者諸君共窺數術堂奧，屈子所謂「路漫漫其修遠兮，吾將上下而求索」，仲尼所謂「德不孤，必有鄰」，諸同志當志而力行之！

　　夫易，廣矣大矣，言乎遠則不禦，言乎邇則靜而正，

言乎天地之間則備矣。是易道貫三才而括天地，週六虛而囊四時，故君子可以居則觀象玩辭，動則觀象玩占；故謂易與天地准，彌綸天地之道，也無怪乎莊子道在屎溺之說。君子明易，可以修身立德，格物致知；可以原始反終，知生死之說。其神以知來、智以察往，非卜之用而何？然卜易之道亦大矣哉！昔君平賣卜成都，與人子言依於孝，與人弟言依于順，與人臣言依於忠，各因勢導之以善，則化民成俗之德功超儒門，復何言：卜為小道？

然易道幽玄，數術多途，皓首窮經，難明子平軌範；閱卷經年，恍識青囊只語。是以本刊薈萃精思，分門集采，別類綴文，續絕學於殘燭，揚斯文於來日，我輩同好，豈不為乎？其功其任，靡不重乎？

2023年2月4日

（本文原載于《易經天下》2023年第一期）

文史相參

讀史札記（二十則）

按，2003~2004年，在大學期間，因學校社團工作需要，筆者先後撰寫讀史劄記數十篇。雖然這些短文多有「應景奉命」之意，為正統文史學界所不值，但是文中的激揚文字恰也展現出「恰同學少年，揮斥方遒」的年齡風貌。雪泥鴻爪，睹物思情，為一己之私，現部分收錄於下。

蘇東坡舞弊

古往今來，考場營私舞弊之事不勝枚舉，不僅營營眾生傾心於此，一些名流雅士也曾有過舞弊往事。《鶴林玉露》中，就記載了一代文豪蘇東坡的舞弊經過。

宋哲宗紹聖年間，蘇東坡任主考官，當年應試人中恰巧有其好友李方叔。也許是礙于文人情面，關於考試內容，蘇東坡從未暗示過李方叔什麼。鎖院開考當天，一封信寄至李方叔處。可巧李方叔外出不在，這封信就被一同應試的章持、章援兄弟盜了去。拆開看來，竟是一篇文章，題目為「揚雄賢于劉向論」。手腳麻利的章持、章援兄弟就將此信混帶入考場。待科考開始，密封試題拆開後，果然是「揚雄賢于劉向論」的題目。心中早有底細的章氏兄弟按照蘇東坡文意，打好腹稿，一揮而就；而蘇東

坡好友李方叔，竟交白卷而歸。

放榜那天，蘇東坡心中暗想，第一名非李方叔莫屬，待拆卷後，才發現第一名乃為一叫章援的。再看第十名章持的文章，竟同章援類似。蘇東坡不知背後緣由，只弄得一頭霧水。

此事的真實性已不可考，想來坡公是不屑於此道的，而章氏兄弟作為宰相之子，也必不會靠走這狗屎大運才僥倖高中。但從中折射出的古代科舉制度的弊端叢生可見一斑。考官們徇私舞弊，考場內暗流湧動。考試內容和選拔程式，其實真無合理性可言。唐代大詩人杜甫，清代大文學家曹雪芹，面對科舉都是無可奈何。柳泉居士蒲松齡，一生醉心科舉，考到七十多歲也未能出人頭地，直落得終身潦倒。而借此進階為國家棟樑的那些文人進士，亦未見得高明幾許。

君王弈棋

《射雕英雄傳》中，郭靖對丘處機道長說：「不管是宋太祖還是成吉思汗，他們都把天下當做他們的棋盤。」這樣的深刻見解似非郭大俠可以悟到，這更像是作者金庸的徹心悟道。

這裏丘處機向郭靖講的華山弈棋的故事，便是有關宋太祖趙匡胤的一段傳奇。相傳宋太祖微時，曾終日吊兒郎當，遊玩四方。一日，他來到華山，遇隱士陳摶，兩人對弈。棋下一半，趙匡胤看勝券在握，不禁有些得意忘形。

陳摶瞅准時機說到：「這盤棋我雖處於劣勢，但有反敗為勝手段。」趙匡胤不信。陳摶於是打賭，說若是趙敗，有朝一日當了皇帝，當把華山許給他。趙匡胤心想自己一介武夫，難成大事，何談做皇帝，於是輕易答應陳摶。不想，陳摶果然反敗為勝。更不想，幾年後，趙匡胤也陳橋兵變，黃袍加身。趙匡胤於是便兌現當初諾言，賜華山與陳摶，並免去華山一帶百姓賦稅。此事所記，光怪陸離，當屬稗官野史。宋太祖堂堂天子，所作所為，雖顯荒唐可笑，但也不失豪俠氣度。這與其歷史形象頗多吻合。

　　有人從與君王弈棋中得到好處，可也有人在棋盤裡賠上身家性命。晚清時，慈禧太后垂簾聽政，統治中國長達四十餘年。她談不上母儀天下，不過在政治鬥爭中稱得上心狠手辣。其實慈禧太后在日常生活中又何嘗不是如此？一次，一位小太監陪她下象棋。輪到小太監走時，他戰戰兢兢滿臉堆笑討好道：「奴才大膽，殺老祖宗這只馬。」不料慈禧聞畢大怒，道：「我殺你一家子！」隨即叫人將小太監拖走亂棍打死。小太監恐怕至死也想不通，剛才那盤棋應該如何下完才能活命。看來，在君王的棋盤裡，天下蒼生都是棋子，高興了，棄卒保車；不高興了，掀翻棋盤誰都別想活。

孝文帝評理

　　北魏孝文帝時，時任洛陽京兆尹的元志是個富有才華的人，因而不免有些恃才傲物，為事倔強。一日，他與好

友同車而行，迎面過來禦史中尉李彪的馬車。按禮制，元志官職比李彪小，應給李彪讓路。可此時元志的興頭上來了，當著好友的面，堅決不願給這個頂頭上司讓路。李彪心中火起，沒想到一個下屬膽敢在眼前給自己辦難看，於是大罵元志。元志也不甘示弱，說：「我是京兆尹，洛陽的人，都歸我管。憑什麼我就得給你讓路？」兩人愈鬧愈凶，竟從路邊鬧到了孝文帝面前，非要當今聖上給他們評出個理。孝文帝知道兩邊都不是善茬，而且也不想為這點屁事治罪於人，於是斷決：「從現在起，洛陽路面左右分行。你們兩個分道揚鑣，各走各的，誰也不許再鬧。」兩人覺得案子斷的公允，誰也沒話說，回去後還真拿來標尺丈量路面，把洛陽主幹道一分為二。從此，路人一邊行左，一邊行右，各不相侵。

忽想起去年全國公務員考試的一道題目，大意是假如你的兩位領導意見發生分歧，你應該站在哪一邊；或者假如你是領導，你的兩位下屬拌嘴，你該偏向誰。參考答案是，不偏不倚，另尋一中間答案，讓雙方都能接受。如果考生們看過1500年前北魏孝文帝的判決，回答這道題應該就有思路了。回看孝文帝的這一判決，感覺古代君王的位置真不是任何人都能坐好的——既要處理好後宮妃嬪們爭風吃醋，明爭暗鬥；又要把控好朝堂大臣們党爭團鬥，明槍暗箭。搞定了這些，再說治國平天下的事。無論古今，在中國當個合格領導真不是件容易的事。

不因人熱的梁鴻

　　東漢文學家梁鴻，自幼清貧而為人孤傲。後來進了當時的最高學府太學學習，這種性格也不見改變。他常常是一個人吃獨食，從不與同學共同進餐。一次，一同學先做好了飯，盛出飯後鍋還熱的很，於是那同學趕緊招呼梁鴻過來趁熱燒飯。不料梁鴻滿口回絕：「童子鴻，不因人熱也。」那意思是說我梁鴻絕不用你灶裡的餘火來燒飯。他不光這麼說，還真過去拿水破滅了灶火，重又添柴燒飯。

　　那同學似乎沒得罪他，卻招來了梁鴻這絕響千古的訓斥，真是自討沒趣。梁鴻的自傲，許和他的清貧有關。在過去講求門閥制度等級森嚴的社會裡，梁鴻不會少遭白眼斥責。社會的鄙視久而久之，造成了他心理的敏感和叛逆。生活中任何風吹草動，都可能使他豎起渾身的汗毛，為自己那想像的尊嚴，去與那莫須有的敵人全力而搏。梁鴻的戾氣，各朝各代都不匱乏。如果沒有物質生活的極大豐富，如果不能減少社會貧富差距的逐漸拉大，這種因身份地位懸殊引起的社會戾氣就永遠不會消失。正如大學裡的各種扶貧救助，終不能從根本上杜絕馬加爵這類事件一樣。

蘇秦與朱買臣

　　戰國時著名縱橫家蘇秦，曾掛六國相印，為一代風雲人物；西漢名臣朱買臣，不僅官高爵顯，更兼絕代文采。誰曾想，這樣的歷史風流人物，也曾飽嘗人情惡薄。

　　早先，蘇秦向秦惠王獻連橫策略。秦惠王因剛處死商

鞅，對他國說客極為反感，因而並未采納蘇秦策略。蘇秦在秦國做不了官，只得悻悻地一個人回到洛陽老家。哪知家人看到他一事無成，竟都對他白眼相看：妻子只顧織布不同他說話。嫂子指桑罵槐，吃飯時不給他碗筷。連蘇秦的親生父母也不願理他。蘇秦骨子硬，並不因此而氣餒。第二年，他又到趙國，為趙王獻上合縱之策，力主六國聯合，共抗秦國。趙王對蘇秦話深以為然，封他為武安君，拜為相國。平步青雲的蘇秦後來路過洛陽，父母得到消息，互相攙扶著到城外遠郊迎接他；妻子面對夫君竟嚇得側目而視，側耳傾聽；就連一向對他刻薄的嫂子也跪拜在地，謙恭知禮。面對這樣的落差，蘇秦問：「嫂嫂為何前倨後恭也？」其嫂子羞赧道：「見季子位高金多也。」蘇秦慨然歎曰：「此一人之身，富貴則親戚畏懼之，貧賤則輕易之，況眾人乎！」

相對而言，朱買臣的事蹟也不遑多讓，更為後世百姓廣為轉引。李白詩句「會稽愚婦輕買臣」，成語「覆水難收」，皆出自此人。據載朱買臣年輕時家境貧寒，他雖嗜書如命，也不得不放下書本，歸田務農。可即便生活如此辛勞，他還會在賣柴的路上，手不釋卷。鄉鄰們都罵他是書呆子。妻子見他如此沒出息，便打起包裹回了娘家。朱買臣遭此挫折，依然堅持用功，後終於受到朝廷賞識，被封為會稽太守。會稽守丞聽說太守將要到了，發動百姓清除道路。朱買臣進入吳縣境內，見到他前妻和後來的丈夫正在為他修整道路。朱買臣便停下車，叫後面的車輛載上

他們夫妻一起到太守府，把他們安置在園裡，供應他們飲食。住了一個月，前妻上吊死了。朱買臣又給她丈夫錢，讓把她安葬了（然此處民間故事修改為：上任那天，會稽郡舉行了隆重的儀式歡迎朱買臣。可巧朱買臣的前妻就在圍觀人群中。她看到自己前夫加官進爵，風光無二，便攔住朱買臣，請求重婚。朱買臣取出一盆水，潑在地上道：「如果你能把潑出的水收回來，我就跟你重婚。」羞愧難當的前妻奪路而歸，回家自盡了）。

莫說在等級森嚴的封建社會，就是今日，一個人單憑個人努力，想要改變自己的身份地位談何容易。可是自古至今，孜孜不倦追求功名利祿不惜頭破血流者卻如過江之鯽。何也？芸芸眾生不是不明白蘇秦、朱買臣等的成功幾率微乎其微，但是他們成功後，其周圍人的態度反差，實在是讓後人無法不唏噓動心啊。

平原君亡趙

戰國七雄中，韓國最弱，且毗鄰強秦，自然首當其沖地成為秦統一戰爭的進攻目標。戰國末年，秦昭王派軍隊攻打韓國，大軍直指上黨。上黨一破，韓國危在旦夕。上黨守將馮亭，在前有強秦，後無援軍的情況下，做出了一個大膽而不失機智的選擇：將上黨拱手讓給趙國——這樣，上黨既可得到趙國保護，又可轉移秦國的進攻目標，保全韓國。馮亭可謂用心良苦，然而韓國人這一行為實是無奈之舉。

　　早被秦軍打怕了的趙國此時對秦軍唯恐避之不及。平陽君趙豹堅決反對接收上黨，趙孝成王雖心有不甘卻也不願引火焚身。唯獨平原君趙勝，被眼前利益沖昏頭腦，主張趙孝成王馬上接受上黨，千萬莫要錯過這一千古良機。心志不堅的趙孝成王經不住平原君的再三軟磨硬泡，終於伸手染指了上黨。不出馮亭所料，趙國果然引火焚身。秦昭王派大將白起猛攻趙國，在拿下上黨後，秦趙于長平展開了曠日持久的鏖戰。最終，四十萬趙軍被秦軍活埋於此。趙國元氣大傷，再無抗秦實力。

　　後人每論及戰國四公子，心中無不溢滿欽羨、仰慕之情。竊符救趙、合縱攻秦的信陵君；相齊七年、士人賢達聚集門下的孟嘗君；智救楚公子、遷都壽陽、任用荀況的春申君，無一不為後人留下一段段滌蕩乾坤、撼人心魄的俠義傳奇。可唯獨平原君，似乎除亦養有門客三千外，其他都不及上述三位遠矣。只有一段「毛遂自薦」的故事膾炙人口，可那也是以趙勝的昏庸來襯托毛遂的英武。平原君趙勝唯一可稱道的，是他事後良好的態度。無論是出楚王宮後對毛遂的恭敬，還是信陵君竊符救趙後他對魏公子的叩拜。伸手不打笑臉人，他的懂禮貌讓人無法對其心生厭惡。但是懂禮貌的平原君更適合在和平年代做一名外交人員，偏偏他生在這樣的戰爭年代，就無疑有點宋襄公的搞笑的成分了。《史記》中司馬遷稱平原君在上黨事件的處理中乃「利令智昏」。其實他一輩子昏招不斷。在他的不斷作死下，趙國的大好河山就此斷送。

三人成虎

　　《戰國策》載，魏國大臣龐蔥將要和魏太子同到趙國做人質。從貴為人臣到淪為敵國人質，龐蔥心裡肯定不好受。明眼人都知道，他的富貴榮華基本到此結束了，唯求多福，晚年能夠葉落歸根。故臨行之前，龐蔥來到魏王面前道別，意味深長地說：「今一人言市有虎，王信之乎？」魏王說不信。龐蔥又說：「二人言市有虎，王信之乎？」魏王仍說不信。龐蔥又繼續問道：「三人言市有虎，王信之乎？」魏王實話實說：「我信。」龐蔥無限感慨道：「夫市無虎明矣，然而三人言而成虎。」

　　龐蔥與魏王的一番對話，暗流湧動，正應了兩句成語：「眾口鑠金」、「積毀銷骨」。並非魏王耳根子軟，換成你，你也不會不當回事。陪同魏太子的龐蔥，即將遠赴國外，一去數年。這中間，自己的生死安危，一半握于趙國人手中，一半握于魏國人之手。考慮到朝堂上政爭劇烈，流言蜚語旦夕無定，自己又久不在朝堂，龐蔥便不覺憂上心頭。假作真時真亦假，真作假時假亦真。有時，努不努力不重要，有沒有成績也不重要，因為我們不知道，有哪些嘴巴在影響決定著我們的未來。

淳于髡答齊宣王

　　戰國時，齊國有一位名士，叫淳于髡。他雖然長得五短身材，可為人機敏，富有才智，屢次被齊王派去出使諸侯國，從未受辱。其才智、機敏，乃至身形，頗有其前輩

晏子的風采。齊宣王繼位後，想要招賢納士，清明國政，就讓淳于髡為他舉薦人才。淳于髡一天之內舉薦七人，個個稱賢。齊宣王老大不高興，對淳于髡說：「我聽說人才難得，千里之內能得一賢士，那賢士就算比肩而立；百年之內得一聖人，那聖人也算接踵而來。現在，你一天之內舉薦七位賢士，是不是太多了些？」

淳于髡答：「不能這麼說。您要知道，鳥以類聚，獸以類行。柴胡、桔梗這類藥材，到水澤窪地裡去尋找，不會找到半點；到睾黍山、梁父山背面去找，就可以車載而歸。這就是物以類聚的道理呀！我淳于髡馬馬虎虎也算是半個賢士吧。您到我這裏尋士，那還不是如到河中汲水、用火石打火一般容易？我能給您推薦的賢士，又何止七人。」

這個淳于髡，算是一個能臣。從古至今，人做忠臣易，做直臣易，唯做能臣難。因為國破知良將，亂世知忠臣，可知忠勇之臣代有人出。唯能臣難尋，往往一朝一代不見幾人。何因？蓋中國的人情世故、宦海浮沉，非你學富五車、赤膽忠心者可輕窺玄機。一個大貪官和珅，這些年在影視劇裡紅得發紫。不僅老百姓喜歡，連不少學者也對其讚不絕口，大有歷史翻案的趨勢。為何當今社會如此青睞此人？無他，能臣耳！在中國的官場，搞不好左右關系，做不到欺上瞞下，自身都難保，還談什麼忠君報國，還論什麼修齊治平。

舔痔瘡的人

宋國的曹商，替宋王出使秦國，臨行前，得車數輛。到了秦國，得到秦王賞識，又被賜予一百輛車。曹商一來一回，賺大發了，回國後就跑到莊子門前炫耀：「我也曾經居住窮街陋巷，編織草鞋為生，餓得面黃肌瘦。後來，我使萬乘之主幡然醒悟，受賜車百輛。這是我勝人一籌的地方。」

莊子回答：「秦王有病召請醫生治療，凡能擠破膿瘡，排出癤子者，賞車一輛；凡能用舌頭舔他屁股上痔瘡者，賞車五輛。治療愈下賤，所得的賞賜愈多。你為什麼會得到賞車這麼多呢？難道你……」

曹商知趣地離開莊子那裡。他健步如飛地回去坐享他的榮華了，更急不可耐地去向他的親朋好友一遍遍吹噓他奮鬥發家的勵志光榮史了。甚至他相信，在他一遍遍的廣告效應下，史官或許早晚會把他光輝的歷史形象載入史冊。中國的史書從不乏這樣的勵志故事。只是我們很難講，這些成功者中究竟有多少人是舔著領導屁股上的痔瘡上位的。

三石之弓

《呂氏春秋》載，齊宣王好射，且喜歡聽別人誇自己能使強弓。他所拉的弓，拉力不過三石，可左右都驚呼：「這是拉力九石的弓，不是大王您，誰能拉地動呀！」說這些話的人還親自上陣，使出吃奶的勁去拉齊宣王的弓，

結果皆半途而止。齊宣王很滿意，少不得親自拉弓試驗，讓手下人開開眼，再贏得喝彩聲一片。齊宣王用過的弓，最終沒有一把拉力超過三石的，可他終生以為自己能拉九石弓。

近聞原江西省省長胡長清，貪污受賄之餘，別無他好，就喜舞文弄墨。上門求見者見省長有此嗜好，便投其所好，請求省長賜一墨寶，光耀門庭。胡省長倒也爽快，幾乎來者不拒。為官數年，江西省的各大飯莊酒樓，幾乎皆懸胡省長提寫的匾額。一時間，人皆以擁有省長墨寶為榮。哪知好景不長，胡長清東窗事發，苦心經營的家產都充了公，自己也鋃鐺入獄。按理說，墨寶這玩意往往因人去樓空（最好是寫者去世）而價值翻翻，可江西人偏不買帳，轉眼間，這些當年炙手可熱的省長字畫、匾額一夜之間都銷聲匿跡。想來真正藝術的價值不應因人廢立。我等屁民，雖無高雅鑒賞能力，但也不禁對這些字畫遭受的不公忿忿不平。且胡省長還未去世，要是在獄中得知自己的藝術作品就這麼被全省人民付之一炬，那心中隱藏的藝術家的靈魂還不經受千百遍的捶打——究竟是我不值錢，還是我的字畫不值錢？這，可能比坐監的滋味還難受。

學成文武藝 貨與帝王家

魯國施氏有兩個兒子，一個喜歡做學問，一個喜歡習兵法。施氏讓這兩個兒子去他國闖蕩。喜文的來到齊國，由於他滿腹的經綸，齊侯讓他做了太子傅；喜武的來到楚

國，由於他善於排兵布陣，楚王拜他軍正之職。兩個兒子逐漸飛黃騰達起來，施氏也比原先富有很多。

　　他的鄰居孟氏，恰巧也有兩個兒子，一個喜文，一個喜武。看到施氏日子一天比一天過得好，孟氏心裡很不是滋味，於是他也讓兩個兒子求功名于他國。喜文的兒子游說秦王，建議秦王以仁義治國。秦王大怒：「現在是以武力相爭的年代，用仁義治國，秦國還不亡在你手？」於是將這個兒子處以宮刑，趕出秦國。喜武的兒子拜見衛王，力主衛王武力強國。衛王驚得一蹦三尺高：「衛國如此羸弱，還要與人武力相爭，你不是要我國早亡嗎？」盛怒之下，將這個兒子施以刖刑。兩個兒子又回到孟氏那裡。在家中左等右等的孟氏，盼來的不是富貴滿門，而是兩個殘廢的兒子。

　　人生一世，造化無常。我們付出的努力，刻意追求的成功，也許僅僅因為當權者的一念之差，被顛倒改變。今人當然可以居高臨下，斥孟氏不懂天下時宜，故做出此等愚蠢之事。然放眼今日，世界潮流，風雲變幻，諸君所學，就能保證數年後不是屠龍之技，不被世人所譏嗎？

錢可通神

　　唐朝宰相張廷賞，調查國家財政官員的案卷時，發現了一樁重大的貪污案件。他把下屬招來，厲聲質問：「此案拖了這麼久，也不見結案，真是太不像話了。限你們十天之內，把案子給了結。」官員們唯唯諾諾，退下去趕緊

辦案去了。

第二天一早，張廷賞到衙署辦公，忽然發現公案上放著一張小紙條，上寫：「銅錢三萬貫，希望不要追查此案。」張廷賞不看便罷，一看火冒三丈，把便條撕得粉碎，扔在地上。他對下屬大吼道：「嚴加緝拿，五天內把罪犯給我帶來！」下屬領命，又加快了破案的步伐。

哪知第三天過來，張廷賞見公案上又有一張紙條，上寫：「銅錢五萬貫，希望不要追查此案。」張廷賞氣得渾身哆嗦，拍案道：「兩天之內，帶來要犯！」下屬們趕緊跑出去。

第四天早上，張廷賞剛剛步入衙署，就遠遠瞅見公案上工工整整擺放著一張大紅帖。張廷賞快步上前，打開紅帖，只見上寫：「銅錢十萬貫，希望不要追查此案。」張廷賞一屁股坐在凳子上，半晌說不出一句話。好了好久，才招來手下人，命令他們不要再追查此案。下屬們於是結案，重把這份卷字放了回去。

一位公人，久處官場，早已看透了裡面的人情世故，他見張廷賞再閉口不談此案，便猜出七八分，可他還是問張，為什麼不再追究？張廷賞歎氣道：「錢要是到了十萬，就可通神了，還有什麼事是他辦不到的呢？我怕是管不得此案了。」

儘管空手套出十萬貫錢，但是張廷賞並不是一個玩空手道的政客，他是一個勵志革新，作風雷厲風行的大唐宰相。可即使是宰相，他也有害怕的時候。他面對的這個從

未謀面的黑影，可能正以通神之力操縱著國家機器。他哪怕是一顆毒瘤，也早已尾大不掉。更可悲的是，與張廷賞一樣，那些歷朝歷代誓要剷除毒瘤的清官們，可能沒有注意到，最大的毒瘤一直吸附於皇宮。只要那個最大的毒瘤不死，它就還會生出無盡的毒瘤。所以，清官的反腐鬥爭，註定是一場打不贏的戰鬥。

蛤蟆夜哭

明初，南京上清河堤常常坍塌，久而久之養成水患，危害於民。明太祖朱元璋命河防大臣查清事由，迅速解決河堤問題。經過數日調查，河防大臣弄清楚堤岸常常坍塌的原因乃是豬婆龍（海豬）拱塌所致。可他卻遲遲不敢上報，原因是太祖皇帝忌諱頗多，臣下稍有觸犯便有殺頭抄家之虞。豬婆龍之「豬」與朱元璋之「朱」同音，河防大臣怎敢如實稟報。於是他編造謊言，說河堤坍塌，乃是因大黿（鱉）掏空了堤岸所致。朱元璋聞報果然大喜，因為大黿與被朱元璋推翻的大元同音。此次大黿作亂，朝廷當然義不容辭要滅它滿門。於是降旨，將南京城中大小河道裡的大黿斬殺殆盡。這樣一來，南京城裡大黿是沒有了，可上清河堤照樣年年坍塌，河水依然年年氾濫。

又有一故事，出自《艾子雜說》，說艾子行於海上，一日將船泊於一島嶼旁，半夜忽聽到附近有哭聲，接著又是一陣言語。艾子便循聲而去，在岸邊一處仔細聆聽。只聽有聲音說：「昨天龍王下了命令，水中魚蝦凡有尾巴

者，一律處斬。我是鼉，有尾巴，所以哭起來。你是蛤
蟆，又沒尾巴，哭甚？」卻聽蛤蟆泣不成聲道：「我現在
幸而沒有尾巴，可我害怕那龍王終有一日會理會我蝌蚪時
的事情上，因為那時我是有尾巴的。」

　　老一輩經歷過文革的人，讀到上面兩個故事時，大概
是想笑卻又笑不出來的。聽祖輩們講，彼時的生活已是如
此艱辛了，卻還要夾著尾巴做人，稍有不慎，便會招致飛
來橫禍，乃至家破人亡。至於橫禍的來由，比起蛤蟆夜哭
往往還要荒謬百倍。可他們除了忍受和忘卻，沒有第三種
選擇。因為在指鹿為馬的年代裡，再荒謬的理由，都會是
以正義之名橫行人間。

偏方治病

　　宋朝一劉姓醫生，專好用偏方給人治病，因此人送外
號「劉偏方」。一次，蘇東坡拜訪這位劉偏方，剛剛坐
定，正趕上一病人來瞧病。於是劉偏方先請蘇東坡一旁喝
茶稍候，然後仔細詢問病人病情。病人告訴他自己是在船
上受了風浪驚嚇，犯下了病。於是劉偏方略一沉思，道：
「取一老船舵把手，用火焙乾，配上舟砂、茯苓，研成細
末開水服下。」病人不解。劉偏方得意道：「此方妙就妙
在老船舵的把手。舟砂、茯苓皆是鎮靜安神藥，老船舵把
手則是艄公汗液經年久月浸染之物，得老艄公精華矣。想
最善於搏擊風浪者，艄公也。故老船舵把手最能治水上驚
風症。」

　　蘇東坡聽完，差點沒把一口茶水噴出，待病人走後，他故意試探：「我家有個病人，夜間盜汗，汗濕三床被子，不知此症當用何藥醫治？」劉偏方略一思索：「這不難，找幾把爐灶邊老芭蕉扇，焙乾研末，喝下藥到病除。」蘇東坡不住點頭：「如此說來，讓不識字人喝筆灰墨汁，就能通文識字；讓膽小鬼去舔樊噲盾牌，他就立刻勇敢起來；面貌醜陋的人聞過西施戴過的耳環，也能傾國傾城了？」劉偏方聽後不禁詫異：「原來坡公也是一位名醫呀！」

　　如果讓我們今人穿越回古代，我想不少人想回到宋朝，第一想結交的朋友就是蘇東坡。蘇東坡嬉笑怒罵皆成文章，人生起伏皆就功業。不管是正人君子還是市井無賴，蘇東坡都能應付自如。與坡公交往，人人甘之如醴。這樣的人，誰不愛？可歎這樣一位千古風流人物，一生顛沛流離。「問汝平生功業，黃州惠州儋州。」這樣的人，誰不憐？偏偏宋朝的君臣，不愛不憐。是宋朝黨爭之過，抑或是國民劣根之過？留與史學家們評說吧，反正宋朝君民都不會承認。

論酒

　　中國人談論酒，褒者有之，貶者有之。飲酒人中酗酒的不少，為人不齒；品者不多，被人仰慕。一部中華史，出處洋溢著醇酒濃香。

　　古人將酒、色、財、氣列為人生四害。四害之中，酒

列第一，足見人們對它敬而遠之的態度。夏商週三朝，凡荒淫無度的亡國敗家之君，必嗜酒如命。周武王伐紂前，曾將好飲酒這條列為紂王的十大罪狀之一。傳說這位商代最後的君主曾命人在沙丘建酒池肉林，人們餓了上岸吃肉，渴了下河飲酒。他每天與愛妃妲己泛舟于酒池上，宮女們則在岸上不分晝夜地歌舞。有的跳累唱累了，就趴在河邊喝酒，一不小心就會淹死在這酒池裡。如此貪圖享樂，縱情酒色，3000年後的我們，也只能看得咋舌，咽口水。

後來飲酒階層不斷擴大，由最先的帝王將相擴展至士大夫甚至遊俠市民階層。於是引出歷史上一大幫子好酒之徒來。這中間名氣最先叫響的，是竹林七賢。七賢當中，尤以阮籍、劉伶行跡放骸。當初晉武帝司馬炎為了籠絡阮籍，欲將女兒許配給他，可每次上門提親，都會碰上阮籍喝得酩酊大醉，有時還要連醉數月不醒。司馬炎尋不到開口提親的機會，終究作罷。與阮籍交好的名士劉伶，澹默少言，不妄交遊，卻同樣飲酒放浪。他常常攜一酒壺，由僕人相伴，乘鹿車而遊。一路上喝得大醉，沖僕人喊：「我死了，就地把我埋了。」於是那隨從每次隨劉伶出遊，必帶上鐵鍬。成語「劉伶荷鍤」由此而來。

酒喝到這裏，似乎只為保全性命、憤世嫉俗，也沒喝出什麼高品位來。酒文化真正走向成熟高雅，始自東晉陶淵明。陶淵明飲酒，必要一醉方休。可他不似李白酗酒，他喝出的更多的是灑脫、雅致。據《續晉陽秋》上記載，

有一年重陽佳節，陶淵明院中菊花盛開，南山悠然可見，落英環翠，家中卻一滴酒沒有。陶淵明甚感失望。百無聊賴的他坐在菊花中摘取片片花瓣，忽然間望見一白衣人自遠處緩緩向他走來。待走進看時，那人手中還抱了一罈子酒。原來這是好友王弘差人來為陶淵明送來的重陽節的美酒。陶淵明喜笑顏開，感恩好友的一番美意。待白衣僕役剛走，陶淵明就菊花而飲，一醉方休。故事後來演化成一句素雅的成語「白衣送酒」，專用來詠重陽風物。

文人喝酒，是助詩文雅興。李白斗酒詩百篇，篇篇驚天地泣鬼神。王羲之一升黃酒下肚，留下傳承千古《蘭亭序》。武將喝酒，喝出雄壯悲愴。易水悲歌，風聲蕭蕭，沒有烈酒對不住那一段壯烈的青史。朱仙鎮痛擊金兀術，大好河山指日可還，岳元帥氣沖斗牛，雖不沾滴酒，卻誓要痛飲黃龍。沒有烈酒，已讓萬世悲矣醉矣。

酒能解千愁，酒壯熊人膽，酒後吐真言。酒有如此功效，再加上美酒的甘醇，酒文化當然傳承不休，源遠流長。舉例來說，「青州從事」、「平原督郵」兩詞，粗通文墨的人，還以為是地方官名。其實不然。原來，東晉桓溫手下，有一主簿，極善品辨酒的優劣。凡有好酒，即名之曰「青州從事」，因青州有齊郡，「齊」、「臍」音同，意寓好酒下肚，可直到臍。故「青州從事」是指好酒；如果劣酒，就謂之曰「平原督郵」，因平原有鬲縣，「鬲」、「膈」音同，意寓劣酒下肚，只能到膈。故「平原督郵」表示劣酒。此中文化，非酒中仙，恐不能得其意。

把酒說的再好，它也有害于人的健康。再者喝多必醉，醉後鬧事，醉後亂性，影響可就不好了。莫說酒池肉林，就是李太白那樣的飲法，也招人嫌。《世說新語》中丞相王導看不慣鴻臚卿孔群天天有酒天天醉的熊樣，勸誡他：「你看酒店裡覆蓋酒罐的布，一天天地糜爛。」孔群不以為然：「你不見泡在酒糟裡的肉，保存的時間更長久？」真是活脫脫從史書中竄出來的酒鬼。可惜，而今酒樓飯館遍街滿巷，欲尋出一斗酒學士、變徵歌者，恐不可得。

結草報魏

魏武子，春秋時期晉國大夫，娶一小妾，很是寵愛。可也是小妾福薄，不久魏武子便一病不起。在床榻上，魏武子對兒子魏顆說，我死後你就讓她改嫁吧。魏顆點頭答應。後來，魏武子病勢加重，已是病入膏肓。他又對站在病榻前的魏顆道，我死後，你讓她為我陪葬。魏顆又滿口答應。待魏武子死後，魏顆沒有殉葬這個小妾，而是讓她改了嫁。有人指責魏顆不遵從亡父遺命，魏顆回答道：「人在病重時神志不清，說過的話不能算數。我只能遵從父親清醒時留下的遺囑。」旁人也不好再說什麼。

之後，秦晉大戰於輔氏，晉軍大將正是魏顆。在與秦將杜回血戰數回後，魏顆漸漸不支。在形勢極為不利的情況下，陣前突然竄出一白髮老者。他用草繩絆住杜回，晉軍隨後一哄而上將杜回生擒。晉國於是贏得了這場大戰的

勝利。是夜，魏顆夢到這位白髮老者，只聽白髮老者言：
「我，是您允許改嫁的婦人的父親，……以此相報。」

故事出自《左傳‧宣公十五年》，應該可以看做信
史，儘管故事結尾插入了這麼一個演義。翻閱中國各朝
各代正史，內中無不講求禮義廉恥、忠孝廉悌，但至宋以
後，卻逐漸變味。君臣綱、夫妻綱、父子綱，少了一些溫
情，多了不少冷酷。三綱五常可以上升至天地至理，唯獨
個人的尊嚴、生命可以低如微塵。魏顆，其所為大概有違
父子綱常之嫌，故其事少見後世傳揚。但是在歷史的角落
裡，我們分明見到了一個偉大的人格，一種在中國漫長幽
暗禮教史中難得一現的閃爍的可貴人性。

故劍情深

漢武帝晚年因猜疑、迷信而起的巫蠱之禍，致使皇室
中多人被牽連致死。這中間包括皇后衛子夫、皇太子劉
據、皇太孫等，只有一個繈褓中的皇曾孫流亡民間，倖免
一死。武帝死後，其幼子劉弗陵繼位，是為昭帝。其時由
大將軍霍光輔政。幾年後，昭帝死，霍光立劉賀為帝，但
僅僅27天后，又廢之。而後，霍光便派人在民間找到劉
據的孫子，當初流亡民間的皇曾孫，將其立為帝，是為宣
帝。

宣帝平民時，曾娶妻許氏，按名分，應立為皇后。但
霍光以為皇后一位非其幼女不可，並仗著遮天權勢逼迫宣
帝就範。宣帝心中不滿，但懾于霍光權勢，不敢公然反

對。他便對滿朝文武下旨，讓他們到民間去尋找他做平民時隨身攜帶的劍。大臣們都明白皇帝的意思，知道這舊劍就是指結髮妻子許氏，便聯名奏請皇上立許氏為皇后。霍光想通過成為國丈進而鉗制宣帝的計畫流產了，但老謀深算的霍光並不甘心從此日薄西山。第二年，他買通禦醫，趁許皇后生產完後身虛體弱之際，毒死了她。許後一死，霍光如願以償地讓自己的女兒坐上了皇后的寶座，他也得以繼續權傾朝野。

作為一段歷史，它為後人留下了一段感人至深的愛情故事。然而透過歷史的表相，我們隱隱看到的卻是中國權力鬥爭的殘酷規則。昭帝時霍光已行周公之政，通過廢立劉賀，進一步達到了專權的政治目的。廢帝劉賀，再不學無術，不務正業，甚至荒唐透頂，也決不可能在為帝27天內做出1127件荒唐的事情來。而宣帝無視前車之鑒，選擇硬剛霍光，雖保全帝位，卻犧牲愛人。昭宣中興之世，皇帝輪流坐，唯有霍光權柄巋然不動。在連續政治風波中，昭帝、廢帝、宣帝不過是霍光玩弄權術的一個個政治道具而已。從這個角度說，許後之死，宣帝難逃其咎。

欲得卿曹拜耳

《三國志》中記載有一人精，名叫孟他，屢次求官不成。當時是漢靈帝在位，賣官鬻爵之風在社會上盛行，求官者向在位權貴走後門、拉關系的為數甚眾。中常侍張讓，把持朝政大權，向他行賄人數極多。常常是張讓家門

前車水馬龍。有的等上好多天也不得通報。孟他也在這群人之列。可論財論資，猴年馬月也輪不到他。即便輪到了他，孟他的這點資財恐怕也不夠張讓塞牙縫的。

於是孟他獨辟蹊徑，轉而向張讓家的監奴們送禮，且直送到傾家蕩產。又與這些監奴們結為拜把子兄弟，很快便在這群人中混的風生水起。監奴們見他把家財用盡了，也覺得不幫幫他怪不好意思，便問孟他，有什麼請求沒有。若有，兄弟們能幫一把的，絕不袖手旁觀。孟他也不藏著掖著，老老實實地說：「沒什麼別的要求，只想讓哥幾個見了我好好拜一拜（欲得卿曹拜耳）。」監奴們一想，不算啥事，就答應下來了。

一天，孟他趁著張讓府上人多，坐著車最後一個趕到。監奴們一見孟他，趕忙把他車請進去，這讓門外排著長隊的人好不羨慕。進廳堂後，眾監奴們又圍著孟他好一陣跪拜。府上賓客見此都大吃一驚，以為這小子來路不凡，與張常侍定有深交。於是大家紛紛拿出奇珍異寶獻給孟他。孟他倒也不貪財，轉手又把這些財寶獻給常侍張讓。不久，孟他得了個涼州刺史的肥差，滿懷憧憬上任去了。

巴結權貴是門學問。古往今來攀附權貴者如過江之鯽，可要攀附成功不比科場折桂容易。為什麼，因為人和人的交往本質上都是利益的交換。以下攀上，本就是不對等的利益交往。所以攀附者競相行賄送禮，以期權貴許可這種不對等的利益交換。攀附者眾，踏破門檻，自然會被

權貴身旁人先進行一番篩查。故而精於世故者，必對權貴
左右極盡孝敬之能事。不久前熱播的《走向共和》，第一
集李鴻章面見慈禧太后前，不忘巴結李蓮英。只見他從袖
中掏出從英國購買的腳氣藥送與李總管，因為他早已打聽
好李蓮英時常受腳氣病困擾。閻王好見，小鬼難纏。用心
用到這個份上，李鴻章不是晚清政壇常青樹，誰是？

輪扁斫輪

《莊子·天道》裡記載了這樣一個有趣的故事。齊
桓公在堂上讀書，輪扁在堂下削車輪。許是工作久了，
輪扁放下錐鑿休息一會兒。他見桓公看書那麼認真，便上
前問：「國君您讀的是什麼書？」桓公說：「是聖人之
言。」輪扁問：「聖人還活著嗎？」桓公回答：「聖人已
經死了。」輪扁很不以為然：「那麼，國君您所讀的書，
不過是古人的糟粕罷了。」桓公一聽，霎時間沉下臉：
「寡人讀書，你一個修輪子的也敢議論是非！剛才的話，
你給我說清楚，說得出理由就算了，要是說不出理由，我
就判你死罪！」

氣氛一下子緊張起來，我都有點替輪扁捏一把汗。

輪扁雖是個大老粗，可剛才的話也是有感而發的。他
說：「我是做輪子的，我就用我的老本行來做比喻。做輪
子，輪榫太松了，榫子潤滑易入，可不牢固；輪榫太緊
了，榫子枯澀難進，用力推擠太猛，還容易把榫子折斷。
不松不緊，才能得心應手。可惜我無法把手藝傳給我兒

子。功夫在我身上，我兒子卻拿不去。因此，我都七十歲了，還在做車輪。古人與他們不可傳授的心得都已經消失了，那麼，國君您所讀的，難道不是古人的糟粕嗎？」

輪匠可以教兒子手藝，卻不能把造詣硬塞給他；教師可以幫你讀書識字，卻不能替你遨遊知識的殿堂；我們抱著一本書，總有一種自以為佔有了知識的滿足感，殊不知這字間所藏之字，言外所含之言，書外所蘊之書，不是我們輕易能領會得了的。世人認為書可貴，是因為書裡的記載，但是書本所載不過是語言而已。《金剛經》言：「凡所有相，皆是虛妄。若見諸相非相，則見如來。」若著相，便不見如來了。那光讀書，又怎能領悟書中內容？

宓子賤治單父

《韓非子》載，宓子賤是孔子弟子，魯國單父這個地方的地方官。他為官勤懇，日理萬機。一次，同學有若拜見宓子賤，很奇怪幾日不見，宓子賤變得這麼瘦。宓子賤無奈地說：「哎，國君不知道我德薄才疏，偏派我來治理單父縣。治縣政務繁多且又緊急，我深感力不從心，心裡憂愁，所以就瘦了。」有若聽後卻說：「從前舜彈奏五弦之琴，唱著《南風》之詩，而天下大治。現在單父這麼個小小的地方，你治理起來卻竟然這樣地發愁，如果讓你治理天下，到時你又該怎麼辦呢？所以，治理國家是要講究術的。治國有術的人，身心悠閒，也能治理好國家；治國無術的人，再苦再累，身心憔悴，還是治理不好國家。」

　　在體質不完善的古代，多少勉力為官者，常常是嘔心瀝血、病倒任上，也不能扭轉官場的腐朽、解決百姓的溫飽問題。此非所任非人，而是講求人治的古代中國無法解決的痼疾。我們的先人，早在先秦時期就指出了問題的症結所在。然而讓我們詫異的是，進入新世紀，號稱法制國家的中國，電視螢幕上依然充斥著帝王戲、清官戲。在反腐倡廉主題的外套下，藏著的仍然是「吾皇萬歲萬萬歲」、「青天大老爺為民做主」等對聖君、清官的謳歌。而媒體上熱衷報導的，依然是中國各地（尤其是偏遠落後地區）基層崗位上無數個病累至死的人民好公僕的光榮事蹟。這種報導越多，越說明今日中國的法制建設還差得很遠，越說明我們的人民公僕們的可悲可歎。當世上最後一個清官也消失之時，要麼走向毀滅，要麼奔向大同。

醫史劇本（五則）

神農嘗百草

醫者簡介：

神農，姜姓，即炎帝，號神農氏，中國上古人物，有文字記載的出現時代在戰國以後。被世人尊稱為「藥祖」、「五穀先帝」、「神農大帝」、「地皇」等。華夏太古三皇之一，傳說中的農業和醫藥的發明者。他遍嘗百草，有「神農嘗百草」的傳說。教人醫療與農耕，是掌管醫藥及農業的神祇。能保佑農業收成、人民健康，更被醫館、藥行視為守護神。相傳神農氏牛首人身，身體除四肢和腦袋外，都是透明的。他親嘗百草，發展用草藥治病。只要藥草是有毒的，服下後他的內臟就會呈現黑色，因此什麼藥草對於人體哪一個部位有影響就可以輕易地知道了。後來，由於神農氏服太多種毒藥，積毒太深，又中斷腸草之毒，不幸身亡。

第一幕：神農換代

時間：上古年間（新石器時代）

地點：姜氏部落中

人物：年長的老神農、年輕的新神農、部落中的群眾

【部落裡的人正聚在部落的中心，在中心的一個木台下，圍成了一個圓弧。圓弧中心的木臺上有兩個人，一個

是中年人，一個是年輕人。兩人肩並肩站在一起，面向著台下眾人。

老神農（拉起新神農的手）：我，神農氏，在此宣佈。從此刻起，他就是我們姜氏部落的新首領！

【台下響起如雷般的掌聲。老神農輕輕拍了拍身旁年輕人的肩膀，走上前半步。

老神農：我相信，在他的帶領下，部落今後一定能夠發展地更好！

【台下再次響起如雷般的掌聲。老神農轉過身來面向新神農，將戴在頭上的精緻花環拿起，鄭重地遞向站在他對面的那個年輕人。新神農接過花環的那一刻，台下的眾人揮著手齊聲歡呼。

部落中的群眾：神農氏！神農氏！神農氏！……

【在漫天的喊聲中，年輕人戴上了花環，新神農即位。

第二幕：血中的真相

時間：上古時期（新石器時代）

地點：部落外的森林中

人物：老神農、新神農

【之前在台上獲得神農氏之稱和首領之職的新神農，正背著一個大皮袋跟在老神農後面走著。

新神農：前輩，我們是要去哪裡求仙尋藥？」

老神農：哈哈哈，那有什麼成仙，不過是讓部落裡的

人們安心的理由罷了。」

　　新神農（驚訝地停下了腳步）：前輩？此話怎講？」

　　老神農（也停下了腳步，轉過頭來面向年輕人）：接下來的話只有神農氏能知道，明白了嗎？

　　【新神農有些茫然的點了點頭。

　　老神農：我並不知道世上到底有沒有仙，但是每一任神農氏都沒有成仙。

　　新神農：那他們是去了……？

　　老神農：他們哪都沒去，無一例外都死了。

　　【新神農駭然，震驚到說不出話。

　　新神農：可是……可是他們都沒有成仙的話，又是怎樣從仙人那裡尋方問藥的呢？

　　老神農：沒人能從仙人那裡問得到藥，人的日子一直都是靠人來過，那些藥，全是歷代神農們一株一株親自嘗出來的。

　　新神農：那歷代的前輩們……

　　老神農：他們有的死於猛獸，也有的在采藥的過程中跌落懸崖，屍骨無存……但大多都死於藥毒。

　　【年輕的新神農再次沉默了。

　　老神農（輕輕拍了拍新神農的肩膀）：我們是部落的首領，肩上承擔的是整個部落的興衰，我會的東西都已經交給你了……

　　【許久，新神農慢慢地抬起頭，解下了背上的皮袋，從裡面拿出了一塊石片和一根尖銳的獸骨。

新神農（聲音和表情同樣堅定）：前輩，請開始吧！

【老神農欣慰地笑了。

第三幕：更新本草經

時間：上古年間（新石器時代）

地點：姜氏部落中

人物：神農氏、部落中的群眾

【在之前那個木臺上，新任神農氏手中拎著碩大的皮袋面向著台下圍成圓弧的眾人。

神農氏（大聲宣佈）：先輩已得道成仙，位列南方，為第七代天帝！此行，從仙譜中又得枸杞、熊膽、芒硝……斷腸草，共計73味藥材。現已全部收入本草經中！

部落中的群眾（歡呼）：神農氏！神農氏！神農氏！……

【在大家的歡呼中，唯獨有一個少年表情疑惑不解。

少年（自言自語）：為何在每位神農得到的仙譜中，最後一味藥材都是劇毒之物呢？……

藺道人傳奇

醫者簡介：

藺道人（約790～850），長安（今陝西西安）人，唐代骨傷科醫家。其於會昌間（841—846）曾結庵于宜春修道，因曾治癒一彭翁子墜地折頸傷胕，其醫術遂廣為人

知。由於求醫者甚眾，道者厭其煩，以其秘方授予彭翁，其術遂行於世。此方為後人刊刻，書名為《仙授理傷續斷秘方》，為中醫骨傷科奠基之作，現有多種刊本行世。

第一幕：初顯神威

時間：清晨

地點：山間田野

人物：藺道人、彭大、彭奇（彭叟的兒子）

【和煦的陽光灑在這塊土地上，滋養出一片鳥語花香。微風輕輕地拂過大地，青草叢中逐漸露出一個人影，那是上山來采藥的藺道人。藺道人俯身采下一株茵陳，然後舉起來看了看成色。

藺道人：這株茵陳品質不錯，正好拿回家泡茶喝。

【此時不遠處傳來一聲哀嚎！

彭奇（彭叟的兒子）（哀嚎）：啊！

彭叟：兒啊！我的兒啊！老天爺，求你救救吾兒吧！

【藺道人尋聲前去。

彭叟（見藺道人趕來）：藺兄您來的正好，吾兒上樹砍伐樹枝時不慎跌落，您與我合力，趕緊把我兒抬到鎮上去尋醫吧。

藺道人（擺了擺手）：不必，我早年在寺廟學習時，曾涉獵過醫術。讓我為您的兒子看上一看。

彭叟：不是我不信您，只是我兒這可能摔斷了脖子……

藺道人：如今聖上貶佛道。若是我治不好您的兒子，您就把我曾是出家人的事情說出去。我都願意抵上性命，您為什麼不能相信我呢？

【彭叟隨即讓開供藺道人檢查。

藺道人（上前檢查一番，隨即轉過頭來對彭大）：還好，脖子傷的不重，就是肩部傷的厲害，我寫幾味藥，你趕緊去鎮上買來。我留在這替你兒子牽引復位，到時候去我草廬找我。

彭叟：好。

【鏡頭一轉，彭叟買好藥後前往草廬。

彭叟：先生，我進來了。

藺道人：請進。

彭叟：先生，我兒子怎麼樣了？

藺道人（接過藥材）：我幫他做好了牽引和復位，就差敷藥和包紮了。

彭奇（癱坐在椅子上）：父親，我感覺我好多了，先生說這是給我用了「椅背復位法」，不出半月就能恢復如初。

彭叟（大喜過望）：先生真是活神仙，老弟我感激不盡啊……

藺道人：哪有什麼神仙？我只不過是站在前人肩膀上，靠實踐整理出的醫術罷了。

彭叟：先生所言極是。

藺道人：對了，回去後不僅要記得敷藥，還要做些適

當運動，這叫「動靜結合」，否則留下什麼後遺症，可就悔不當初了。

　　彭叟：謹記先生指點。

第二幕：聲名鵲起

　　時間：自救下彭叟之子起的次日清晨

　　地點：藺道人所住草廬

　　人物：藺道人、彭大、嚴華

　　【咚咚咚！門外響起了敲門聲。

　　藺道人（起身開門）：來者何人？

　　彭叟（進門）：是我，過去經常幫你耕田的彭大。

　　藺道人：這麼早就來了？彭兄，您兒子換藥也沒這麼頻繁啊！

　　彭叟：不，不，不是我兒子，是我的一個鄰居。

　　藺道人：你的鄰居也摔傷了？

　　彭叟：藺先生所言極是，我們這些鄉野村夫習慣了在田間勞作，難免磕著碰著，我想著您正好也精通醫術，不如帶來給您看看。

　　藺道人：瞧你說的多見外？我不也是個鄉野村夫嘛。趕緊把人拉過來看看。

　　彭叟：好，嚴老哥快進來，藺先生同意了……

　　嚴華：話說這診金……不會太高吧。

　　藺道人：古有董君立杏林天下，我今天就效仿一下先賢，重症就在門前種五棵橘樹，輕症一棵即可。

嚴華、彭叟：先生真是大善人啊……

【就這樣，藺道人多次出手醫治百姓，不出半年，藺道人的名聲就傳遍了江西宜春。

第三幕：陰謀前兆

時間：藺道人行醫半年後

地點：村中

人物：藺道人、商人、嚴華

【此時，一位來自外地的商人來到了宜春。

商人：哎呦，真倒楣，好不容易來江西一趟，沒想到不小心還把手給搭掛嘍。（備註：方言，手被摔斷了的意思）錢沒賺到，還得賠一筆醫藥費。

嚴華（聽到商人抱怨，趕忙上前）：哎，夥計，聽你這口音不像本地人啊。您怕是不知道咱這有一名神仙。要是您有什麼跌打骨折，都可以找我們這兒的藺道人來治，保證手到病除，不出半月就能行動自如，而且不收診金，拿種橘樹替代！

商人（摸了摸鬍鬚）：竟有這種奇人？還請快快替我引薦。

嚴華：好，不過我不太記得神仙的住處，正好我的鄰居彭叟比較熟，不如讓他去送您一程。

【畫面轉到藺道人的草廬。

彭叟：……事情就是這樣。

藺道人：好，請這位兄台轉過身來，方便我診斷。

商人（轉過身來）：好。

【商人雖然轉過身來，但眼睛卻死死盯著桌上的木魚⋯⋯

第四幕：異變突生

時間：商人被診治次日早晨

地點：大街上

人物：彭大、彭奇、陸言、一隊衙役

【一隊衙役走在大街上，似是在尋人。而彭叟正好上街買米，對這一景象十分好奇，同時正巧看見苦讀詩書的才子陸言。

彭叟（上前詢問）：陸先生，你知道前方發生了何事嗎？

陸言：哎，正好我也想去找你來著。聖上抑佛道你是知道的，不巧不久前來了個商人向縣老爺通報我們這有出家人企圖荼毒百姓思想，於是縣老爺當即下令派人來捉。咱們這就你跟藺先生關系最近，希望你能去通知一下藺先生，可不能害了好人啊！

彭叟：什麼？難道是他？這個背信棄義的狗東西！剛被先生治療，反手就把先生資訊賣了，用來換幾兩賞銀！

陸言：這⋯⋯這是何等無恥。彭大爺您快去通知藺神仙，我去拖上一拖衙役。

彭叟：好！

【彭叟並沒有第一時間趕往草廬，而是先回到自己家

中。

彭叟：……就是這樣。

彭奇：那父親您為何不趕緊去找藺先生？

彭叟：就算是現在趕去，怕也是來不及了，藺先生怎麼可能快的過朝廷的鷹犬？

彭奇：那父親您打算怎麼辦？

彭叟：（換了身衣服）當然是……我自己上！

彭奇：您難道是隱藏的武林高手，打算以一己之力大戰衙門？

彭叟：哎呦我去，你看我像這種人嗎？我是打算去冒充藺先生，他們抓到了人，自然就不會去禍害藺先生了！

彭奇：啊這，父親！您這樣可是要冒著生命危險的啊！

彭叟：你的命都是他救的，就權當還給他了！再說如果能用我這尋常農夫的命，去換一位濟世救民的大好人的命，那也值得！

彭奇：可是……

彭叟：沒什麼可是！正所謂大丈夫有所不為有所必為！你只要記得，你的父親是為正義而死的！

彭奇：是，父親，我這就去通知藺先生。

第五幕：魚目混珠

時間：商人被診的次日下午

地點：山腳下

人物：商人、衙役隊長、眾衙役、彭大、彭奇、藺道人

【在商人的帶領下，衙役正行至山腳。彭叟此刻立刻從草叢鑽出。

衙役隊長：來者何人？

彭叟：在下行不改姓，坐不改名，正是江西藺道人！

衙役隊長：好傢伙，可讓我們好找！

商人：大，大，大人，此人只是個冒充者，真正的藺道人另有其人。

【衙役隊長轉過頭來給衙役們使了個眼色，他們瞬間懂了是什麼意思。因為找人太麻煩，只要能完成上面的指標，藺道人是真是假根本不重要！

衙役隊長：哈哈哈，我說此人是藺道人就是藺道人！你是在質疑我嗎？（心裡卻想著：願意替他人赴死，真是一位英雄豪傑。可惜君命難違，不完成上面大指標，我們怕是也得遭殃⋯⋯）

商人：不敢，不敢。

【另一面，在藺道人的草廬中，彭奇已經送到了消息。

藺道人（錘桌子）：可惡！我藺道人豈是貪生怕死之徒？我現在就去把彭老哥救回來。

彭奇：可是⋯⋯

藺道人：我意已決！

第六幕：英雄末路

時間：商人被診治次日下午

地點：山腳下

人物：商人、衙役隊長、眾衙役、彭大、藺道人

【衙役隊長語畢，旁邊的衙役立刻給彭大扣上鐐銬，金石敲擊，迸發出一道清冷之聲，回響悠久。眼見彭大將被拷走，藺道人正好趕上攔路救人。

藺道人（大喝）：住手！

【隨及一隻手伸出，按在衙役隊長拔刀的手上，讓他使不上力，衙役隊長立刻用另一隻手掐起藺道人的手，卻不想也被藺道人按住。衙役隊長於是一個膝頂，藺道人立刻放了一隻手側身躲避。衙役隊長隨即提刀，卻不想藺道人另一隻手也按在了這，兩只手反向發力，「呀擦」一聲，衙役隊長的這只手就脫臼了。

衙役隊長：好手法！

藺道人：好功夫！

衙役隊長：若非是在執行公務，你我之間怕是早就把酒言歡了。

藺道人：可惜，這人，我一定要救！

衙役隊長：也是呢！不過你打的過我一個，打的過我這麼多弟兄嗎？面對的了朝廷接連不斷的報復嗎？！！

【衙役頭子身後，一位位衙役也拔出刀來。

藺道人：所以我親自來了。

衙役隊長：原來如此，我道怎麼一個鄉野村夫哪來此

等強援，沒想到閣下竟是藺道人本人！你是不忍此人為你頂罪，決心拿自己來換此人活命！真不愧是大善人啊！

商人：對對對！正是這位。

藺道人：正是，正所謂真的假不了。拿我這真貨去當，還不用擔心別的風險。

彭叟：先生！您這是何苦呢？我只是一介種田老農，那比得上治病救人，為百姓謀福祉的您啊啊！我這條命，是因為您救了我兒，自願補給您的。

藺道人：胡說八道！人人生來平等，哪有什麼高低貴賤之分？我藺道人哪裡是靠他人犧牲而苟活的人？！你若是真想報答我，就回的我住的草屋那！把我的寫的那本《理論續斷方》通讀熟記，將來為我救濟百姓，這就是對我最好的報答！

彭叟：可是……

藺道人：還不快去！

彭叟：是……

藺道人：哦對了……如果有可能的話，回去後就跟大家說我是登仙了，（微笑）畢竟，不是所有人都能接受一個悲劇的收尾……

彭叟：……遵命！

【西元約841~846年，藺道人從長安遷至江西農村，將自己的理論知識和治療技術毫無保留地傳授給一位經常幫助他耕耘的彭姓老者，連同珍藏的骨傷專書《理傷續斷方》。傳藝後，他蹤影皆無，人們見他忽然消失，便傳說

250

他是神仙下凡，將書也更名為《仙授理傷續斷秘方》。此書終成中醫骨傷學奠基之作。

普濟眾生──李東垣

醫者簡介：

李杲（1180~1251），字明之，他家世代居住在真定（今河北省正定），因真定漢初稱為東垣國，所以李杲晚年自號東垣老人。他學醫于張元素，盡得其傳而又獨有發揮，通過長期的臨床實踐積累了一定的經驗，提出「內傷脾胃，百病由生」的觀點，形成了獨具一格的脾胃內傷學說。李杲是我國醫學史上著名的金元四大家之一，是中醫脾胃學說的創始人。

【泰和二年四月，就在李東垣剛剛到濟源的那年春天，一場瘟疫席捲了北方大地。二年初，即有人患病，到陰曆四月益盛。一巷百餘家，三二家倖免。一門數十口，二三口倖存。患者頭面紅腫、咽喉不利。民間稱這種病為「大頭瘟」。濟源縣百姓多被瘟疫傳染，病人頭面腫大，往往眼睛都不能睜開，咽喉疼痛，還有咳喘的症狀。整座縣城，都沒有了平時的生氣。白天，店鋪閉門，街上人煙稀少，偶爾有出殯的人家。稀疏的送殯隊伍扶老攜幼，在驕陽下抛灑著紙錢。夜晚，街上空無一人，甚至可以聽到房屋裡傳出的陣陣哭聲……

第一幕

時間：泰和二年

地點：濟源縣

人物：患者甲、患者甲家屬、大夫

【大夫來到病人家中。家人疏散地圍在病人身邊。

患者甲：（躺在床上，目不能開，上喘，說話有氣無力，斷斷續續）哎喲……大夫，我的病還有救嗎……請您救救我吧，還有我的老母親……

大夫：（把完脈，搖搖頭，歎氣道）你的病歷代醫書上都沒有記載啊，我也沒有什麼好辦法，你還是另請高明吧。（起身想走）

患者甲親屬：（著急地，帶著哭腔地）大夫，我已經請了許多人來看過了，他們都沒有辦法。如今能指望的只有您了！就算沒有辦法，還是請您試一試吧。（說完大夫重新坐下）

大夫：（扭頭歎氣後）哎（面對患者）好吧，那我就試一試汗法吧……（抬手取藥箱）

第二幕

時間：兩天后

地點：濟源縣

人物：大夫、患者甲家屬、李東垣、東垣之友

【大夫再次來到病人家中。

大夫：（臉上帶著焦慮和躊躇，輕聲問）怎樣，病人

病情如何了？

患者甲家屬：（一臉悲痛）他已經……去世了……（目光轉向地面）

大夫：（臉色立刻灰暗）這樣嗎……都是在下學藝不精，沒能治好這病……

患者甲家屬：（面露哀傷道）不，大夫，不是你的錯。是這該死的瘟疫太厲害了……哎……

【大夫一臉沉重走出，路過小徑，路過東垣二人。李東垣和他的好友遠遠地看著，並沒有作聲。

東垣之友：明之，這次瘟疫來勢洶洶啊。我知道，你的醫術高超，你可有什麼法子治療這次大瘟？

李東垣：（沉默著，緩緩地搖了搖頭）枉我平日裡自詡醫術高超，今日卻不能解除百姓的痛苦！（手用力一握）真是慚愧啊……

東垣之友：連你也沒有辦法麼……（暗自傷神，望天）難道說，此次瘟疫真乃天數，非人力所能及也？（歎氣）

李東垣：（神情堅定）不，我一定會找出治療的辦法！如果不能解決這場瘟疫，我又有何顏面面對這些失去親人的百姓？

第三幕

時間：深夜

地點：東垣家中

人物: 李東垣、僕從

【夜已經深了，而李東垣的手中還捧著一卷醫書，不停的翻著頁。自從上次出門後，他就把自己關在了房門裡，連飯都不吃了。

僕從: 大人，您該吃飯了。

李東垣: （一驚，微怒）我不是說過了嗎！？把飯放在外面就行了，（拂袖，呈趕走勢）別來打擾我!

僕從: 可是大人，這些放在外面的飯都沒有動過啊，我知道您一心一意的想解決瘟疫，可也要注意自己的身體啊。

李東垣: 我又何嘗不知道呢? 不過現在每分每秒都有病人在痛苦中煎熬啊! 我又怎能浪費時間呢? 你不用多說了，退下吧!

【僕從無奈退下。

第四幕

時間: 早晨

地點: 東垣家中

人物: 李東垣、僕從、張元素

【李東垣的眼睛充滿了血絲，他已經苦思苦想兩天不曾出屋了。在最痛苦的時候，是第二天夜裡。他無法入睡，書也看不進去，思緒亂到了極點，幾近崩潰。東垣夜不能寐，撐著頭，視線逐漸模糊，恍惚中其師張元素忽然顯現。

張元素：要以自然之理參悟人身之理。

東垣（點頭，不張嘴）：原來是這樣啊。

【李東垣疲憊的臉逐漸開朗。李東垣打開房門，走出來。

僕從踱步後：（一臉驚訝）大人，您出來了！？難道說，您已經有了解決瘟疫的辦法了嗎？

李東垣：此病的病機，我已經明白了啊！快去拿我的藥箱來！

僕從：（不敢相信又夾雜著驚喜）好，我現在就去！（僕從跑走）

第五幕

時間：翌日

地點：患者乙家中。

人物：李東垣、僕從、患者乙、患者乙家屬

【患者躺在床上，頭面腫大，呼吸困難。

李東垣：患者的病情如何？

患者乙家屬：之前來的的醫生用的是瀉法，開始還好些，但馬上又加重了，（緊張）你看，現在連呼吸的力氣都快沒了呀。

李東垣：（診脈，滿臉嚴肅）人的身體和自然是一樣的，人的上半身，與自然中的天氣相通；下半身與地氣相通。泄法只能瀉去胃腸裡的熱，如今病邪在心肺，應當採用新的療法。

　　患者乙家屬：（感到有道理，不住地點頭）那就請您開方吧！

　　李東垣：（邊說僕從邊寫）方，用黃連苦寒，瀉心經邪熱，用黃芩苦寒，瀉肺經邪熱，上二藥各半兩為君藥；用橘紅苦平、玄參苦寒、生甘草甘寒，上三味各二錢瀉火補氣以為臣藥；連翹、鼠粘子、薄荷葉苦辛平，板藍根苦寒，馬勃、白僵蠶苦平，上六味散腫消毒、定喘以為佐藥，前五味各一錢，後一味白僵蠶要炒用七分；用升麻七分升陽明胃經之氣，用柴胡二錢升少陽膽經之氣，最後用桔梗二錢做為舟楫，使上述藥性不得下行。

　　患者乙家屬：好，那我現在就去抓藥！

　　李東垣：（僕從遞上藥方）快去吧，記得讓店家把藥給熬好。

　　【幾個時辰後，東垣看著患者乙家屬把湯藥喂給病人。一劑藥過後，患者忽然咳嗽起，過了一陣後平靜下來，接著突然開口道：「我餓了。」

　　患者乙家屬（喜出望外）：太好了！

　　【望著眼前的一幕，李東垣那憂慮而又疲憊的臉上，終於露出了寬慰的笑容。

　　尾聲：後來，李東垣將這個方子公開，人們將它刻在各個主要道路路口的木牌上，供患病的人們去抄用，救活的人不計其數。再後來，有人把這個方子刻在石頭上，希望它永遠流傳下去，如果後代再遇到這種大頭瘟，希望可

以用這個方子來解除病痛。甚至有人傳說這個方子是上天可憐凡間的百姓，派仙人創出的。這個方子的名字叫：普濟消毒飲子，現在叫普濟消毒飲，是中醫院校每個醫學生都要學習的方子。直到今天，人們還在使用它治療熱性傳染病。

【參考文獻】

【1】李濂：《醫史》，廈門大學出版社，1992年。

【2】羅大倫：《古代的中醫》，中國中醫藥出版社，2009年。

【3】高建忠：《臨證傳心與診餘靜思：從張仲景到李東垣》，中國中醫藥出版社，2010年。

力挽沉屙：大醫施今墨

醫者簡介：

施今墨（1881～1969），原名毓黔，字獎生，祖籍浙江省杭州市蕭山區，中國近代中醫臨床家、教育家、改革家，「北京四大名醫」之一。施今墨學醫刻苦，20歲左右已經通曉中醫理論，可以獨立行醫了。又因政治不定，進入京師法政學堂，接受革命理論。他後來追隨黃興先生，並參加了辛亥革命。後對革命大為失望，他便從此棄政從醫。1921年他自己更名「今墨」，取義有三：其一，紀念誕生之地，「今墨」同「黔」；其二，崇習墨子，行兼愛之道，治病不論貴與賤，施愛不分富與貧；其三，要在醫

術上勇於革新，要成為當代醫學繩墨。

　　施今墨生前曾為孫中山、楊虎城、蔣介石、毛澤東等近現代名人診治。他畢生致力於中醫事業的發展，提倡中西醫結合，培養了許多中醫人才。長期從事中醫臨床，治癒了許多疑難重症。創制了許多新成藥，獻出700個驗方，為中醫事業作出突出貢獻，是近代中醫界領袖人物之一，在國內外享有很高的聲望。為繼承其寶貴經驗，經門人整理，已出版《施今墨臨床經驗集》，《施今墨對藥臨床經驗集》等書。

第一場

地點：施今墨中醫館花園

人物：施今墨、孔伯華、僕役一人

佈景：施今墨、孔伯華兩人飲茶清談，僕役站立一旁

　　孔伯華：獎生兄，你這中醫館境況如何？我來的路上，途經協和醫院，車水馬龍。

　　施今墨：自民國十七年，南京政府揚言取締中醫以來，大多國人質疑望聞問切。西學東漸，協和醫院當然門庭若市。（遲疑一會）伯華兄，可知道今天是什麼日子？

　　孔伯華：能不知道嘛！第一屆中央衛生委員會會議，正在在南京召開，即將表決余雲岫所長的「廢止中醫案」。獎生兄你可知道余所長和南京汪主席的淵源？

　　施今墨：略有耳聞。

孔伯華：早年間，汪主席與余所長都在東洋喝過外國墨水，深受其影響，咱老祖宗的東西在他們那兒不管用。這次表決，我看懸……

【僕役上前，將電報交付施今墨。

僕役：先生，南京方面的電報來了

【施今墨看畢電報，遞給孔伯華。

施今墨（眉頭緊鎖）：不幸被孔兄言中了！

孔伯華：請願團有什麼計畫？

施今墨：早已準備妥當，你我速去南京。（對僕役）打電話給火車站，要最近一班去南京的車票。

第二場

地點：南京國民政府汪精衛辦公室

人物：汪精衛、余雲岫、秘書一人

佈景：汪精衛、余雲岫分坐辦公桌裡外

余雲岫：此「廢止中醫案」能獲高票通過，全仰賴汪主席成全。

汪精衛：百之過謙了。二十幾年前，你我都曾在日本留學，可是親眼見證過明治維新的繁榮成果。究其緣由，莫不是棄盡糟粕，仿效歐美。依我來看，中醫乃玄之又玄的糟粕。

余雲岫：舊醫一日不除，民眾思想一日不變，新醫事業一日不向上，衛生行政一日不能進展。

【秘書上，報告。

秘書：汪主席，華北中醫請願團已到達南京，正在政府大院外聚集，疑是反對餘所長的提案，警衛隊問是否採取措施。

余雲岫：這幫老學究！

汪精衛：不必去理會，請願團而已，鬧一鬧就算了，又不是第一次了。

秘書：遵命！還有，（囁嚅）夫人剛才打來電話……

余雲岫：汪主席，關於提案尚有許多事宜急需落實，先行告退。

汪精衛：余所長為黨國效力，費心了。（余雲岫下，問秘書）家中有何急事？

秘書：夫人讓我告知主席，衛太夫人痢疾久不得愈，病情危重。

汪精衛：沒有請田中醫生嗎？

秘書：怕是束手無策。

汪精衛：這倒怪了！備車，回府。

第三場

地點：汪精衛府邸

人物：汪精衛、陳璧君、衛太夫人、田中修二、秘書、施今墨

佈景：衛太夫人躺于榻上，陳璧君坐於榻前，田中修

二立於一側

　　【汪精衛推門而至。

　　汪精衛：　先生，どうして母は容態がよくならない
で、かえって日増しに悪くなりますが。（先生，我母親
的病情為何不見消退，反倒加重了呢？）

　　田中修二：主席さん，お母さんは體が弱いで、どの
藥でも飲んでしまいましたが。しばらくすればよくなる
でしょう。（主席，太夫人體質難測，該用的藥都用了，
或許還要時日才見起色。）

　　汪精衛：そう言うなら、なぜ西洋醫者に目てもらい
ましたが。（若是這樣，何苦請你們這些西醫大夫！）

　　田中修二：申し訳ごさいまん。（十分抱歉！）

　　【秘書上

　　秘書：汪主席，北平中醫施今墨求見。

　　汪精衛（怒不可遏）：不見！

　　陳璧君：聽說這位施大夫是北平名醫，擅治多種疑難
雜症，如今恰好到我們府上，主席能否一試？

　　汪精衛（鄙夷地）：那好，我倒看看這施今墨有什麼
良醫妙方。

　　【施今墨上。

施今墨：北平中醫施今墨，見過汪主席。

汪精衛：施大夫，聽聞你在疑難方面有些本事。今我岳母大人身患痢疾，久不得治，你有什麼辦法？

施今墨：願意一試。

【施今墨上前號脈問診。

施今墨：太夫人的痢疾已持續許久，多屬虛寒，脈象又極弱，須用溫脾補虛之藥，方能止痢。

陳璧君：請先生開方。

施今墨：取烏梅三個，陳茶葉、淨蘇葉、老生薑各一兩八錢，用水適量，即時服用。

陳璧君：僅此一診？

施今墨：安心服藥，一診可愈，不必復診。

汪精衛：施大夫未免狂莽。西醫診治一月有餘都不見好，中醫豈可一診而息？

施今墨：中醫之於臨床，不分經方、時方，只要利於治病，均可采納；臨床之於醫學，甚至可不分中醫、西醫，只要扶傷救死，均可敬仰。（停頓一小會兒）我此行率請願團到南京觀見汪主席，便是希望國民政府能慮及國情傳統，收回「廢止中醫」的成命。

第四場

地點：南京國民政府汪精衛辦公室

人物: 汪精衛、余雲岫

佈景: 汪精衛坐於辦公桌前, 桌上宣紙鋪開。余雲岫
坐另一邊。

余雲岫: 汪主席, 那提案為何遲遲不予批復。

汪精衛: 余所長, 你為國民健康所作的努力, 汪某人
不會忘卻。但為了維持醫藥行業之穩定, 經研究決定, 暫
緩此案的實行。

余雲岫: 我明白了。

汪精衛: 余所長, (遞給其一份公文) 這是政府決定
派遣至美國的醫學考察團名單, 由你帶隊。

余雲岫: 雲岫絕不辜負主席所托。

【余雲岫退出。汪精衛蘸滿毛筆, 於宣紙寫就「贈予
施今墨先生, 美意延年」。

參考文獻:

《汪精衛現亦信仰國醫》 (原文載于丁仲英主編《光
華醫藥雜誌》, 1934年12期)

《一代名醫施今墨》 (施如瑜著原文載於《瞭望》,
1986年08期)

人民醫生宋金庚

醫者簡介：

宋金庚（1922～1996），河南省汝州市紙坊鄉陶村人，著名中醫外科大師，曾任河南省自然科學協會中醫學會會員，紙坊衛生院黨支部書記，汝州市陶村中醫骨外科醫院院長。中共黨員，被選為汝州市人大代表，政協委員等職。

宋金庚一九四七年毅然參加人民解放軍，為軍隊醫療衛生事業做出了貢獻，一九五八年調入紙坊鄉衛生院工作，一九八零年退休後回鄉開設中醫骨傷科門診（宋氏金博大醫院的前身）繼續為民治病直到逝世。宋老先生從醫五十六年，患者來自國內二十六個省市及東南亞諸國，治癒病人28萬餘次例，其中治癒脈管炎骨髓炎二萬餘例，無一例截肢。宋老先生一生懸壺濟世、廣行善舉、一身正氣、胸懷坦蕩、倡導文明、淡泊名利。他把自己清貧之家僅有的生活費拿來買藥施人，做外科手術先在自己身上試刀，下了批鬥台便上手術台，拔掉自己身上的吊針去為別人治病。一度診所被查封，一打三反遭誣陷。他廢寢忘食、忍辱負重、不顧病痛治好了千萬人的病卻拖垮了自己，乃至獻出了寶貴的生命。雖九死而不悔，堪為後世楷模。

第一幕：帶病出診

場景：宋金庚中醫骨傷科門診
人物：大兒媳、宋金庚、宋金庚老伴

【宋金庚從外風塵僕僕趕來。

旁白：一個冰凍雪封的早晨，宋金庚的大兒媳趕往陶村請他出診。而此時的宋金庚已患有嚴重的胃病。

大兒媳：爸，我有一朋友的父親患病很重您方便出診去幫他診治一番嗎？

宋金庚：既然人家病重那我就去看看吧，走吧，等我換套衣服我們就動身吧。（說著轉身回屋換了套衣服拿了毛巾就準備走）

宋金庚老伴：哎哎哎……你幹嘛去啊，身上病還沒好，這冰天雪地的你就不會改個時間再去？（急忙攔著要出行的兩人）

宋金庚：人家病重等著我治呢，我這是老毛病了，不打緊，你就別擔心了。（說著就往外走）

【天冷的出奇，小轎車在一條白練似得冰路上緩緩前行，左右溜滑上下顛簸，宋金庚的胃也難受起來，隱隱作痛的他用手巾捂住嘴在默默堅持著，手巾沾上了淡淡紅色。

大兒媳：爸，您沒事吧？要不我們先回家吧，等天氣好了再去出診。

宋金庚：誒，這怎麼行，病人在家比我難受多了，我沒事，再堅持一會就到了。

【車到朋友家中已經是下午一點多了，宋金庚顧不上吃飯為病人診治，等到結束天都快黑了，吃了頓便飯宋金庚便和兒媳回到了郊縣兒子家。

第二幕：重返診所

場景：宋金庚大兒子家

人物：宋金庚、宋兆榜、病人甲、大兒媳

【宋金庚在大兒子家住了一夜，第二天就準備回陶村。

宋金庚：兒啊，我也休息一晚了，不如今天送我回陶村吧，家裡不少病人還等著我哩。

宋兆榜：爸，來一次縣城不容易，我帶你去我們診所看看再回去吧。

宋金庚：額……說的也是，那我就回診所看看吧。

【在兒子的帶領下宋金庚來到他創辦的宋氏診所，聽說宋醫生回來了，附近集市裡趕來不少病人。

病人甲：宋醫生，正準備到老汝州找您看病，聽說您來了，真是幸運。

病人們：宋醫生這次回郟縣要多住幾天啊……

宋金庚：好好好，感謝大夥的抬舉，有時間我一定多住幾天，我們現在先看病吧。

旁白：整個上午，宋金庚看了12個病人，中午吃過飯，他再次提出要回陶村。

宋金庚：兆榜，下午送我回去吧，家裡還有很多事呢。

大兒媳：爸，你來了就多住幾天，我和兆榜領你到醫院把胃病好好治一下。

宋金庚：我有啥病心裡清楚著呢，胃病這老毛病沒啥大的事，再說家裡不少病人還等著我回去哩。

大兒媳：這可不行，家裡還有兆普哩，您就放心歇幾天，病情不能耽誤。

宋金庚：不行，我得早點回去，兆普一個人忙不過來，我這老毛病真沒事。

旁白：在他的再三堅持下，兒子兒媳只好送他回陶村。

第三幕：夕陽西下

場景：宋金庚中醫骨傷科門診

人物：宋金庚、眾病號、宋兆普、宋兆榜、宋金庚老伴

【歲月的巨輪攜帶者春天的氣息，呼嘯的把我們帶到1996年的春節，喜愛懷舊的宋金庚仿佛又看到了那飛逝而去的73個傳統佳節的燭光。又一個春節來臨了。病魔纏咬著他，他已預感屬於自己的歲月不多了，但他萬萬沒想到，這竟是他漫漫人生中最後一個春節！像往常任何一個除夕一樣，宋金庚來到病房看望病人。

宋金庚：春節的東西準備的怎麼樣了？出門在外不容易，缺啥少啥儘管說一聲。

病號甲：宋醫生，您儘管放心，年貨都準備好了。

病號乙：現在生活水準提高了，其實天天和過年一樣……

病號丙（指著做好的皮凍、油炸花生米說道）：多謝宋醫生的關懷。別看是住院，你看，像在家一樣，我們準備好多菜了。

病號丁：你看，宋醫生，明早的餃子都包好了，萬事具備，只差張嘴吃了！

宋金庚：那就好啊，那就好啊……大家晚上好好過個春節，我去隔壁房間看一下，你們先聊著吧。（慢慢走出病房）

旁白：宋金庚滿意著走出病房，大院裡燈火通明，一派祥和的氣息。夜風吹著突然他感覺胃裡一陣尖疼，他連忙用手使勁按住胃部……

【正月初三宋金庚又開始坐診看病了，初四夜裡他胃疼加劇，直哼了一夜，老伴陪著落淚，兒子開的西藥服下也不見效果。

宋兆普：明天必須進城看病，不能再拖了。

宋金庚：大「破五」的，節還沒過完，到初六再說吧。

宋金庚老伴：兒說的對，你這病不能再拖了，讓兆普送你去看病吧。

宋金庚：我這不還沒死嗎？說了我沒事，等初六再說吧。

旁白：眾人拗不過，只好聽他的。

【初六，在城裡工作的大兒子、兒媳來陶村接他去醫院檢查看病，宋金庚看著遠道而來的十多個病人，又打消了進城看病的念頭。

宋金庚老伴：你爸可病的不輕，春節到現在吃不下飯，白天堅持看病，到夜裡一夜不停地哼叫，不能再聽他的，快把他送到大醫院治病吧。

宋兆榜：爸，媽說的對，你這不能再拖了，我帶你去大醫院吧，這些病人讓兆普看就好了，您自己的身體重要啊。

宋兆普：爸，哥說的對，這些病人就讓我來看吧，你

真的不能再耽誤了，趕緊跟哥一塊去醫院吧。

　　宋金庚：這怎麼行，兆普剛剛學會行醫不久，病人這個時候來肯定不是簡單的病，讓兆普一個人來應付我擔心治不好病人。我的命就是命，別人的就不是了？再說這裏還有十幾號人呢，忘記我說的話了，醫為民之奴啊，病人找上來了我怎麼能走呢？（說罷，毅然走回問診大廳）

　　旁白：這天下午，宋金庚暈倒在問診大廳……初七早上，一行人在門口等待著兒媳開車前來送宋金庚去醫院。

　　宋金庚：誒，大廳裡來了六個病人，你們怎麼不去接待啊？

　　宋兆普：是這樣的，爸，因為今天你去看病我們都準備隨你前去，所以打算把診所關幾天門。

　　宋金庚：這可不行，人家都來了，怎麼能這樣呢，來，讓我去看看。

　　孩子們：爸，求求你了，別再看了，一會兒車一來，咱就走啊……

　　宋金庚：人家大老遠來了，我給人看看再走，反正車還沒來。（說著人已經坐到診桌旁的椅子上了）

　　旁白：孩子們誰都不敢勸了，心裡捏著汗，怕說多了，他脾氣一來又不進城看病。宋老先生又開始為他一生中最後八個病人診治。他神情專注，病痛被拋到九霄雲外，大廳裡十分安靜，他崇高的人格在撼動著每一個人的心。一聲喇叭聲傳來，車已經到了，可還有最後一個病

人……

最後一個病人：老先生，您上車看病走吧，等您好了我再來找您……（熱淚盈眶的說道）

宋金庚：不打緊，很快的，我沒事（切脈的手開始顫抖起來）

旁白：老先生用毅力看完最後一個病人，為他一生五十六年的醫療生涯劃上了一個圓滿的句號。

【車子緩緩駛出陶村，誰也沒有料到這竟是宋金庚生命的最後一站。

中醫藥非遺類紀錄片的文化價值、審美意蘊與紀實藝術——以《本草中華第二季》為例

摘要：雲集將來傳媒出品的《本草中華第二季》作為一檔將中草藥生命輪回與中國人處世智慧有機融合的非遺類電視紀錄片，憑藉獨特的IP內容、詩意化的影像風格與前沿的後期編輯合成技術，為非遺類電視紀錄片的創新發展樹立了樣板典範：依託兼具娛樂性與文化性的IP內容故事化呈現中醫藥的文化價值；應用詩意化的色彩、場景、影調等造型元素詮釋中醫藥非遺文化的精髓之美；通過拍攝、剪輯、配樂等強大的聲畫合成技術真正實現了紀實性與藝術性的高度統一。

關鍵詞：本草中華第二季；電視紀錄片；非遺；中醫藥

非遺類電視紀錄片是以傳承和保護非物質文化遺產為實踐目標，以紀錄片特有的鏡頭語言和影像風格將非遺文化的歷史脈絡、文化情懷和美學意蘊直觀地呈現給觀眾，最終喚起觀眾對非遺文化的情感認同與價值認同⊖。自《了不起的匠人》《即將消逝的文化印記》《河海和他的于家班》等小眾題材的非遺紀錄片風靡電視螢幕以來，我國紀錄片製作人便一直在探索以更為寫實的攝製手法來挖掘其

背後蘊含的民族精神文化：一方面，深入探尋非遺文化在
人類學、民族學、語言學等方面的文獻價值，促進非遺的
民族性、傳承性、活態性等特徵能夠與電視媒介實現全域
融合。另一方面，持續創新融情于景、寓情於事的敘事策
略，使非遺類電視紀錄片既能夠真實記錄非遺的深層文化
內核和整體文化概貌，又可讓觀眾在視覺盛宴中細品非物
質文化遺產的深邃魅力。可見，非遺類電視紀錄片創作的
價值絕非對非遺文化淺層次地再現、保存與傳承，而是以
最真實、最貼近人心的呈現方式來詮釋民族精神、民族智
慧與民族歷史。

　　《本草中華第二季》是由雲集將來傳媒公司攝製出
品，林潘舒執導的中醫藥非遺電視紀錄片，該劇共包括
《輕重》《進退》《黑白》《剛柔》《新陳》《甘苦》六
篇，邀請「國藥泰斗」金世元教授為學術總顧問，通過中
醫藥非遺項目傳承人個人形象與內心的刻畫，全景式展現
了人與人、人與中藥、中藥與社會間密不可分的關系，讓
觀眾真切的領悟到中醫藥非遺所承載的「大醫精誠」民族
精神，在中醫文化自省中對生命的價值和意義進行哲思。
作為一部以傳播中醫藥非遺文化、炮製技藝為己任的電視
紀錄片，其核心價值定位在於「呈現文化價值、渲染審美
意蘊、真實素材記錄」，並強調運用聲畫蒙太奇式的詩意
表達、平民化的敘事視角與故事化的影像風格來增強作品
的知識性、趣味性與思想性㊀。正如中國電視劇製作產業協
會會長尤小剛所言，《本草中華第二季》全面析出了中醫

藥非遺專案傳承人的工匠精神及其蘊含的民族文化價值，使觀眾的注意力從器物層上升至思想層。本文通過對《本草中華第二季》的文化價值、審美意蘊與紀實藝術進行案例研究，從敘事策略、聲畫運用與紀實手法三個方面來認識作品在傳承中醫藥非遺文化中的重要作用，以期為同類型作品的創作實踐提供鏡鑒。

一、《本草中華第二季》的文化價值呈現

《本草中華第二季》以增強觀眾對中醫藥非遺文化的價值認知、情感認同與精神認同為價值主張，以平民化的敘事視角、故事化的影像風格、音畫的詩意表達讓觀眾得以沉浸式體驗中醫藥非遺文化的之美、之神、之精。

1. 平民化的敘事視角展現人文關懷

平民化的敘事視角是指基於普通人的第三人稱敘事角度，引領觀眾走進人物內心去真實感悟其生活細節，進而實現情感的交織與傳遞。利用平民化的敘事視角展現人文關懷，就是通過挖掘主人公日常生活空間背後的深刻人性，揭示其所承載的人文精神㊀。《本草中華第二季》便採用平民化的敘事視角淋漓盡致地展示出中醫藥非遺文化的主旨和靈魂，並主要從兩個方面來強化觀眾對中醫藥非遺文化價值的關注。一是運用平民化的敘事視角來回歸中醫藥非遺文化的人文性本真。如第一集《剛柔》以真實記錄益安寧丸傳承人何國軍的真實生活狀態為出發點，通過主人公旁白敘述的形式引出益安寧丸繁瑣複雜的製作流程

與近乎苛刻的加工標准，生動形象地展現了老一代中醫藥師對制藥信仰的忠誠堅守——儘管生活的壓力和手工制藥成本讓何國軍幾乎傾其所有，但這並未撼動益安寧丸在其內心深處的情感地位，一生專注於傳承製作益安寧丸老技藝。二是真實再現了中醫藥非遺文化的人文關懷。即將拍攝者與被攝對象融為一體，拉近大眾與中醫藥非遺傳承人間的心理距離，有力引導受眾的情感走向。如第三集《黑白》尋找到一位82歲的迪慶藏香傳承人巴爾機，大量運用特寫鏡頭展現佈滿皺紋的老人如何嚴格遵循采藥、水磨、成型、陰乾等古法制作技藝，將受眾潛移默化地帶入到非遺傳承人的心靈世界。可見，《本草中華第二季》將民族文化精神與靈魂保存在老一輩中醫藥製作匠人的舞動雙手中，「傳」的是瀕臨斷層的民族制藥技藝，「承」的是歷史積澱下的絢麗民族文化。

2. 故事化的影像風格串聯情感和文化

美國著名電影評論家邁克爾・拉畢格在《紀錄片創作完全手冊》指出，故事化的影像風格是藝術化呈現原始素材，將情感和蘊含的文化資訊融於故事化攝製手段之中的一類紀錄片敘事技藝。《本草中華第二季》多處採用了故事化的影像風格來細膩的刻畫中醫藥非遺傳承人的內心情感和命運走向，使我國傳統的中醫藥文化隨著傳承人情感的微妙變化深入觀眾心中。一方面，從看似平淡的生活片段中提煉精華題材，通過對情節設置懸念、故事化呈現情感、細節與節奏深度融合等方法，來反映蘊含的真情實

感。如第四集《新陳》便採用故事化影像風格，生動展現出「王氏保赤丸」創始人王綿之在藥物炮製方面無人可及的成就和第九代傳人顧萬霞在中醫藥傳統文化方面的造詣，通過對顧萬霞傳承藥物加工技藝的內心情感和對王綿之中藥研發道路的交叉式敘述，賦予了整部作品豐富的情感溫度。如在講述顧萬霞準備藥物炮製的複雜工序時，利用特寫鏡頭細膩地呈現出「母丸過濾」「藥粉蒸餾」「泛丸」等古法技藝，並與接下來顧萬霞認真翻看祖上記載的文字資料特寫鏡頭相呼應，丰韻詮釋出顧萬霞對中醫藥事業的熱愛。另一方面，故事化處理傳承人與中醫藥間的關聯關系，增強作品的可看性與可讀性。如採用故事化處理的攝製敘事手法將「王氏保赤丸」的古法「層層上粉」技藝與現代一體化丸劑上粉工藝串聯起來，鮮活地傳遞出一代代傳承人在中醫藥研製道路上追求卓越、堅定不移的內心情感。

3. 音畫的詩意表達詮釋中醫特色文化價值

《本草中華第二季》高度重視對聲音與畫面進行蒙太奇式組合加工，在增強解說詞藝術性的基礎上，綜合運用鏡頭、構圖、光線等視聽元素引導觀眾去真實感受藏於鏡頭背後的中醫藥文化。第一，通過富有情感的解說詞、同期聲與民族音樂，來烘托出濃厚的中醫藥文化氛圍。首先，作品大量運用了極具感染力的解說詞來增強觀眾的場景代入感。《本草中華第二季》的每集開篇均插入了通俗易懂、情感豐富的解說詞，確保觀眾能夠以一種參與者的

角度去感悟中醫藥非遺專案的歷史發展脈絡與民間社會地位，進而完美地融入中醫藥傳承人日常制藥的時光點滴之中。其次，為增強作品的煙火氣，該片在客觀記錄的基礎上原汁原味的展現了中醫藥傳承人勞作現場的人聲與環境聲，讓觀眾得以心無旁騖欣賞流轉在傳承人手中的時光，感受中醫藥非遺特色文化帶給人的內心寧靜與安逸。最後，作品根據主題的需要針對性地添加了富含地域文化的歌曲、民族特色樂器彈奏、主觀性的民族音樂，使觀眾的情緒能夠與中醫藥非遺傳承人同頻共振。第二，通過富有張力的鏡頭、富有美感的構圖、富有韻味的光線等視聽元素來凸顯畫面美感，讓觀眾能夠深刻感受到蘊藏於中醫藥非遺文化背後的文化意蘊與民族精神。如作品靈活運用特寫、近景、中景、遠景、全景等鏡頭語言來營造畫面的立體空間感，為觀眾直觀地呈現中醫藥非遺傳承人恪守傳統制藥技藝、遵循古法炮製原理等勞作場景；採用對稱式構圖、框景式構圖等構圖方式形象地圖凸顯出中醫藥非遺專案的莊嚴美和典型美。通過側光和逆光等光線拍攝技巧來渲染整個攝製場景空間氛圍，提高紀錄片的觀賞性與藝術性。

二、《本草中華第二季》的審美意蘊呈現

　　《本草中華第二季》通過創作者的求美之心來探尋中醫藥非遺項目人文美、利用獨特的畫面造型詮釋中醫藥非遺項目的藝術美、基於先進的後期剪輯合成技術升華中醫

藥非遺專案的精神美。

1. 利用求美之心探尋中醫藥非遺項目人文美

編導與創作者的求美之心在《本草中華第二季》的藝術創作過程中起著決定性作用：一方面，通過選取兼具藝術性、審美性與生活性的中醫藥非遺項目，有助於觀眾更為精准地把握作品的主題思想與選題立意。另一方面，對中醫藥非遺的文化內涵與歷史內涵進行深度挖掘，可讓觀眾更為直接地尋找到情感的共鳴處與歸宿點。《本草中華第二季》正是充分利用了求美之心對中醫藥非遺項目素材進行主觀藝術化處理，使整部作品充滿了人文氣息。第一，通過極具美學的鏡頭語言來凸顯人文關懷。如第五集《輕重》便聚焦小建中湯、六神曲、百合糕等中醫藥技師對生活、工作一絲不苟的神情態度——其言談和平常人並無二致，但他們所從事的日常工作卻延續了千百年。特別是在展現此類人群的日常工作時，其既可專心致志地審視中藥炮製的每一個環節，又能夠隨時發表內心感慨，使靜止的中醫藥被賦予了靈魂與溫度⑩。第二，在傳承原有民族特色的基礎上，注入活態的時尚美元素，一改觀眾對傳統中醫藥的固化認識。如第六集《甘苦》便展現了流傳一千年之久的「三白湯」與融合現代美容養顏訴求的「瓊玉膏」，通過移鏡頭與特寫鏡頭的配合使用，交叉講述了瀕臨失傳的保健類中成藥如何搭乘時代的順風車實現了鳳凰涅槃般的蛻變。

2. 以獨特畫面造型詮釋中醫藥非遺項目藝術美

　　東方衛視中心總監李勇在接受《亞洲紀錄片週刊》獨家專訪時披露，《本草中華第二季》通過獨特的畫面造型再造了中醫藥非遺精神文化的精髓之美，讓中醫藥非遺文化飛入尋常百姓家。可見，《本草中華第二季》並未延續單一造型元素的老路，而是通過多元化的造型元素，特有的鏡頭語言與動畫元素，來詮釋中醫藥非遺項目的藝術美。第一，綜合利用色彩、影調、場景等造型元素反襯作品的情感基調，讓觀眾深刻感受中醫藥非遺文化的內涵。色彩即影視畫面的明暗關系表現，影調是影視畫面明暗的整體趨勢走向，場景泛指影視作品創作的具體情境，《本草中華第二季》正是在色彩、影調、場景等元素的起承轉合中理性地呈現出作品的創作主題。如第三集《黑白》再現了巴爾機年少時不被父母理解的艱辛傳承之路：當父母得知巴爾機要遠渡他鄉學習藏香的想法時，立即對其大聲呵斥並給與否定，此時作品的色彩基調是由明變暗；巴爾機再次走進母親房間並懇求能夠得到准許時，影片畫面的色彩主體變為暖色，符合主人公此刻心懷希望的情感色彩。第二，採用具有視覺感染力的鏡頭語言讓觀眾在流動的影像下感受傳承中醫藥非遺文化的藝術魅力。如第四集《新陳》便通過具有美感的鏡頭語言為觀眾奉上展示中醫藥製作工藝細節的感官饕餮盛宴：阿膠丸的傳承人秦玉峰從未放棄過對古法熬膠的堅守與傳承，大量使用搖鏡頭來展現化皮、開片、掛旗、鍘皮等傳統工序，讓觀眾仿佛置身於現場隨著視點的移動去觀賞制膠工藝細膩的美感，勾

勒出極具藝術氣息的優雅格調與古典韻味㊄。

3. 利用合成技術升華中醫藥非遺專案的精神美

　　民俗學家烏丙安曾在《非物質文化遺產保護理論與方法》一書中著重推崇了後期剪輯合成技術對於彰顯非物質文化遺產的文化價值與審美意蘊的重要作用，認為「具有創新性的視頻剪輯方法不僅能夠給觀眾帶來視覺衝擊，還可提高作品質量並強化作品的藝術內涵」。《本草中華第二季》便綜合運用蒙太奇效應、虛實靈動組合等視頻剪輯手法升華了中醫藥非遺專案的精神美。第一，利用多元化的蒙太奇效應塑造中醫藥非遺文化的精神內涵。即通過巧妙多變的鏡頭銜接方式來最大化滿足觀眾的視覺訴求，引導觀眾從多角度去捕捉作品的主觀創作意圖與主題思想。如在第二集《進退》中，源於青海祁連山的額爾濟納河有釀造河之稱，阿拉善地區的中藥師傅陳思維利用額爾濟納河獨特的水質製作出擁有奇效的「肉蓯蓉散」：作品交叉運用特寫鏡頭與全景俯拍鏡頭來展現萃取肉蓯蓉精華的全過程，借助平行蒙太奇時空敘事手法讓觀眾在幾秒鐘的鏡頭內得以體驗藥物蒸煮數十小時的漫長過程。第二，通過虛實靈動組合手法來增強作品的主觀精神美。即採用虛實結合的情景再現鏡頭豐富作品的內容，使觀眾得以深刻洞悉中醫藥非遺傳承人的真實人生。如第四集《新陳》便將現實拍攝的片段與歷史資料重合插敘：情景再現了「王氏保赤丸」創始人王綿之在少年時就對中醫藥的濃厚興趣，鏡頭下的少年王綿之扮演者夜以繼日地學習古典中醫藥專

著的神情深深刻在了觀眾心中，不僅強化了觀眾對中醫藥歷史人物的情感認同，而且確保觀眾在細節中感受其所承載的匠人精神。

三、《本草中華第二季》的紀實藝術呈現

美國紀錄片大師埃羅爾·莫里斯指出，紀實性是電視紀錄片的本質屬性，在製作該類藝術片時要把握好紀實與藝術、娛樂與人文間的關系，最大限度釋放素材的歷史、美學與人文價值㉘。《本草中華第二季》便充分關照了紀實性與藝術性的平衡，並更為強調運用拍攝、剪輯等毫無違和感的藝術處理手法來強化作品的紀實效果。

一方面，拍攝的選擇性與素材的紀實性：提煉有效准確資訊。《本草中華第二季》的真實性首先在於對拍攝對象與作品素材的真實記錄，在確保事件、內容與人物的真實性基礎上，有所取捨地對其進行細細微性處理，進而提高了作品的傳播價值。首先，為避免作品落入「機械的影像文獻資料」的俗套，編創團隊秉承「以人物為載體、重點記錄與基本記錄相結合」的拍攝原則，從浩如煙海的中醫藥非遺素材中遴選具有典型性且發展過程扣人心弦的樣本，引導觀眾與主人公的情感產生共鳴。如僅《甘苦》一集前期積累的素材視頻總時長就超過了100小時，而在成片中並未出現一幀與主題毫無關聯的片段。這得益於創作者對原始資訊的高度敏感，既不放過任何有價值資訊，也不在日常活動、生活瑣碎上浪費寶貴的拍攝時間。其次，

始終站在旁觀的角度收集素材，極力規避通過干預人物行為來增強故事性的做法。如在進行《黑白》一集創作時，因為傳承人巴爾機年事已高和天氣惡劣等原因，致使拍攝日程一度被迫中止——但編創團隊並未打亂拍攝對象的生活勞作行為軌跡，而是在尊重事實的前提下冷靜客觀地記錄被攝對象的生活習慣與情感世界。

另一方面，情感的真實性與剪輯的寫意性：真實再現人物情感。鑒於非遺類紀錄片所呈現的主體是某項非物質文化遺產，因此其中人物對象間的對抗性與衝突性較弱，難免出現「真實有餘而意境不足」的問題。《本草中華第二季》靈活運用了樸實情感敘事手法與寫意化的剪輯風格，達到了「道是無情卻有情」的藝術境界。第一，通過無意識地隨手記錄來捕捉主人公的真情實感。導演林潘舒曾一語道破《本草中華第二季》的情感呈現邏輯：「不能為獲得觀眾流量而捏造人物情感，而應以情感的真實形態來闡釋生活、升華哲理。」如在《剛柔》一集對益安寧丸傳承人何國軍進行採訪時的畫面雖然多由並不精緻的鏡頭與雜亂的背景環境構成，但主人公在毫無粉飾的日常生活場景中娓娓道來的年輕時的辛酸往事，無不讓觀眾為之動情。第二，基於寫意性的剪輯思路來增強作品的故事性與觀賞性。《本草中華第二季》創新性地採用兼具節奏感與藝術性的剪輯手法，將不同時空的素材語料按照一定的邏輯進行有序組織，進而持續積累升華了作品的情感。如據該劇總監製袁雷披露，監製團隊曾經對作品Demo三易其

稿：在開篇概述中醫藥非遺項目的歷史與定義後，刪去了原稿中大量鋪陳宏大的解說詞，轉而靈活運用空鏡頭為觀眾留出消化前文知識點的時間，並輔以舒緩的輕音樂來消弭學理性的解說詞可能給觀眾帶來的乏味枯燥感，利於觀眾以輕鬆、舒適的心情進入到中醫藥非遺傳承人的情感世界中。

結論

中醫藥非遺類紀錄片作為保護傳承中醫藥非物質文化遺產的重要介質，對於全方位展現非物質文化遺產的價值旨歸具有不可替代的平臺作用。《本草中華第二季》為同題材電視作品的創新發展樹立了樣板：不僅通過回歸本真的平民化視角與蒙太奇式的影音風格呈現出中醫藥非遺項目的文化價值，而且憑藉獨特的畫面造型與強大的剪輯合成技術兼顧了紀實性與藝術性的平衡。但我國同類型紀錄片才剛起步，未來若能以《本草中華第二季》為藍本，利用最佳的敘事策略、聲畫元素與剪輯技術來更好地詮釋中醫藥非遺的內生性價值，定能夠讓中醫藥非遺文化再現蓬勃生機。

參考文獻：
㊀趙婷. 非遺題材紀錄片多元敘事策略研究[J]. 電視研究，2019（01）：60-62.
㊁本草中華第二季|百度百科[EB/OL]. [2020-1-5]. https：

//baike. baidu. com/item/%E6%9C%AC%E8%8D%89%E4
%B8%AD%E5%8D%8E%E7%AC%AC%E4%BA%8C%E5%AD
%A3/23535012? fr=aladdin#4.

㈢楊陽. 新媒體時代非物質文化遺產類紀錄片的傳播研究
[J]. 湖北民族學院學報（哲學社會科學版）, 2016, 34
（02）: 153-157.

㈣《本草中華》第二季回歸 講述我們與世界的相處之
道[EB/OL]. [2020-1-5]. http: //sh. people. com. cn/
n2/2019/0530/c134768-32995938. html.

㈤《本草中華》第二季: 在山河間, 解密「本草」的處
世哲學[EB/OL]. [2020-1-5]. https: //new. qq. com/
omn/20190618/20190618A0MU63. html? pc.

㈥徐愛華, 戴辰. 電視紀錄片傳播力模型的構建與實證分
析——基於「非遺」紀錄片的樣本分析[J]. 現代傳播（中
國傳媒大學學報）, 2016, 38（09）: 158-160.

（本文原載於《當代電視》2020年第8期）

中國古代蝗災述論——從對《大名縣志·祥異志》的研究看中國歷史上蝗災的若干特點

摘要: 蝗災, 與水災、旱災並稱為中國歷史上的三大自然災害。蝗災的研究早已引起學術界的關注, 但其研究多從通史、斷代史的角度去進行, 以全國範圍或某一大區域為切入點, 而對微觀地區的入手分析較少。本文將視點關注在歷史上蝗災較嚴重的河北大名地區, 通過對其縣志《大名縣志·祥異志》的分析, 總結歸納出中國歷史上蝗災發生的一些特點及由此反映出的生態、地理、社會等問題。

關鍵詞: 蝗災; 大名縣志; 特點

蝗災, 與水災、旱災並稱為中國歷史上的三大自然災害。蝗災的研究早已引起學術界的關注, 但其研究多從通史、斷代史的角度去進行, 以全國範圍或某一大區域為切入點, 而對微觀地區的入手分析較少。所以筆者將視點專門放在中國歷史上蝗災較嚴重的河北大名地區。本文詳細分析了其縣志《大名縣志·祥異志》中對蝗蟲的相關記載, 總結歸納出歷史上該地區乃至中國的蝗災發生的六個特點, 以及由此反映出的生態、地理、社會等問題。

1 蝗災發生的季節以夏秋兩季為多，夏蝗多於秋蝗，而六月為其高峰期

陳僅在《捕蝗匯編》中說蝗蟲「每年自四月至八月，能生發數次」㊀。《大名縣志‧祥異志》所載的蝗災起于漢武帝時，止於民國二十二年。蝗蟲食稼的季節，多為夏秋兩季，時間基本上集中在陰曆的4，5，6，7，8月，其中又以六月發生次數為最多，根據筆者統計，共14次。其它四個月蝗災次數基本以六月為中心而遞減：唐文宗「開成二年六月魏博蝗」，「五年六月河北蝗疫」；宋神宗元豐「三年六月河北蝗」，「五年六月河北蝗」；元世祖至元「八年六月大名蝗」；元泰定帝「泰定元年六月大名蝗饑詔發粟賑之」；明穆宗隆慶「三年六月蝗」；明莊烈帝崇禎「十七年六月蝗」；……㊁

表1 大名地區蝗災發生月份統計表

月份	一	二	三	四	五	六	七	八	九	十	十一	十二
次數	0	1	2	8	4	14	6	2	1	0	0	0

陸人驥曾詳細統計了歷代蝗災發生的月份，從表中可看出蝗災發生的月份主要集中于四至八月，以六月為峰值，高達76次㊂。勾利軍、彭展統計唐、五代蝗災發生的月份，得出的結論是蝗災發生的最高峰是5、6月份，其次是7、8月份。而其統計的數值峰值亦是在6月份，為10次㊃。楊旺生、龔光明所做的元代蝗災月份分佈表中，我們

286

亦可以看出元代蝗災主要發生在4月到8月的這五個月中，
其他時期發生的明顯較少，夏秋兩季發生的次數佔總數的
86%。最多是6月，其次是7月㊄。所以「蝗蟲最盛，莫過
於夏秋之間」㊀。

表2 歷代蝗災發生的月份統計表

月份	一	二	三	四	五	六	七	八	九	十	十一	十二	閏六月	閏七月
次數	1	4	8	28	38	76	61	28	8	3	1	5	1	1

（采自陸人驥《中國歷代蝗災的初步研究》）

表3 元代蝗災月份分佈表

月份	一	二	三	四	五	六	七	八	九	十	十一	十二
次數	0	3	2	18	26	46	38	22	3	2	2	5

（根據楊旺生、龔光明《元代蝗災防治措施及成效論
析》改繪）

夏秋兩季蝗患嚴重，原因何在？陸人驥認為，這「基
本上是與氣溫有關」㊂。楊旺生、龔光明認同陸氏的觀點，
認為這與蝗蟲本身的生長習性有關，蝗蟲的存在需要一定
的溫度條件㊄。馬世駿在《中國東亞飛蝗蝗區的研究》一
書中認為，東亞飛蝗蝗卵起點發育溫度為15℃，蝗蝻的起
點發育溫度為18℃，但整個生長期至少需經歷日平均氣溫

25℃以上的天數30個，方能完全發育與生殖㊟12。中國北方只有夏秋兩季可以提供適宜蝗蟲生活的溫度條件。其他季節雖然也會有蝗災爆發，但顯然因為溫度的限制而次數有限。故歷史上夏秋兩季蝗患也最為嚴重。

　　為什麼六月份蝗災爆發次數最為頻繁？有人認為，從昆蟲本身的一些生長繁衍特點去分析，蝗災的季節性明顯，一般發生在夏秋兩季。黃河中下游地區春旱少雨的大氣候環境正好孕育了第一代蝗蟲——夏蝗。夏蝗以4月中旬至6月上旬最盛，秋蝗以7月上中旬最盛，5——6月是夏秋蝗害並發的時期㊉。綜合上述特點，再輔以簡單的數學推理，則我們不難得出6月是蝗患最嚴重的時期這一結論。雖然筆者的這一觀點未必是最佳解釋，但應為較為可信的答案之一。

2 受災地點多在黃河中下游旱澇無常的沿河灘塗之地

　　歷史上大名地區的蝗災如此之嚴重，原因何在？是否中國其他地區也如大名一樣蝗災頻發？單看大名一地，我們可以直觀感受到該地的蝗災之烈，但還無法歸納出中國歷史上蝗災多發地點的分佈規律。若我們從更廣闊的區域著眼，再結合大名縣的地理、生態特點，則可以清晰地發現，歷史上中國的蝗禍幾乎都發生在黃淮海平原的沿河之地，即黃河、海河、淮河的主要流域。

　　官德祥認為兩漢時期受蝗災較重地區主要在今河南、河北、山東及山西等地，即所謂黃河流域的「瀕河地

區」。其中以長安和洛陽受蝗蟲破壞最多㊇。較之兩漢，魏晉南北朝時期的飛蝗活動區域有擴大趨勢，主要災區仍在黃河流域，冀州成為此期蝗災最活躍的地帶。蝗災北端到遼寧朝陽，南到長江流域，西達敦煌一帶㊉。唐時蝗災多發地遍佈河南道、河北道、關內道、河東道，其中的高發地帶均處黃河沿岸㊉。王培華統計元代北方蝗區的空間分佈時，將其分為六大區域，即環渤海區、環黃海區、永定、滹沱河泛區及附近內澇區、漳、衛河河泛區及內澇區、黃河河道區、運河河道區。這六大地區主要是黃淮海流域㊉。明清時期蝗災地區分佈極廣，從東三省到西南雲貴高原和四川盆地，從東南沿海的浙江、福建、臺灣直到西北的陝甘寧，再從北方的內蒙古到南方的海南島，處處均留下蝗蟲毀壞的痕跡。然而明清時期各地方的蝗災仍以黃淮海地區最為嚴重㊉。甚至直至解放後華北五省依然是蝗蟲爆發最厲害的地區，因此自1952年起，中國科學院昆蟲研究所先後在洪澤湖、微山湖、黃海蝗區、黃泛蝗區、河北大名蝗區設立工作站，開始全面調查研究㊉。縱觀整個封建時期和近現代，蝗災的頻發地區恰是一個以大名為圓心，以500──600公里為半徑畫出的圓形區域。這個圓形區域北至京津，南過淮河，東起山東，西達山陝，涵蓋了北部中國的黃淮海流域。蝗蟲選擇以大名為圓心的黃淮海流域來活動並得以爆發成災之原因，一言以蔽之，是因為該地區各種條件都適合蝗蟲生長。

表4元代蝗災地域分佈圖

省份	河北	河南	山東	北京	山西	安徽	江蘇	內蒙	陝西	浙江	遼寧	新疆	天津	湖北	湖南	甘肅	福建	江西	吉林
次數	76	70	54	23	18	26	31	8	13	9	6	2	1	7	2	1	1	3	1

（根據楊旺生、龔光明《元代蝗災防治措施及成效論析》改繪）

　　明代的徐光啟在論及蝗災的地域分佈時指出：「蝗之所生，必於大澤之涯……幽涿以南，長淮以北，青兗以西，梁宋以東之地，湖巢廣衍，旱溢無常，謂之涸澤，蝗則生之，歷稽前代及耳目所睹記，大都若此。若他方被災，皆所延及與其傳生者耳」㊹44。從中我們可以看出，蝗蟲發生區域是江河湖水漲落幅度很大的「涸澤」。清代陳僅更詳細描述了蝗蟲的潛匿之地：「蘆洲葦蕩、窪下沮洳、上年積水之區，高堅黑土中，忽有浮泥松士墳起。地覺微潮，中有小孔如蜂房，如線香洞。叢草荒坡停耕之地。崖旁石底，不見天日之處，湖灘中高實之地。」㊺蝗蟲作為危害農作物的一種害蟲，其繁殖場所主要在河邊、淤灘等旱溢無常的地方。參照譚其驤主編的《簡明中國歷史地圖集》，我們可以清楚地發現，自西漢至北宋黃河一直流經大名地區㊻。查閱《大名縣志》河渠志，我們還可以發現這裏也是漳河、禦河等中國歷史上較為重要的河流流

經之地。歷史上的大名一直是水害頻仍，根據筆者統計，該地兩千餘年來共發生水災176次（包括暴雨、河決氾濫導致的各種洪災）。上述流域一旦河水氾濫或河湖水勢漲落不定，就會形成大量的河灘地，蔓生蘆葦雜草，榛莽沒脛。這就為蝗蝻的滋生和繁殖提供了極為便宜的生長環境，從而成為蝗蟲肆虐的源地。另外，勾利軍、彭展將黃河中下游蝗災肆虐的原因歸結為其地形、氣溫與黃河流域的作物與植被等因素。她們指出，東亞飛蝗適宜生存的海拔高度一般在200米以下，華北平原中部的黃淮海平原和東部的山東丘陵，在地形上具備了發生蝗災的條件。黃河中下游的氣溫適宜于蝗蟲生存，尤其是春旱少雨的大氣候環境正好孕育了第一代蝗蟲。黃河中下游地區是小麥等農作物的重要產區，河患之後的河灘又是蘆葦生長的良好場所，這些都是蝗蟲喜食的食物[四]。總之，大名地區正處在這樣一個區域，它所在的黃河中下游流域有適宜蝗蟲生長的氣溫、降水、地形、植被、土壤等條件，所以造成了蝗災的頻發。

3 蝗災常伴隨水旱災害而生

造成黃淮海平原上述特徵的「罪魁禍首」，筆者認為，當是中華民族的母親河——黃河。黃河又以害河聞名於世，史載，自西元前602年至1949年的2500多年中，黃河下游因洪水決口氾濫達1500多次，平均三年兩次，有時一年之中甚至多次決溢；下游改道26次，曾出現過7個入

海口，涉及範圍北至津沽，南達淮河，約25萬平方公里④65。黃河氾濫引起的河湖淤塞，土地沙化，使黃河流域形成大片的榛莽沒脛、雜草叢生的河灘地。再加上黃河流域的旱災也十分嚴重，從西元前1766年至1944年的3710年間，有歷史記載的旱災高達1070次。其中僅清代的268年中，就有旱災201次⑤57。

　　一般認為蝗災是與旱災分不開的。「況蝗之為害，常與旱並」㊀。《大名縣志》災異志中旱蝗相伴的記載數不勝數，如：唐德宗「貞元元年河北蝗旱，米斗一千五百文。時大兵之後民無蓄積，死者相枕」；宋神宗熙寧「五年北京春夏旱，河北大蝗」，「七年春夏河北久旱，夏河北蝗」；元世祖至元「二年大名路夏旱蝗」；元成宗「元貞二年八月大名旱蝗」；明英宗「天順元年大名大旱。自上年冬至是年六月不雨，麥禾盡槁。詔免田租」，「二年大蝗」。……㊁正史中所載以旱蝗災連發為多，如：唐「貞觀二年六月，京畿旱蝗」④卷36《五行志三》；宋天聖五年「十一月丁酉朔，京兆府旱蝗」⑤卷62《五行志第十五》；明成化九年「八月，山東旱蝗」；明崇禎「十三年五月，兩京、山東、河南、山西、陝西大旱蝗」，「十四年六月，兩京、山東、河南、浙江大旱蝗」⑥卷28《五行志第四》。所以有人認為大旱之後必隨蝗災。

　　其實這種看法是不正確的。《大名縣志・祥異志》及正史中雖有不少蝗災發生於大旱之後的記載，但蝗災發生之前也不一定先有旱災，有時蝗災單獨發生，有時反隨水

災而至或水旱蝗交替：元順帝至正「十二年六月元城十一
縣水旱蟲蝗，饑民七十一萬六千九百八十口。詔給鈔十萬
定賑之」；清高宗乾隆「十七年三月大雨夏大蝗」；明
世宗嘉靖「十五年三月大雨雪，秋大蝗，食禾且盡」，
「三十四年春旱麥禾盡槁，六月大水蝗蝻生……」；民國
十八年「七月初旬淫雨為災，漳禦河溢，飛蝗又起」……㈡
對此現象，我們不得不從昆蟲學的角度進行分析。馬世駿
在《中國東亞飛蝗蝗區的研究》中寫到：「根據試驗，初
卵化的幼蝻不能在低於35%相對濕度發育，過幹的土表不
適於飛蝗產卵，已產在土內的蝗卵如無適量的水分供給也
不能正常發育，……」㈥16從中我們可以發現，適度的旱有
利於蝗蟲的生長，過度的旱不利於蝗蟲的生長。所以，馬
世駿認為除卻旱災外，水災亦與蝗災相關聯，水旱交替，
使沿河、濱海、河泛及內澇地區出現許多大面積的荒灘或
拋荒地，直接形成了適於蝗災發生並猖獗的自然條件。筆
者統計《大名縣志》災異志中水災176次，旱災115次，
蝗災78次，而其中蝗災伴隨水、旱災而生的多達61次。
這充分證明了水災、旱災、蝗災三大自然災害之間的密切
聯繫。若某年發生嚴重水患，第二年又接著發生旱災，則
此情景下極易發生蝗災，甚至是連續性的蝗災。歷史上黃
河流域在大水氾濫後經常發生嚴重的旱災。水旱災的交替
發生，極易形成蝗蟲發生並猖獗的自然地理與生態條件，
且這種條件若持續數年不變，則數年之間，蝗災也極有可
能連發。如20世紀40年代，豫東黃泛區內蝗災連年發生，

1941──1947年間，泛區每年都有蝗災發生，即使是同一縣份，也常常是連年遭災㊉。

4 蝗災破壞性大，受災面積廣闊

蝗災引起的最直接也是最嚴重的後果，便是蝗蟲食盡百姓莊稼，造成饑荒。蝗災讓農作物減產乃至絕收，致使人民忍饑挨餓、背井離鄉、賣兒鬻女甚至人相食！《大名縣志・祥異志》中對此記載不勝枚舉：唐德宗「貞元元年河北蝗旱，米斗一千五百文，時大兵之後民無蓄積，死者相枕」；元順帝至元「十二年六月元城十一縣水旱蟲蝗，饑民七十一萬六千九百八十口」；宋真宗景德「九年六月河北蝗蝻滋生，食田殆盡」；明世宗嘉靖「十九年旱蝗傷稼，民大饑」，「二十年大旱饑。自春至夏五月乃雨。人相食。飛蝗蔽天」；明神宗萬曆「四十四年七月旱蝗蔽野，食禾殆盡」；明崇禎「十三年旱蝗，大饑疫，斗粟值一千四百錢。鬻妻賣子者相屬，人相食。命官賑濟」；清高宗乾隆「十七年三月大雨，夏大蝗。積地盈尺，禾稼食盡……」；民國「十八年春三月蝗蝻生，二麥春苗均被害。……（蝗蝻）生城西及西北一帶最甚。蠕蠕如蟻，方寸地能積數百。所過春苗一空。遇麥則緣莖上，食其穗」……㊀

正史中對蝗災規模及破壞慘烈之描述亦可謂不絕于史：唐「興元元年秋，螟蝗自山而東際於海，晦天蔽野，草木葉皆盡」；唐「貞元元年夏，蝗，東自海，西盡河、

隴，群飛蔽天，旬日不息，所至草木葉及畜毛靡有孑遺，餓
饉枕道，……」⒧卷36《五行志三》；宋大中祥符「九年六月，京
畿、京東西、河北路蝗蝻繼生，彌覆郊野，食民田殆盡，入
公私廬舍」；宋寶元「四年，淮南旱蝗。是歲，京師飛蝗蔽
天」；宋崇寧「三年、四年，連歲大蝗，其飛蔽日，來自
山東及府界，河北尤甚」⒤卷62《五行志第十五》；明天啟「五年六
月，濟南飛蝗蔽天，田禾俱盡」……⒥卷28《五行志第四》

　　飛蝗所過，往往寸草不留。故徐光啟在比較水、旱、
蝗三災時說：「凶饉之因有三：曰水、曰旱、曰蝗。地有
高卑，雨澤有偏被；水旱為災，尚多倖免之處，惟旱極而
蝗，數千里間草木皆盡，或牛馬毛幡幟皆盡，其害尤慘
過於水旱也。」⒧卷44康熙皇帝感慨蝗災「其為災在旬日之
間」，「夫水旱固所以害稼，或遇其年，禾稼被隴，可冀
有秋。乃蝗且出而為災，飛則蔽天，散則遍野。所至食禾
黍，苗盡複移」⊝。值此夏耕秋收的重要農時，農田往往
被飛蝗一掃而空，「當時是，農夫之血汗已竭，一過而靡
有孑遺；芒種之節候已逾，百穀則莫能栽補」。「煢煢小
民，何以堪此」⊝? 我們難以想見這對以農立國的中國會是
多麼大的打擊。這不僅僅是在摧毀農民一年來的心血，更
使得整個地區的人民面臨衣食無著的可怕境地。故明宣宗
感歎道：「民以穀為命，蝗不盡，則民何所望？」⊝

　　蝗蟲危害如此之大，一大原因是因為它善於群聚及遠
飛。史籍中我們經常可以看到「飛蝗蔽天」，「掩日」這
樣蝗蟲聚而遷飛的記載。蝗蟲的遷飛，意味著蝗災區域的

擴散和災害程度的加大。大名地區雖然地域狹小，其受災不足以反映蝗災的受災面積之廣闊，但其縣志中亦有不少「河北蝗」、「河北大蝗」、「河南北部蝗」這樣的字眼。這也在一定程度上反映出當時黃河中下游流域災區面積之廣闊。筆者認為，遍及河北全省或河南北部的蝗災以及單獨發生在大名地區的蝗災中也不乏某些蝗災是由境外遷飛而來的。另如唐朝前期淮南道沒有蝗災發生，而後期卻發生四次[四]；再如到了宋代，蝗災進一步南移至江蘇、浙江、安徽等地[五]；明清以後，災區更是遍佈祖國大江南北[七]。這些都應是黃河中下游蝗蟲遷飛擴散的結果。馬世駿把東亞飛蝗的蝗區分為發生基地、一般發生地和臨時發生地，又將蝗區的類型確定為沿海蝗區、濱湖蝗區、河泛蝗區、內澇蝗區。他認為東亞飛蝗的發生基地主要在沿海蝗區和濱湖蝗區，但一般發生地和臨時發生地則在內澇蝗區[八20]。這種群聚遷飛，使蝗蟲從原發基地一飛就是幾十上百公里，從而引發諸多地區甚至全國性的蝗災。

5 蝗災爆發從宏觀時間上看，越到封建社會後期災害越嚴重

《大名縣志·祥異志》所載的水、旱、蝗三大自然災害始于漢武帝時，止於民國二十二年。從時間範圍來看，共兩千餘年，幾乎涵蓋了中國封建時代及近現代。依筆者統計，在這期間，大名地區共發生蝗災78次，具體到各朝代，統計如下表：

表5 兩漢至民國時期大名地區蝗災記錄統計表

朝代	兩漢	魏晉南北朝	隋	唐	五代	宋	元	明	清	民國（至民國 22 年）
次數	1	1	0	5	0	16	12	28	10	5

　　由表5可以看出，兩漢至五代，大名地區的蝗災記載比較稀少，宋以後蝗災始多。可以說，自宋以降，蝗災始終是大名地區嚴重高發的自然災害。參照陸人驥《中國歷代蝗災的初步研究》中對歷代蝗災記錄的統計，大體亦可以得出類似結論，即兩漢至五代，中國的蝗災還不甚嚴重，宋以後，蝗災愈發嚴重◎。

　　需要指出的是，漢唐時期也是中國蝗災較為嚴重的時期，雖然不及後來的宋元明清，但也不應至於如《大名縣志》所載，該地區兩漢時期僅有一次蝗災。據陸人驥的統計，漢唐時期發生在境內的蝗災次數均在30次左右，然而這些災害大多數發生於京師附近，距離京師越遠的地區，記錄的可能性就越小。這與歷史文獻記載詳近略遠的特點不謀而合，即國都附近、人口稠密及交通便利的地方，蝗災可能及時報告，偏遠地區的災情就可能被遺漏◎。所以這個時期的蝗災爆發頻率，以長安和洛陽最高。大名地區也如其他地區一樣，面臨資料本身的局限性。不過因為其所處黃河中下游地區是當時中國的經濟發達區域，故方志資料較為健全，尤其到封建社會後期，資料之翔盡，還是有利於後人對該地區的自然災害進行研究。

　　為什麼越到封建社會後期，大名縣或整個中國的蝗災

會越來越嚴重？除去我們的後期歷史記載比早期歷史記載資料更豐富這一原因外，筆者認為最主要的原因是，黃河的中下游區域，即黃淮海平原生態環境的日漸惡化。從一些歷史記載中我們可以得知，早年的黃河流域氣候比今天優越得多。那時，亞熱帶的北界在秦嶺、淮河一線以北，黃河流域的部分區域還屬於亞熱帶，氣候溫和濕潤，雨量充沛，光照時間較長，恰當的溫度和降水量，使得華北地區植被豐富。可以肯定的是，那時有比現在多得多的森林。然而隋唐以後，人類對自然環境的破壞越來越嚴重，人為破壞是造成黃河流域森林減少的主要原因⑳40。譚其驤將黃河歷史「分成唐以前和五代以後前後兩期，指出黃河在前期決徙次數並不很多，基本上利多害少，只是到了後期，才變成決徙頻仍，有害無利，並且越到後來鬧得越嚴重」㊀1。究其原因，是因為自隋唐以後位於黃河中游的山陝峽谷流域和涇渭北洛上游二地區被大量開墾，造成此二地水土流失嚴重，而這兩個地區土地利用情況的改變，直接嚴重影響到黃河下游的安危㊀9。故唐後期以後，北方自然平衡機制破壞，氣候災害更加頻繁，黃河流域生態平衡被打破，黃河農耕文明處於顯著衰退中。在此背景下，北宋以後，一方面包括大名地區在內的黃淮海平原逐漸失去了全國的經濟重心地位，而且隨之失去了政治、文化中心地位；另一方面，生態環境的持續惡化，卻帶來蝗災的日漸頻繁。蝗災的爆發，受到自然環境多種因素的影響，中科院動物研究所研究員陳永林認為，蝗蟲產卵至少需要以

下三大條件：一是要有荒地。二是土地上要有空隙。植被
覆蓋率超過80%，就會使蝗蟲無處產卵。三是18%-20%
的土壤含水量是蝗蟲產卵適合的濕度。水位穩定是不發生
蝗災的第一關鍵因素，因為水位穩定就不會出現大面積的
荒地㊀。而五代北宋以來的黃河流域，植被日趨稀少，河
水氾濫無常，水、旱災害交替發生，使在沿湖、濱海、河
泛、內澇地區出現許多大面積的荒灘或抛荒地。這就具備
了飛蝗發生並猖獗的自然地理和生態條件。

表6 歷代蝗災記錄統計表

朝代	蝗災次數	資料來源
漢	30	1.《漢書·五行志》
		2.《後漢書·五行志》
三國至隋	28	1.《晉書·五行志》
		2.《魏書·靈徵志》
		3.《隋書·五行志》
唐	32	《新唐書·五行志》
五代	5	《五代史·五行志》
宋	87	《宋史·五行志》
元	119	《新元史·五行志》
明	60	《明史·五行志》

（采自陸人驥《中國歷代蝗災的初步研究》）

6 社會動亂之際，蝗災往往更為嚴重

縱觀《大名縣志·祥異志》所載的該地2000餘年的

蝗災史，可以發現這樣一種現象，即越是在一個王朝的末期，大名地區的蝗災爆發越是頻繁，其中大多還為連發性蝗災。如唐末、北宋後期、元朝後期、明朝後期均出現了持續數年的連發性蝗災，這些蝗災所造成的社會災難往往大於常年：

1. 唐文宗「開成二年六月魏博蝗」，「三年魏州大水．秋河北蝗，草木葉皆盡」，「五年六月河北蝗疫，除其徭。是月雨雹如拳，殺人及牛馬」。

2. 宋神宗元豐「三年六月河北蝗」。「四年六月河北蝗，詔免災傷疫錢」，「五年六月河北蝗」，「六年夏河北蝗」；宋徽宗「崇寧元年夏河北蝗」，「二年六月河決內黃，入禦河，灌大名。與徙徒役七千塞之。河北蝗，令有司酺祭」。「三年四月河北俱大蝗」。

3. 元文宗天曆「三年五月大名蝗，有蟲食桑且盡」，「至順元年大名桑麥災，蝗饑。賑給糧鈔」。「三年三月大名蟲食桑葉盡。五月大名路蝗」；元順帝至正「十二年六月元城十一縣水旱蟲蝗，饑民七十一萬六千九百八十口。詔給鈔十萬定賑之」。

4. 明神宗萬曆「三十三年四月旱蝗，六月大水」。「三十四年三月旱蝗，民饑。蠲賑有差」。「三十八年夏蝗，衛水潰範勝堤，匯大名縣，城外越三月不涸」。「四十四年七月旱蝗蔽野，食禾殆盡」。「四十八年旱蝗地震」；莊烈帝崇禎「十一年夏大蝗，飛揚蔽日，食禾殆盡」。「十二年四月旱，六月大蝗。飛揚散落，未幾，

蝻子復生，傷稼殆盡」。「十三年旱蝗大饑疫。斗粟值一千四百錢，鬻妻賣子者相屬，人相食。命官賑濟」。「十四年大旱飛蝗食麥，疫氣盛行，人死大半。斗米逾千錢。民饑，相互殺食。土寇蜂起，道路不通」。「十六年秋楠生」。「十七年六月蝗」。○

　　如果我們再結合同時期的正史作為參考，則發現其時的災變也非常繁多。持續性的蝗災每每發生在社會動亂之際，給該地區的人民帶來了災難性的後果，這當不是歷史的偶然。周楠在總結20世紀40年代豫東黃泛區蝗災爆發的原因時認為「蝗災頻仍固然受自然條件的左右，水旱等災害的影響，但其受災為害的嚴重程度，卻與當政者的統治密不可分。自然環境的外部條件，通過社會政治經濟結構才能發生影響。民國時期的政治腐敗、戰亂頻繁，經濟衰敗，文化落後，這些人禍與天災二者疊相交織，導致黃泛區蝗災得不到根治」㊉。我們在總結唐末、北宋末、元末、明末等朝代社會動亂時期的蝗災頻仍之原因時，似乎也可以套用這一結論。如唐代蝗災發生頻率與國家之亂關系密切，唐前期國家繁榮昌盛，政府對蝗蟲的防治十分重視，大大降低了蝗災的爆發頻率。唐後期因社會動亂不已，政府無力顧及蝗災，造成蝗災次數增加；又如有元一代，天災人禍始終不斷，尤其到元朝末年，政治的腐敗，農民起義的風起雲湧，使元政府只得對蝗災聽之任之，這大大加重了災情的嚴重程度。

　　另外，馬維強，鄧宏琴借鑒社會學中「社會控制」這

一概念來分析蝗災與政治的關系。他們研究了抗戰時期共產黨根據地的打蝗運動，認為執政者對老百姓的社會控制非常重要。在戰爭動亂和災害頻仍的背景下，要動員有牢固地方習俗和信仰的普通民眾支援抗戰，首先要求執政者有強大的社會控制能力，並能將這種能力轉化為對民眾的動員能力。共產黨在根據地的滅蝗運動之所以能取得成功，就與其強大的社會控制和動員能力密不可分⊖。借助馬、鄧二人的解釋，則我們不難理解為何當王朝衰落，政府已沒有強大的社會控制與動員能力之時，會有那麼多的天災人禍了.

綜上所述，從《大名縣志·祥異志》中的記載，我們可以發現蝗蟲爆發的時間以夏秋兩季為多，六月為其高峰期。蝗災爆發的地域範圍為大名所在的黃河中下游流域，具體地點多在沿河灘塗之地。蝗災常伴水旱災害而生，受災面積廣闊，破壞性大，且越到封建社會後期，越到社會動亂之際，蝗災的爆發越為頻繁，災情越嚴重。可以肯定的說，歷史上蝗災的這些特點都可以在大名地區得到具體的印證，正因為如此，自古以來大名一直是蝗害較為嚴重的地區，對大名地區蝗災做細緻的研究也就具備較高的現實意義。

參考文獻：
⊖ [清] 陳僅. 捕蝗匯編 [M] //李明海、夏叼方. 中國荒政全書：第2輯第4卷. 北京：北京古籍出版社，2003.

㈢張昭芹，程延恒，范鑒古，等. 中國地方誌集成・河北府縣志輯・民國大名縣志: 卷二十六・祥異志 [M]. 上海: 上海書店出版社，2006.

㈣陸人驥. 中國歷代蝗蟲的初步研究 [J]. 農業考古，1986，(1).

㈤勾利軍，彭展. 唐代黃河中下游地區蝗災分佈研究 [J]. 中州學刊，2006，(3).

㈥楊旺生，龔光明. 元代蝗災防治措施及成效論析 []. 古今農業，2007. (3).

㈦馬世駿. 中國東亞飛蝗蝗區的研究 [M]. 北京: 科學出版社，1965.

㈧周楠. 20世紀40年代豫東黃泛區蝗災論述 [J]. 中州學刊，2009，(2).

㈨官德祥，兩漢時期蝗災述論 [J]. 中國農史，2001，(3).

㈩章義和. 魏晉南北朝時期蝗災述論 [J]. 許昌學院學報，2005，(1).

⑪王培華. 試論元代北方蝗災群發性韻律性及國家減災措施 [J]. 北京師範大學學報 (社會科學版)，1999，(1).

⑫馬萬明. 明清時期防治蝗災的對策 [J]. 南京農業大學學報 (社會科學版)，2002，(2).

⑬陳永林. 蝗蟲為什麼能暴發成災? [J]. 人與生物圈，2005，(3).

⑭徐光啟. 農政全書 [M]. 長沙: 岳麓書社，2002.

⑭譚其驤. 簡明中國歷史地圖集 [M]. 北京: 中國地圖出版社, 1991.

⑮葛劍雄, 左鵬. 河流文明叢書・黃河 [M]. 南京: 江蘇教育出版社, 2006.

⑯葛劍雄, 胡雲生, 黃河與河流文明的歷史觀察 [M]. 鄭州: 黃河水利出版社, 2007.

⑰[宋] 歐陽修, 宋祁. 新唐書 [M]. 北京: 中華書局, 1975.

⑱[元] 脫脫. 宋史 [M]. 北京: 中華書局, 1977.

⑲[清] 張廷玉. 明史 [M]. 北京: 中華書局, 1974.

⑳譚其驤. 何以黃河在東漢以後會出現一個長期安流的局面 [M] ∥長水集 (下). 北京: 人民出版社, 1987.

㉑馬維強, 鄧宏琴. 回顧與展望: 社會史視野下的中國蝗災史研究 [J]. 中國歷史地理論叢, 2008, (1)

(本文原載於《邯鄲學院學報》2009年第3期)

北宋黃河泥沙的淤積及其危害問題初探

摘要：北宋時期是黃河氾濫決口的高峰期，由於歷史上黃土高原植被破壞嚴重，導致水土大量流失，黃河泥沙淤積。由泥沙淤積造成的黃河決溢改道對沿河農業造成了巨大威脅，給兩岸人民帶來了深重災難，而且還對汴河航運、政府財政產生了消極影響。文章考證了北宋以前及北宋時期黃河流域植被破壞的情況和由水土流失加劇導致的河沙的加速淤積，揭示出當時黃河屢決屢泛的根本原因及由此造成的嚴重後果。

關鍵詞：北宋；黃河；泥沙；淤積；危害

北宋時期是黃河氾濫決口的高峰期，已在學術界達成共識。因為宋時黃土高原植被已破壞嚴重，再加上宋人在黃河兩岸和西北地區對森林的大肆砍伐，致使水土大量流失而導致黃河泥沙淤積加劇。由於泥沙淤積的加劇，北宋時期黃河決溢改道的幾率大大增加。這對沿河農業造成了巨大威脅，給兩岸人民帶來了深重災難，而且還對汴河航運、政府財政產生了消極影響。雖然北宋政府竭天下人力物力從事治河賑災，但他們未能從根本上阻止泥沙淤積。終北宋一朝，河沙淤積始終是一個沒有解決的問題。

一、北宋黃河泥沙產生的淵源

北宋時期黃土高原水土流失嚴重，這一方面是由於宋以前長期以來人們對該地植被的嚴重破壞，另一方面也是由於宋人在該地區的大肆砍伐。因為植被的稀少，水土流失日益嚴重，黃土高原為黃河下游注入越來越多的泥沙。

1. 北宋以前黃土高原的水土流失情況

譚其驤先生在《何以黃河在東漢以後會出現一個長期安流的局面》一文中將黃河的中游分為三區。並在文中指出對下游水患起決定作用的是第一第二兩區，因為淤塞下游河道的泥沙，十之九來自這兩區。因此下游河道的泥沙淤積與否，「問題的關鍵就在於這兩區的水土流失情況。」○譚其驤先生所指二區，大體位於今黃土高原上。黃土高原位於我國西北地區東部半乾旱區，屬東南季風性氣候往西北大陸性氣候的過渡地帶，降水量小，蒸散量大，土壤水分虧缺嚴重。今人統計，黃土高原耕地面積為5. 12x106hm2，其中坡耕地佔到耕地總面積的75%以上，大於15°者近1／3，大於25°者近10%。60%的坡耕地耕層淺薄，保水、保土、保肥能力較差。而黃河泥沙中的90%都來自該區域。○正是由於其所處地理位置的過渡性、氣候變化的劇烈性、地形和地層的複雜性，使該地區植被稀少。黃土侵蝕的加劇，導致黃土高原水土流失嚴重，下游河床泥沙越積越高。不斷積高的河床，頻繁造成黃河的決溢改道。

對坡耕地的不合理利用，也加劇了侵蝕程度。由於歷

史上人類活動對植被的長期破壞，所以「黃土高原是世界上水土流失最嚴重的區域，也是我國生態環境最為脆弱的地區之一」㊀。自東漢明帝永平十二年（69年）王景治河成功後，新河道經歷了近600年的穩定期。這時期，由於來自黃河中游土地利用合理，泥沙顯著減少，歷史記載的下游決口僅有四次，且災情不甚嚴重。但自安史之亂後，許多農民為逃避苛政暴斂而逃出家園另墾荒地，他們利用政府規定的五年之內免稅的規定，期滿後就棄舊地擇新地，如此，則黃河中游的開墾面積不斷擴大。自唐中後期起，黃土高原上的農民陷入到越墾越窮、越窮越墾的惡性循環中，水土流失日益嚴重，沙地和沙漠擴大化。㊁唐中期以後，由於自然環境的惡化，水土流失的加劇，致使黃河水中泥沙越來越多，下游河床越積越高，黃河的決溢改道越來越頻繁。這也為入宋以後黃河的頻繁氾濫埋下了伏筆。

2. 北宋時期黃河中下游地區森林砍伐猖獗

關於北宋時期黃河中游水土流失加劇的成因，現代人有不同解釋，韓茂莉早先提出該地區幾十萬駐軍大量屯墾土地使黃土高原自然生態環境遭到破壞，水土流失嚴重。㊂劉菊湘指出北宋治河沒有看到黃河中游的水土流失是河患根本所在，不僅如此，還派出大批弓箭手在中游大肆墾荒，致使水土流失加劇，河床淤積越來越嚴重。㊃王尚義認為黨項等遊牧民族在鄂爾多斯及黃土高原北部的放牧活動，才是土壤荒漠化和下游水患加劇的根本原因。㊄儘管諸

人分析的角度不同，但他們均無一例外地認為，宋時黃土高原嚴重的植被破壞導致的水土流失是造成黃河屢決屢溢的重要原因。

　　黃河中下游黃土地帶的土壤，顆粒細、孔隙多、垂直節理發育、耐沖性差，遇水變成泥流，故黃河兩岸水土流失嚴重，以黃土所築的堤防並不十分堅固。宋人很早就採用堤上種樹的方法以穩固堤防。然而植樹護堤意識的具備並不能說明宋人執行的到位。事實上，筆者發現，宋人長期以來曾對黃河沿岸地區的森林大肆砍伐，史書所載的伐樹記錄不勝枚舉，且伐樹之巨令人唏噓。如宋人治河需要預備大量埽料，「舊制，歲虞河決，有司常以孟秋預調塞治之物，梢芟、薪柴、楗橛、竹石、茭索、竹索凡千餘萬，謂之 '春料'。詔下瀕河諸州所產之地，仍遣使會河渠官吏，乘農隙率丁夫水工，收采備用。」㊅政府為備治河的埽料而大量伐樹：天禧三年（1019年）河患，「即遣使賦諸州薪石、楗橛、芟竹之數千六百萬，發兵夫九萬人治之」㊅；河決商胡時，「凡科配梢芟一千八百萬」㊅。總計北宋沿河埽岸，共45個。每個埽岸，常年需備大量埽料，則每年「瀕河諸州所產之地」被伐林木數目極為巨大。除此之外，也有政府為堵塞決河而直接伐瀕河榆柳的，「仁宗天聖元年（1023年），以滑州決河未塞，詔募京東、河北、陝西、淮南民輸薪芻，調兵伐瀕河榆柳，瞷溺死之家。」㊅事實上，伐木密集的「瀕河諸州所產之地」不少位於今山西、陝西水土流失嚴重之地。此外，北宋在渭河上

游設置「采木務」，所伐之木專供開封。官僚貴族利用權勢，販運木材牟利。宋代還大建道觀，所需木料都采自陝西、山西、甘肅境內。在這樣的大背景下，西北森林毀壞嚴重。北宋中期時，陝北一帶已很難找到成材大木，麟州修固城池時，竟只能拿百姓家一扇門板代替，且再也找不出第二扇可以替換。由此可以想見當時西北地區森林砍伐之烈。㈦恐怕宋人也沒有意識到，他們的這種行為會為自己的國家民族帶來巨大的生命財產損失。

二、北宋時期黃河泥沙的淤積及後果

岑仲勉先生在《黃河變遷史》一書中，曾詳細統計了黃河在五代、北宋的河患次數，從中可以看到黃河決溢改道次數及危害程度，自五代至北宋有一個明顯上升加深的趨勢。譚其驤先生將黃河歷史分為唐以前和五代以後前後兩期，指出「黃河在前期決徙次數並不很多，基本上利多害少，只是到了後期，才變成決徙頻仍，有害無利，並且越到後來鬧得越嚴重」㈠。王尚義應用水患頻率五年滑動平均數法，分析唐、五代、北宋510年間黃河下游水患發展過程，指出唐代水患已經在發展中，初唐較安靜，中唐趨於嚴重，發展到晚唐、五代相當嚴重，至北宋連年決溢，一發不可收拾。[5]可見長期以來，學術界對北宋時期是黃河決溢氾濫的高峰期這一觀點已達成共識。由於華北及西北地區生態環境的持續惡化，黃河兩岸水土流失嚴重，黃河泥沙淤積加劇，故自宋之後，黃河的水患便再無停

歇。從相關歷史記載來看，北宋時期黃河下游泥沙淤積極為迅速，並由此造成黃河氾濫改道的頻繁。日甚一日的河患，給北宋政府和人民帶來災難性的後果。

1. 北宋時期黃河泥沙淤積的加劇

黃河「東出三門、集津為孟津，過虎牢，而後奔放平壤」⑥，進入華北大平原後，由於其下游河道寬淺散亂，水勢平緩，於是由中游攜帶的大量泥沙，就會因水流減緩而沉積下來。「且河遇平壤灘漫，行流稍遲，則泥沙留淤。」⑥由於河床的不斷抬高，形成下游的懸河，因而從古至今黃河在不斷的決口、氾濫，改變著它的河道。根據現存歷史文獻記載，黃河在1949年以前的3000年間，其下游決口氾濫至少1500餘次，較大改道近30次，最重要的改道有六次。洪水波及的範圍，北至海河，南至淮河，縱橫25萬平方千米⑦。具體到北宋，其黃河下游的決口氾濫有80次左右，幾乎每兩年一次⑧。河道四次遷徙，而宋仁宗慶曆八年（1048年）商胡埽大決口形成的黃河改道被認為是黃河歷史上的第三次大改道⑨。黃河「自有文獻記載以來，尤其是唐宋以後，經常發生決口氾濫，以致改道；甚至有時在其中下游地區形成多股河道」⑩。難怪韓茂莉感歎：「北宋時期黃河下游的水患，在整個黃河史上也是最嚴重的一個時期……」⑪而當我們追根溯源時，則發現這一切主要都是由黃河下游泥沙淤積過快造成的。換言之，正是唐宋以來泥沙淤積速度的加快，導致下游河床高懸地面，故而水患嚴重乃至不可收拾。雖經宋人「竭天下之力以塞之」，

卻依然是「屢塞屢決」㈧，「而黃河下游一、二千里的河床，遂致屢屢遷移。」㈨

　　黃河因攜帶大量泥沙而變得渾濁不堪。王莽時，大司馬史長安張戎言：「河水重濁，號為一石水而六斗泥。」㈩宋朝時黃河「河流混濁，泥沙相半」⑪。正是因為黃河自古以來多泥沙，故其下游的淤積、河床的抬高只是遲緩的問題。通過歷史文獻的記載，我們發現宋時黃河下游泥沙淤積、河床抬高速度始終處在較高的水準上。如歐陽修在陳述橫隴故道不可復時給出的理由是「天禧中，河出京東，水行於今所謂故道者。水既淤澀，乃決天臺埽，尋塞而復故道；未幾，又決于滑州南鐵狗廟，今所謂龍門埽者。其後數年，又塞而復故道。已而又決王楚埽，所決差小，與故道分流，然而故道之水終以壅淤，故又於橫隴大決」。因為泥沙沉積過快，「是則決河非不能力塞，故道非不能力復，所復不久終必決於上流者，由故道淤而水不能行故也。」⑫遺憾的是，北宋政府並未聽取歐陽修的建議，于嘉祐元年四月壬子朔，塞商胡北流，入六塔河以回橫隴故道，然而「不能容，是夕復決，溺兵夫、漂芻槀不可勝計」。許多相關人員受到嚴厲處罰，「由是議者久不復論河事。」⑬而在徽宗朝建中靖國元年，尚書省曾報告：「自去夏蘇村漲水，後來全河漫流，今已淤高三四尺，宜立西堤。」⑭僅僅一年時間，河床抬高三四尺，由此可知泥沙淤積之速。北宋時「河勢高民屋殆逾丈矣」⑮，過快的泥沙淤積和河床的抬高，會加大上流決溢的風險。因為「淤常先

下流，下流淤高，水行漸壅，乃決上流之低處，此勢之常也」㊅。熙甯年間文彥博曾擔憂「德州河底淤澱，泄水稽滯，上流必至壅遏。又河勢變移，四散漫流，兩岸俱被水患，若不預為經制，必溢魏、博、恩、澶等州之境」㊆。事實證明，文彥博的擔心不是沒有道理的，北宋相當一部分黃河的決溢即因此而產生。

宋時黃河攜帶的泥沙之巨，也可以從對汴河的一些記載中得到反映。宋代的汴河「橫亘中國，首承大河」㊇，航運主要依靠引黃河水濟汴，且只有黃河水量足以保證河道通航。由於黃河水含沙量大，使得汴河的淤積也相當嚴重。王安石曾說：「舊不建都，即不如本朝專恃河水，故諸陂澤溝渠清水皆入汴。諸陂澤溝渠清水皆入汴，即沙行而不積。自建都以來，漕運不可一日不通，專恃河水灌汴，諸水不得復入汴，此所以積沙漸高也。」㊉由於黃河攜帶大量泥沙，造成汴河河床淤積嚴重，航運問題日益凸顯，如「嘉祐六年，汴水淺澀，常稽運漕」㊊。隨著時間的推移，汴河河床也漸漸抬高，以致至仁宗時出現「河底皆高出堤外平地一丈二尺餘，自汴堤下瞰民居，如在深谷」㊋這樣的地上河現象。為了有效地清理泥沙，政府於每年的河流斷流之時人工清淘河床。每遇春首，「發京畿輔郡三十餘縣夫歲一浚。」㊌後來改為三年一浚。仁宗皇祐四年（1052年）設置了河渠司，這是專門負責清浚汴河的機構，「河涸，舟不通，令河渠司自口浚治，歲以為常。」㊍嘉祐三年（1058年）廢河渠司，由都水監代之。雖然宋

312

人意識到「汴河乃建國之本」㈧，終北宋一朝，對汴河河床的清理也從未停止過，但汴河泥沙淤積現象還是越來越嚴重。

2. 泥沙淤積所造成的北宋嚴重河患

北宋時期是黃河氾濫決口的高峰期，較之前的秦、漢、隋、唐均有過之而無不及，已成為學術界的共識。而終北宋一朝，宋人始終受到河患嚴重困擾。具體來講，我們可以從以下兩個方面來分析認識黃河水患對宋代造成的危害。

一是黃河決溢改道對社會經濟、人民生命財產造成的危害。北宋大的黃河改道有四次，決溢次數數不勝數，平均兩年一次，有時甚至一年數次。頻繁的決溢，對兩岸農業生產、人民生活造成巨大災難。如熙寧七年（1074年），判大名文彥博言：「河溢壞民田，多者六十村，戶至萬七千，少者九村，戶至四千六百，願蠲租稅。」㈧熙寧十年（1077年），黃河「大決于澶州曹村，澶淵北流斷絕，河道南徙，東匯于梁山、張澤濼，分為二派，一合南清河入於淮，一合北清河入於海，凡灌郡縣四十五，而濮、齊、鄆、徐尤甚，壞田逾三十萬頃」㈧。這次水災波及範圍廣泛，影響到蘇北，淹及彭城。時任彭城太守的蘇軾率眾抗洪，當是時「自戊戌至九月戊辰，水及城下者二丈八尺，塞東西北門，水皆自城際山」。「方水之淫也，淤漫千餘裡，漂廬舍，敗塚墓，老弱蔽川而下。壯者狂走，無所得食，槁死於丘陵林木之上。」㈣而據史書記載，

天禧三年（1019年），天聖五年（1027年），慶曆八年
（1048年），大觀二年（1108年）等一些年份黃河決溢
改道所造成的受災程度之重也絕不下於熙寧十年之災。無
怪乎宋人感慨道，黃河「瀰溢於千里，使百萬生齒，居無
廬，耕無田，流散而不復」㊅。

　　二是治河和賑災一直是北宋政府的一項沉重負擔。北
宋治河頻繁，且規模大，難度高，投入難以估量。如每次
堵塞決口，都要調集大批物資和大量士兵、民工。如天禧
三年（1019年）滑州河決，「即遣使賦諸州薪石、楗橛、
芟竹之數千六百萬，發兵夫九萬人治之。」㊅又河決商胡
時，「計用梢芟一千八百萬，科配六路一百餘州軍。」㊅而
有人統計，神宗時回河東流「役過兵夫六萬三千餘人，計
五百三十萬工，費錢糧三十九萬二千九百餘貫、石、匹、
兩，收買物料錢七十五萬三百餘緡，用過物料二百九十餘
萬條、束，官員、使臣、軍大將凡一百一十餘員請給不預
焉。」㊅除了人力物力的調配外，朝廷還不得不減免受災
地區的租賦，分發大批救濟物資。宋太祖乾德四年（966
年）滑州河決，「詔殿前都指揮使韓重贇、馬步軍都軍頭
王廷義等督士卒丁夫數萬人治之，被泛者蠲其秋租。」㊅龐
大的開支，成為王朝沉重的負擔，為了節約開支，一些治
理工程能省就省。真宗大中祥符七年（1014年），「詔罷
葺遙堤，以養民力。」㊅哲宗元祐元年（1086年），詔：
「未得雨澤，權罷修河，放諸路兵夫。」㊅但即便如此，頻
繁的河患所導致的損失及治理、賑恤費用的龐大，還是壓

得北宋朝廷喘不過氣來。更令宋人頭疼的是，花了大量人力、物力去整治黃河，卻是屢塞屢決，「……虛費天下之財，虛舉大眾之役，而不能成功，終不免為數州之患，勞歲用之夫……」㈥學者認為，嚴重的河患加重了北宋王朝積貧積弱的社會形勢，這種看法不無道理。㈣

綜上所述，因為宋時黃土高原植被的嚴重破壞，水土大量流失而導致黃河泥沙淤積加劇。由泥沙淤積造成的黃河決溢改道對沿河農業造成了巨大威脅，給兩岸人民帶來了深重災難，而且還對汴河航運、政府財政產生消極影響。雖然北宋政府竭天下之人力物力從事治河賑災，但從根本上講，宋人未能從源頭上阻止泥沙淤積，因而只能「虛費天下之財」，「虛舉大眾之役」。終北宋一朝，河沙淤積始終是一個沒有解決的問題。

參考文獻：

㈠譚其驤. 何以黃河在東漢以後會出現一個長期安流的局面 [A]. 長水集（下）[C]. 北京：人民出版社，1987.

㈡上官周平，鄭淑霞. 黃土高原植物水分生理生態與氣候環境變化 [M]. 北京：科學出版社，2008.

㈢韓茂莉. 北宋時期黃土高原的土地開墾與黃河下游河患 [J]. 人民黃河，1990，（1）：67-70.

㈣劉菊湘. 北宋河患與治河 [J]. 寧夏社會科學，1992，(6)：60-65.

㈤王尚義，任世芳. 唐至北宋黃河下游水患加劇的人文背景

分析 [J]．地理研究，2004，（3）：385-394.

⑥脫脫，等. 宋史 [M]．北京：中華書局，1977.

⑦葛劍雄，左鵬. 黃河 [M]．南京：江蘇教育出版社，2006.

⑧岑仲勉. 黃河變遷史 [M]．北京：中華書局，2004.

⑨錢穆. 國史大綱 [M]．北京：商務印書館，1996.

⑩張全明. 遼宋西夏金時期的水系變遷述論 [A]．張全明，王玉德，等. 生態環境與區域文化史研究 [C]．武漢：崇文書局，2005.

⑪班固. 漢書 [M]．顏師古注. 北京：中華書局，1962.

⑫李燾. 續資治通鑒長編 [M]．北京：中華書局，1979.

⑬沈括. 夢溪筆談 [M]．武漢：崇文書局，2007.

⑭蘇轍. 黃樓賦碑 [A]．左慧元. 黃河金石錄 [C]．鄭州：黃河水利出版社，1999.

（本文原載於《鄭州航空工業管理學院學報》（社會科學版）2010年第2期）

試論北宋時期開封的地理區位優勢 對其國都地位確立的影響

摘　要：北宋定都開封，從而開啟了開封城作為北宋國都的168年的輝煌城市史。開封能成為北宋的都城，得益於它在那個時代的地理區位優勢，首先是其靠近河北的地理位置；其次，是隋唐以來日漸發達的漕運溝通起它和南方的經濟中心；最後，當上述兩點優勢緊密結合北宋的具體國情時，歷史便把開封推上首都的歷史舞臺，從而拉開其最為輝煌的歷史大幕。可以說，北宋定都開封是歷史的必然選擇。

關鍵詞：北宋；開封；定都；地理區位優勢

西元960年（後周顯德七年），後周大將、殿前都點檢趙匡胤陳橋兵變，黃袍加身，建立宋朝，史稱北宋。北宋定都開封，從而開啟了開封城作為北宋國都的168年的輝煌城市史。從宋人張擇端的《清明上河圖》和孟元老的《東京夢華錄》中，今人依然可以領略到昔日宋朝國都繁華無比的盛況。北宋之所以立都開封，是與當時特殊的歷史形勢及開封優越的經濟、地理、交通、政治條件密不可分的。然而開封作為國都，「也只為宋代國都，自後即未再為中國其他之主要朝代選作京城」[九]128。開封不像洛陽、長安那樣，有著悠久的國都歷史。這是一個較奇特的歷史現象。筆者認為，要想解析這一歷史現象，應從開封的地

理區位優勢談起，如果我們認識到它的這些特點，也許會對我們瞭解開封城興衰的歷史軌跡有所幫助。

一、宋代以前開封的歷史沿革和地理經濟特徵

開封，古稱汴、梁，早在戰國時代，即為魏都大樑所在地。魏國「於秦遂從安邑徙都大樑。魏以今陝西同州韓城縣為少梁，以今河南開封祥符縣為大樑」⊕卷二《地理志》，此後的後樑、後晉、後漢、後周、北宋、金也曾先後立都於此。因此，開封被譽為「七朝古都」。作為城市的歷史，至今約有2700年。作為都城的歷史，從戰國魏時期算起；為350年。如不計戰國魏為221年，作為北宋都城的歷史為168年。基於此，開封成為建國後國務院首批公佈的24個歷史文化名城之一，並與洛陽、西安、北京、南京、杭州、安陽並稱為中國七大古都。

歷史上的開封地區一直具有較高的經濟發展水準。開封城位於豫東平原，豫州是中華文明重要的發祥地之一，土地肥沃，開化極早。「從歷史時期的自然地理條件來看，黃河中下游地區地勢平坦，氣候濕潤，植被繁茂，河湖眾多，交通便利，土壤疏鬆，有利耕種。在這一地區……平坦的地勢為先民提供了一個從事農耕的方便條件。」⊕87《漢書・地理志》亦評價豫州「其利林、漆、絲、枲；……畜宜六擾，其穀宜五種」⊖卷二十八上《地理志上》。從而可以看到，整個豫州地區長期以來具有較高的經濟發展水準。豫東平原更是土地肥沃，富於水利，有舟楫灌溉

之利。《祥符縣志》記載「豫土饒衍，祥符尤蕃」﹝七﹞卷二（地理志），不是誇大之辭。

開封之所以長盛不衰，是與其自身的一些特點緊密相關的。首先是它的地理位置。優越的地理位置是城市興起和發展的必備條件。中國歷史上的名城如長安、洛陽、臨淄、北京、成都等，無不位於江河沿岸或平原中心。開封城顯著的地理位置也奠定了其作為重要城市和國都的優勢。重要的地理位置使開封很早就顯現出王都的氣象。早在戰國時，張儀說魏哀王時，曾評價汴梁之「地四平，諸侯四通輻輳，無名山大川之限」﹝一﹞卷七十《張儀列傳》，交通極為便利。開封地理形勢利於戰，張儀評價「梁之地勢，固戰場也」﹝一﹞卷七十《張儀列傳》。其居天下之中，四戰之地，踞此，命將出師，南伐北攻，極為便利。宋初，在平定李筠、李重進的叛亂，掃平南方諸國的戰鬥中，基本上都是師出開封。可以說，正因為北宋定都開封這樣一個四通八達的城市，才可以在短時間內較為輕鬆地統一全國。因為開封具有優越的地理位置，故《祥符縣志》讚歎：「豫州天下之腹心，祥符又豫州之間奧。居內控外，領袖中原。百里之國，此為雄矣。」﹝七﹞卷二《地理志》

二、唐宋以來開封地理區位優勢不斷加強

開封真正的繁榮是在大運河開通之後。隋煬帝開通濟渠，自板渚引水至於淮。開封成為大運河漕運中心，經濟逐漸繁榮。「不僅淮南、江南，而且嶺南等地的糧食、

絲綢、茶葉、瓷器以及其他手工藝品等都要首先運抵開封，然後再轉輸洛陽、長安。北方的物資也由此轉運至南方。」⊕438而自唐代中期以來，中國的經濟重心開始東移南遷，江淮地區逐漸成為中國最富庶的地方。而在戰亂中日漸衰敗的北方朝廷嚴重依賴著江淮供給的錢糧，非如此，則難以維持。當時南方物資通過漕運輸往北方的重要集散地，便是開封。開封的經濟地位又一步步提升。故唐代藩鎮割據期間，唐廷與藩鎮激烈爭奪的中心，便是開封地區。一些東部軍閥，往往割據汴州，控制江淮，一則威脅朝廷，一則以自肥。如唐建中四年（西元783年），淮西節度使李希烈叛亂，攻下汴州，踞城一年，唐廷立即陷入財政危機。後來朝廷收復汴州，經濟危機才得以緩解。此時，開封為都的趨勢愈加明顯。「歷代建都擇址無不與經濟、交通，尤其是交通有著重要關系」，開封如此便捷的水路運輸條件，使得其「在唐末即成為中原地區東部的經濟與交通中心」Ⓐ302。「當中國即將進入西元元年之際，情況愈加明顯，國都必須接近經濟條件方便之處，中國的重心已移至東邊。東南區域尤以土地肥沃水道交通便利而有吸引力。」Ⓝ126

　　五代時，「汴與洛遞相為都。其都洛也，梁凡五年，唐凡十三年，晉凡一年，共十九年。餘則咸都汴也。」⑦卷二《地理志》開封漸漸取代長安、洛陽，為天下的中心。之所以出現這種結果，最主要的原因是開封發達的漕運可以暢通江淮地區。中原王朝多擇都開封，正是看中其可以控制

江淮糧賦的優越地理位置。後晉樞密使桑維翰曾言：「大
樑北控燕、趙，南通江、淮，水陸都會，資用富饒。」⑤卷
二百八十一，可謂一語中的。

進入宋代，開封的漕運也進入其歷史上最發達的時
期。北宋京城開封除陸路交通外，水路主要是利用汴河、
惠民河、廣濟河、黃河。當時的開封被稱為「四水貫
都」，汴河、廣濟河、惠民河、金水河匯于此，全國各地
的物資可以源源不斷地運進開封。陝西等地貨物由黃河運
送而來，至汴口進入汴河，再運抵開封；廣濟河（五丈
河）東通齊魯一帶，運輸京東物資入京；惠民河運輸西南
地區物資；而東南地區及嶺南的豐富物產，全部由長江水
系經江北運河轉至汴河，再由汴河運至開封。四通八達的
開封運河網讓全國的物資源源不斷地流入京城，保證京畿
地區一切所需。宋人張洎說：「甸服時有水旱，不至艱歉
者，有惠民、金水、五丈、汴水等四渠，派引脈分，鹹會
天邑，舳艫相接，贍給公私，所以無匱乏。」⑥卷九十三《河渠志
三》四水之中，又以汴河為重。汴河堪稱宋朝的政治經濟生
命線。「惟汴水橫亙中國，首承大河，漕引江、湖，利盡
南海，半天下之財賦，並山澤之百貨，悉由此路而進。」
⑥卷九十三《河渠志三》當時江淮經濟重心區的糧食物資悉由此路入
京，《宋史‧河渠志》說汴河「歲漕江、淮、湖、浙米數
百萬，及至東南之產，百物眾寶，不可勝計」⑥卷九十三《河渠志
三》。客觀地講，西元10-12世紀的開封城是中國的水陸交
通中心，是當時東亞乃至全世界最大最繁華的城市。故宋

人張洎總結道：「以大樑四方所湊，天下之樞，可以臨制四海，故卜京邑而定都。」⑥卷九十三《河渠志三》開封已步入了它的歷史輝煌期。

三、開封獨特的地理區位優勢最符合北宋的擇都條件

北宋建立以後，如何選擇都城，一直是王朝一個棘手問題。北宋的特殊國情決定了其擇都條件的複雜性。不過概括而言，其複雜的需求可以分為以下兩點：一是這個被選擇的城市一定要在北方東部地區，以便組織對遼防禦；二是它一定要能夠有效溝通南方江淮地區，以便輸送錢糧養活京城的百萬人口。

1. 北宋的特殊國情

宋太祖由陳橋兵變黃袍加身。「由不斷的兵變產生出來的王室，終于覺悟軍人操政之危險，遂有所謂「杯酒釋兵權’的故事。」⑧525宋太祖在罷去將領們的領兵權後，為防止地方勢力坐大，對抗中央，遂「令天下長吏擇本道兵驍勇者，籍其名送都下，以補禁旅之闕」⑤卷六，太祖乾德三年八月戊戌朔。從此地方兵力移歸中央。此項政策一直為後繼者所遵行，直到北宋的滅亡。

西元10-12世紀的中國北方格局已發生了重大改變。唐朝滅亡後，西元916年，耶律阿保機建立的契丹政權崛起於中國的東北地區，並開始趁中國內亂，不斷騷擾中原。西元936年，石敬瑭割燕雲十六州與契丹國主耶律德光。「石敬瑭向外乞援之情事沒有長久的歷史意義，可是

他付出的代價則意義深遠。……從此北方門戶洞開，影響中國400年。」⑨133遼人從此得以輕易南下。西元946年，耶律德光率領遼軍攻入開封，後晉出帝投降。雖然次年遼軍北返，但此後數年間中原地區始終受到遼人的威脅。宋人張方平曾論此事：「自唐未朱溫受封于梁國而建都，至於石晉割幽薊之地以人契丹，遂與強敵共平原之利。故五代爭奪，其忠由乎畿甸無藩籬之限，本根無所庇也。」㊄卷二百六十九，宋神宗熙寧八年作為對東北局勢的必然反應，中原王朝也逐漸把都城建在東部地區。「……中國多數民族與少數民族在此後400年的鬥爭中，採取一種南北為軸心的戰線，與西安漸漸遠離。」⑨126北宋建立後，承襲後周舊制，定都開封，但其統治者亦深知開封北方防線不在河北，而在長城一線。若要開封安定，必須收復幽雲。然而隨著太宗兩次伐遼慘敗，宋遼強弱攻守易位，不僅收復幽雲十六州成為宋人可夢不可及之事，就連開封城的安全保障也成了棘手的問題。「大河北岸的鐵騎，長驅南下，更沒有天然的屏障，三四天即到黃河邊上，而開封則是裸露在黃河南岸的一個平坦而低窪的所在。」⑧532宋朝為保衛國都，一項無奈之舉，只好養重兵於京師。再加上從太祖時期不斷移地方兵力於中央的政策的執行，升平日久，聚於京師的禁軍愈發增加，故錢穆歎道：「無論秦、漢、晉、隋、唐，每一度新政權創建，在天下平一之後，必隨著有一個兵隊的復員。只有宋代因事態特殊，唐末藩鎮積重難返，外寇的逼處堂奧，兵隊不僅不能復員，而且更逐次增

加。」㉔534《祥符縣志》載：「汴梁之兵莫勝於宋。」
「樞密院計，開寶之籍總三十七萬八千，而禁軍馬步十九
萬三千；至道之籍總六十六萬六千，而禁軍馬步四十三萬
一千；天禧之籍總九十一萬二千，而禁軍馬步八十二萬
六千；慶曆之籍總一百二十五萬九千，而禁軍馬步八十二
萬六千；治平之籍總一百十六萬二千，而禁軍馬步六十六
萬三千；熙寧以後又詔增設各營，指揮祥符京縣也。當日
兵數之盛可知。」㉕卷六, 建置 (詳細對比數據見下表)

年代＼兵員	全國兵員（萬人）	內禁兵（萬人）
太祖開國時	20	
太祖開寶時	37.8	19.3
太宗至道時	66.6	35.8
真宗天禧時	91.2	43.1
仁宗慶曆時	125.9	82.6
英宗治平時	116.2	66.3

兵員日見增長，京師所要承擔的壓力可想而知。宋人
張洎歎道：「今天下甲卒數十萬眾，戰馬數十萬匹，並萃
京師，比漢唐京邑民庶十倍。」㉖卷九十三《河渠志三》此外除去
大量冗兵，軍人家屬、官員、居民、流動人口，亦數量
龐大。「到北宋前期末的天禧五年（1021）初，開封城
內已有常住戶近十萬戶，加上城外市區居民戶、駐軍及家
屬戶，至少也在五萬戶以上，另有宮廷人口和大量流動人

口，估計約有百萬人口，這是當時世界上最大的城市。」
⊕304難怪宋人張方平歎曰：「今伸食於官者，不唯三軍，至
於京師士庶以億萬計，大半待飽於軍稍之餘。」⑥卷九十三《河渠
志三》在一個城市，要養活如此眾多的人口，這對西元10-12
世紀交通工具還不發達的中國來講，並不是一個容易解決
的問題。

　　2. 開封較之長安、洛陽的地理區位優勢與其定都的必
然性

　　通過上述對北宋國情的分析，筆者發現這個王朝選擇
都城的條件主要是在以下兩方面進行考慮：一是都城要位
於北方東部地區，便於抗擊遼國；二是要便於溝通江南糧
賦之地，以養活京城裡的居民，並使政權在經濟上得以保
障。當然，一個都城還應具備其他一些優勢，比如須位於
形勝之地，周邊供給須豐富等。但這些是任何王朝立都時
都需要考慮的。具體到北宋，當時著重強調的是上述兩
點。為了方便大家進一步認識到開封立都的必然性，筆者
把當時中國北方最著名的三座城市長安、洛陽、開封逐一
分析比較，從而使大家不難發現，為什麼是開封當仁不讓
地承擔起了北宋國都的重任。

　　(1) 建都長安的優勢：一是經濟條件。關中土地肥
沃，天府之國，萬一山東有亂，其物資可供應順流而下的
王師。二是形勝條件。關中被山帶河，四塞之固，由關中
東出函穀，可以制諸侯；南越秦嶺，可制巴蜀、江漢；北
越陰山，可以制外。其地形具有較強的封閉性和開放性。

三是交通條件。地居上游，高屋建瓴，南有巴蜀，北有胡苑，河渭漕挽天下，西給京師。

建都長安的劣勢：一是地理位置偏西，距離經濟發達的黃河下游、東南地區偏遠；二是「土地狹，所出不足以供京師，備水旱，故常轉漕東南之粟」四卷五十九《食貨志三》；三是晚唐起中原王朝的外患不再來自西北，而是來自東北，河北地區軍事地位日益上升，長安在禦外方面喪失作用；四是晚唐開始江南經濟興起，長安距離過遠，遙控不及，關東物資西運長安，路途遙遠，經三門峽常有覆舟之患。

綜合評價：定都長安的政權便於經營西北，制服山東。但對東南、東北遙控不及，物資補給困難，在宋代其地理區位優勢不再。

(2) 建都洛陽的優勢：一是居古代天下之中，為四方交通薈萃之地。如周公認為洛陽為「天下之中，四方入貢道裡均」○卷四《周本紀》而在此營建洛邑。二是便於控制河北、江南。如劉秀定都洛陽，以極力控制河北。曹丕、北魏孝文帝遷都洛陽，為了征服南方。三是隋朝大運河開通後，洛陽成為水運交通樞紐，便於汲取天下物資，控制天下。

建都洛陽的劣勢：一是洛陽盆地狹小，不如關中平原肥沃廣袤，所出不足以供其所需；二是洛陽雖有三河之固，卻遠不及關中險要；三是隨著中國經濟重心的不斷東移，洛陽的地理位置偏西，漕運不便的劣勢開始顯現，故五代以後未再成為主要王朝的都城。

綜合評價：洛陽的地理區位優勢優于長安，故五代

時，還幾次為都，比長安稍晚退出首都的歷史舞臺。但偏西的地理位置及日漸衰敗的漕運促使其最終喪失為都的可能。

（3）建都開封的優勢：一是優越的地理位置。開封「地四平，諸侯四通輻輳，無名山大川之限」。踞于此，便於交通四方；二是開封位於的黃淮海平原開化極早，物資豐富，經濟發展水準較高；三是自隋朝大運河開通後，開封成為大運河漕運中心，經濟日趨發達。至北宋時，開封漕運達到極盛，全國各地的物資可以源源不斷地運進開封；四是自唐代中期起，中國的經濟重心開始東移南遷，江淮地區逐漸成為中國最富庶的地方。都于開封的政權，便於控制江淮糧賦之地，使政權在經濟上得以保障；五是自五代起，中國北方的威脅不再來自西北，而改為東北，河北地區的軍事地位顯著上升，中原地區政權在擇都問題上必須要考慮到都城對河北地區的有效控制，開封的地理位置無疑優于長安、洛陽。

建都開封的劣勢：開封非形勝之地，無名山大川之限，其居天下之中，四戰之地，易攻而不易守。

綜合評價：地理區位優勢最為明顯。雖有地形上的嚴重缺陷，但綜合考慮，依然是北宋最佳都城選擇。

通過上述比較，開封的地理區位優勢空前凸顯出來，這正是當時的長安、洛陽遠不及開封的地方。如果說長安、洛陽在宋太祖時因毀於兵災元氣尚未恢復，不能為都的話，那麼，到了仁宗時，范仲淹力主於洛陽廣儲蓄、繕

宮室，為避遼遷都作長遠打算還不被認同，則可知北宋定
都開封非為一時一事之利，而是國情所限，不得已而為
之。「北方的強敵（遼國）一時既無法驅除，而建都開
封，尤使宋室處一極不利的形勢下。藩籬盡撤，本根無
庇，這一層，宋人未嘗不知，然而客觀的條件，使他們無
法改計。」⑧531這裏所謂「客觀的條件」，即囿於宋朝的祖
宗家法及現實情況，北宋政府不得已養重兵于開封，因為
只有靠近河北的開封可以有效組織河北的對遼防禦；也只
有漕運發達、接近江淮的開封可以解決北宋冗兵的供養問
題，遷都他址則此問題無從解決。張方平認識到了北宋定
都開封迫不得已之因：「祖宗受命，規模必將不還周漢之
舊而梁氏是因，豈樂而處之？勢有所不獲已者。大體利漕
運而贍師旅，依重師而為國也。」⑥卷九十三《河渠志三》

　　總之，我們可以看到北宋時期開封的地理區位優勢
較之其他城市是較為明顯的。首先是其靠近河北的地理
位置；其次，是隋唐以來日漸發達的漕運溝通起它和南方
的經濟中心；最後，當上述兩點優勢緊密結合北宋的具
體國情時，歷史便把開封推上首都的歷史舞臺，從而拉開
其最為輝煌的歷史大幕。當諸如上述的歷史條件漸次發生
改變，開封的歷史地位也會隨之升遷浮沉。尤其是金人南
下後，開封的軍事地位消失；金元以來，黃河不斷在開封
附近決口改道，開封所受水患日益嚴重，該地區生態環境
日益惡化，地貌盡改，形成無數的沙丘與鹼地。黃河多次
在開封地區氾濫改道，致使原有的汴河、蔡河、五丈河、

金水河及諸澤都被淤沒，開封成了一座不通航的城市，喪失了其立都的最大資本。於是我們看到了它會由一個地區性政治中心躍升為全國性政治中心，而後又跌落為地區性政治中心，至近代，又進一步衰落成為更小的地區性政治中心。在封建特權的維護下，北宋開封城的繁榮也許超過了自己所能承受的限度。所以當金兵攻破開封，北宋滅亡之後，梁園的繁華如過眼煙雲，只可停留在張擇端的畫筆下，孟元老的追憶中，而不可複製重現。

參考文獻：
㊀司馬遷. 史記 [M]. 北京：中華書局，1973.
㊁班固. 漢書 [M]. 北京：中華書局，1962.
㊂司馬光. 資治通鑒 [M]. 北京：中華書局，1956.
㊃歐陽修，宋祁. 新唐書 [M]. 北京：中華書局，1975.
㊄李燾. 續資治通鑒長編 [M]. 北京：中華書局，1995.
㊅脫脫，等. 宋史 [M]. 北京：中華書局，1977.
㊆張淑載，魯曾煜. 祥符縣志 [M]. 清乾隆四年刻本.
㊇錢穆. 國史大綱 [M]. 北京：商務印書館，1996.
㊈黃仁宇. 中國大歷史 [M]. 北京：生活·讀書·新知三聯書店，1997.
㊉陳振. 宋史 [M]. 上海：上海人民出版社，2003.
㊉安作璋. 中國運河文化史 [M]. 濟南：山東教育出版社，2003.
㊉楊寬. 中國古代都城制度史研究 [M]. 上海：上海人民

出版社，2003.

⑬張全明. 中國歷史地理學導論 ［M］. 武漢: 華中師範大學出版社，2006.

（本文原載於《大慶師範學院學報》2010年第2期）

試論北宋神宗時期經濟重心的南移

摘要: 在北宋熙甯、元豐年間, 南方相對於北方, 在人口數量分佈、人才質量分佈、農業及其相關產業的發展水準、持續穩定發展趨勢、對國家經濟政治的影響方面, 均已顯示出較大優勢。而國家對南方的依賴, 已深深體現在國家的政策制定上。雖然此時北方的開封、洛陽等重要城市還是全園的經濟、政治、文化中心, 但南方作為經濟重心的作用已不容否認, 我國經濟重心南移的確切時間應在北宋神宗統治時期。

關鍵詞: 北宋; 經濟重心; 南方; 北方; 南移

有關我國古代傳統經濟重心南移的問題, 至今在學術界還存在不同的意見。尤其是在經濟重心南移的時間問題上, 有自秦漢到明清不同時期的多種觀點。甚至有人認為, 直至明清, 中國的經濟重心不存在南移的問題。歸結起來, 代表性的著作有鄭學檬的《中國古代經濟重心南移和唐宋江南經濟研究》㊀, 葛金芳的《中國經濟通史》（第五卷）㊁, 張家駒的《兩宋經濟重心的南移》㊂等。李德弟、童超、羅宗真等人認為中國經濟重心的南移時間當始自東晉六朝時期; 董咸明、周殿傑、曹爾琴等人傾向於傳統經濟重心區的南移時間是在唐代; 漆俠、張家駒及張全明先生論證經濟重心區轉移的完成時間是在宋代; 河南大學的程民生教授等少數人則認為中國歷史上不存在經濟重

心南移的現象。本文認為，中國經濟重心區的南移完成時間是在北宋中後期，確切地說，是在北宋神宗執政前後。

　　張全明先生在其著作《中國歷史地理學導論》第四章「中國歷史經濟地理」中對判斷一個地區能否成為全國的經濟重心提出了以下判斷標准：主要看它在傳統農業經濟方面的實力與發達程度如何，因為中國古代經濟文明一直是以農業文明為其表現主體的。[註256]筆者現將張先生此判斷標准細劃為三：1. 該地區的農業經濟，還有其相關行業的實力、數量、質量在當時國民經濟中都佔有顯著地位；2. 其經濟發展要有持續性和穩定性；3. 封建政府在經濟上倚重該地區，在政治上有明顯的反映。如果以上三點都大體符合的話，那麼這個地區就可以稱之為全國的經濟重心區了。張先生在該書中得出的結論是：「至南宋前期，中國傳統經濟重心區最終轉移至了南方長江中下游流域的東南部地區，並且對我國傳統社會的發展產生了重大的影響。」[註252]他指出中國經濟重心南移的完成是在南宋初期。誠然，以先生所列數據，中國的經濟重心區至南宋初確已移至南方，然而，筆者一直有疑問，中國經濟重心區南移的完成是否還會更早？在查閱相關史料，綜合分析了北宋中後期人口分佈、人才分佈和農業、田賦及其他產業等諸方面相關數據後，筆者得出結論：中國經濟重心區的南移完成應在北宋中後期，確切的說，是在宋神宗執政時期，即熙甯、元豐年間。下面，筆者就分析過程逐一展開，並希望得到專家老師們的指正。

一、農業發展水準的比較及其對國家政治的影響

從糧食的產量來看，在古代中國早期，黃河中下游地區一直是中國糧食的主要產區。隨著南方的不斷開發，南方糧食產量不斷提高。隋唐時期，糧食畝產量較高地區已變化為河南、江淮。至唐中後期，南北方糧食產量已大體保持平衡。兩宋時期，江浙、荊湖地區的糧食畝產量始終高居榜首，南方已取代北方成為糧食的主產區。㈣264從墾田面積來看，元豐六年（1083），全國4.62億畝耕地面積中，南方12路約有耕地3.18億畝，佔全國耕地總面積的68.98%，大致是當時北方耕地面積的2倍。㈣263賦稅方面，熙寧九年（1076年），南方徵收的二稅佔全國的55.93%。曾鞏說汴河橫亙中國，「漕引江湖，利盡南海，半天下之財賦，並山澤之百貨，悉由此路而進」。㈤卷38，至道元年八月丁酉汴河溝通著東京與江淮財賦之地，「半天下之財賦」，正說明當時南方財賦大致相當於國家每年財賦收人的一半，與上述統計數據不謀而合。以宋為分水嶺，之後的元、明、清各朝統計南方之賦糧數均在北方之上。

宋、元、明、清賦糧南、北方所佔比例表

紀元年號	西元紀年	名稱‧單位	總計	北方數	南方數	南方所佔比例	資料來源
宋熙寧九年	1076	二稅：貫‧石‧匹‧兩	10017853	4414841	5603312	55.93%	《宋會要輯稿‧食貨》
元泰定二年	1325	歲入糧：石	12114704	5224393	6890311	56.88%	《元史‧食貨志》
明嘉靖二十一年	1542	二稅糧：石	29206733	11309801	17896932	61.28%	章潢《圖書編‧丁糧》
清乾隆十八年	1753	賦銀：兩	29610801	13857629	15753172	53.2%	《清文獻通考‧田賦》
		賦糧：石	8416422	1775155	6641267	78.91%	《乾隆會典則例‧戶部田賦》

資料來源：張全明《中國歷史地理學導論》

　　從糧食產量、墾田面積、賦稅等方面看，至北宋中後期的神宗執政時期，南方農業發展水準已經超越北方，且這種狀況在政治、經濟上對國家的影響也十分明顯。其一，宋朝定都開封，正是因為開封有汴漕之利，可以運送江淮糧食於京師，以維持宋朝政府統治。宋初李懷忠勸諫宋太祖不要遷都洛陽時說：「東京有汴渠之漕，歲至江、淮米數百萬斛，都下兵數十萬人，鹹仰給焉。陛下居此，將安取之？⑤卷17，開寶九年宋人張方平更是把汴河漕運重要性提升到建國之本的高度：「今日之勢，國以兵而立，兵以食為命，食以漕運為本，漕運以河渠為主。……有食則京師可立，汴河廢則大眾不可聚，汴河之於京師，乃是建國之本，非可與區區溝洫水利同言也。」⑥卷93《河渠志》可以看出，正是由於南方經濟的發達，使得北宋統治者在擇都問題上決定定都開封並使其一系列行政措施圍繞著溝通南北漕運問題而制定。依靠南方農業經濟的大力支持，北宋政權得以立足中原168年。之後北宋滅亡，南宋立於南方，也是依賴於南方的富饒。其二，從政區數量上來分析。中國古代地方政區的劃分，往往是根據戶口和財賦的多寡為標準。人口越多，經濟越繁榮，賦稅越多，政區就得越拆細增設，以便於行政管理和社會的穩定發展。唐中葉後，南方政區越分越細，數量上開始超過北方，至宋代崇寧年間，全國24路，南方竟佔到15個，處於明顯優勢，且這種優勢一直保持到近現代。

二、人口數量、人才質量的比較

在中國古代社會，人口不僅是社會發展的最基本的動力，也是社會發展的一個主要標志。中國早期人口分佈，一直是集中於北方，尤其集中在黃河中下游流域，這種狀況一直持續到北宋。北宋後期是一個重要轉折點，這之後，南方人口開始超越北方，且將這種優勢保持到近現代。如下表所示，唐玄宗天寶元年（742），南方無論戶數、口數，在全國所佔比例還不到50%。而到了北宋神宗元豐三年（1080），南方無論戶數、口數均已明顯超過北方，佔到2／3以上。雖然我們還缺乏更多更細緻數據，但可以大致肯定，至北宋神宗朝時，南方人口確已佔明顯優勢。

中國古代南北方人口、戶數增減演變表

紀元年號	西元紀年	全國總計			北方戶‧口數			南方戶‧口數			南方所佔比例	
		戶數	口數	戶口平數	戶數	口數	戶口平數	戶數	口數	戶口平數	戶數%	口數%
漢元始二年	2	12356470	57671401	4.67	9737445	44711426	4.56	2619025	12959975	4.95	21.19	22.47
唐天寶元年	742	8973634	50975543	5.68	4922183	30424011	6.18	4051451	20551532	5.07	45.15	40.32
北宋元豐三年	1080	15001571	33215989	2.22	4655523	9564303	2.05	10346048	23687686	2.29	68.97	71.24
南宋淳熙十四年／金大定二十七年	1187	19166021	69016875	3.6	6789499	44705086	6.58	12376522	24311789 44555479	1.96	64.58	35.23 64.59
元至元二十七年	1290	13867219	59519727	4.29	2434707	9072841	3.73	11432503	50446886	4.41	82.44	84.76
明萬曆六年	1578	10621431	60692856	5.71	3421256	24944025	7.29	7200175	35748831	4.96	67.79	58.9

資料來源：張全明《中國歷史地理學導論》

再從南北方人口質量上來比較。程民生教授在《論宋以來北方人口素質的下降》一文中，統計了北宋一朝正史列傳人物的地域分佈，入傳的人物基本上還是代表了當時社會的精英階層，結果發現南北方入選人物的比例在北宋的前中後期發生了一些微妙變化：

北宋時期被列入正史列傳的人數統計表⊕

北宋時期	北方列人正史列傳人數（單位：個）	北方所佔比例	南方列人正史列傳人數（單位：個）	南方所佔比例
全期	906	61%	578	39%
前期	278	84.5%	51	15.5%
中期	274	63.9%	155	36.1%
後期	121	40.3%	179	59.7%

（據程民生《論宋以來北方人口素質的下降》數據繪製）

除了正史列傳所載人物數量外，我們還可以從科舉取士方面來看。北宋中期名臣歐陽修稱：「每次科場，東南進士得多，西北進士得少。」八卷165《選舉》富弼說：「近年數榜以來，放及第者，如河北、河東、陝西此三路之人，所得絕少。」八卷164《選舉》科舉取士的一大特點是東南多、西北少，這一特點在北宋中期已經表現明顯。各地的科舉狀

況，錄取人數，在很大程度上可以反映當地的文化水準及教育狀況。儘管北宋的東、西二京一直是其文化中心，然終北宋一朝，我們可以發現，南方人才的所佔比例在逐步上升，尤其到北宋後期，南人勝過北人。之所以出現這種情況，是因為經濟是文化發展的重要物質基礎，伴隨著經濟重心的南移，文化重心也隨之南移。在人才數量、人才質量上，至北宋末期，南方壓倒北方，正說明瞭南方經濟發展水準超越北方經濟發展水準。

三、其他產業的一些比較

隨著南方農業經濟的持續發展，眾多產業也開始呈現出良好的發展勢頭，這其中較為突出的產業有礦冶業、鑄錢業、制鹽業、制茶和制糖業。在熙甯、元豐年間，這些產業無論在數量上還是質量上已明顯超過北方，成為北宋神宗時期經濟重心南移的標志之一。

1. 礦冶業

自北宋中葉以來，南方冶鐵發展很快。因礦源多在南方，故冶煉場所多分佈於南方。如饒州的金礦，越州的銀礦，信州的銅礦，汀州的鉛礦，潮州的錫礦等都很有名。據載，宋代產金地五處，南方佔四處；銀產地有20州3軍51處，銅產地有9州2軍36處，皆在南方；鐵產地31州2軍61處，南方佔61%；錫產地有7州1軍9場，北方僅有河南1處。(六)卷185《食貨志》可以發現，自北宋中葉後，與北方相比，南方礦冶業佔有明顯優勢。

337

2. 鑄錢業

銅錢是宋代流通的主要貨幣，北宋平定諸國後，設立鑄錢監進行鑄造，但數量尚少。當時鑄造銅錢的監有四處：饒州永平監、池州永豐監、江州廣寧監、建州豐國監。以上四監皆在南方，這大概與礦冶業聯繫緊密有關，即受產地的限制。北宋中期後，因與西夏開戰引起軍費不足，宋政府於北方也相繼開采多處銅鐵礦，並設立鑄錢監。神宗時，銅、鐵錢鑄造業有了很大發展，共有鑄錢監26處，其中大部分分佈於南方，且南方所鑄銅鐵錢數額之巨，遠勝北方。㊀285-288

3. 制鹽業

鹽是生活必需品，也是政府稅收的主要來源。北宋時鹽分為池鹽、井鹽、城鹽、海鹽。隋唐以前，無論井鹽、池鹽，還是海鹽，從分佈地區看主要在北方。中唐以後，隨著兩淮鹽業的興盛，揚州成為鹽市中心，南方制鹽業後來居上。宋代產鹽區分佈與唐末相似，產量最多的主要是東南海鹽和四川井鹽。尤其海鹽，產地最多，產量最大，佔全國各類鹽總量的80%以上。淮南東路是最重要的海鹽產鹽區，產量達二百五十萬石，佔全國海鹽總產量的60%以上，並佔全國各類鹽總量的近50%。㊅卷182《食貨志》由上統計大致可知，宋時的南方制鹽業已超越北方。

4. 制茶、制糖業

這兩類產業是南方的傳統優勢產業。茶葉和糖是宋時人民日常消費較多的產品。茶稅還是北宋政府重要的財政收

入。制茶業主要分佈在川、廣、閩、浙、湘、鄂等地；制糖業主要分佈在川、廣、閩、浙等地。宋時，這兩項產業都得到進一步發展，南方也更加鞏固了這方面的優勢地位。

除了上述幾大產業外，其他產業如手工業、絲織業、文具製造業、瓷器製造業等，南方也取得重大發展，雖未取得壓倒性優勢，但也基本上與北方相當。這也為日後北宋滅亡，南宋建立後南方上述產業全面超越北方奠定了堅實的基礎。

四、結語

總而言之，至北宋熙甯、元豐年間，南方在農業及其相關產業的發展水準、持續穩定發展趨勢、對國家經濟政治的影響方面，均已顯示出較大優勢。而國家對南方的依賴，已深深體現在國家的政策制定上。雖然此時全國的經濟、政治、文化中心尚在北方的開封、洛陽等重要城市中，但南方作為經濟重心的作用已不容否認。考慮到上述變化的發生和完成大體是在北宋神宗統治期完成的，故筆者在這裏得出一個結論，即中國經濟重心的南移的確切時間應在北宋神宗統治時期。這之後，隨著北宋的滅亡，宋政府南渡。北方半壁江山陷入金人之手，北方因戰亂走向了歷史上的又一次衰落。北方人口、勞動力、精英分子大量南遷，從而使得南方經濟發展水準至南宋初年已大大超越北方，且將這種優勢保持至今。追溯南方經濟優勢地位的確立，當在北宋的神宗統治期間，即北宋中後期實現。

參考文獻:

㊀鄭學檬. 中國古代經濟重心南移和唐宋經濟研究［M］.
長沙: 岳麓書社, 2003.

㊁葛金芳. 中國經濟通史（第五卷）［M］. 長沙: 湖南人
民出版社, 2002.

㊂張家駒. 兩宋經濟重心的南移［M］. 武漢: 湖北人民出
版社, 1957.

㊃張全明. 中國歷史地理學導論［M］. 武漢: 華中師範大
學出版社, 2006.

㊄（宋）李燾. 續資治通鑒長編［M］. 北京: 中華書局,
1995.

㊅（元）脫脫, 等. 宋史［M］. 北京: 中華書局, 1977
.

㊆程民生. 論宋以來北方人口素質的下降［J］. 史學集
刊, 2005,（1）: 13-20.

㊇（宋）朱熹. 歷代名臣奏議［M］. 北京: 中華書局,
1986.

㊈陳振. 宋史［M］. 上海: 上海人民出版社, 2008.

（本文原載于《四川文理學院學報》2010年5月第3
期）

城鄉經濟繁盛背景下的宋代卜算市場發展探析

中文摘要: 宋代雖然仍是農業社會, 但是商品經濟成分在傳統社會母胎中急速成長。宋代都市化進程加速, 草市鎮勃興, 地方性市場初步形成, 流動人口加劇。正是這樣的經濟背景, 造就了宋代卜算市場的繁榮。宋代卜算市場, 不僅集中於京城及各大城市, 而且也遍及鄉村鎮市。其繁榮既是宋代城鄉經濟發展的結果, 也是城鄉經濟繁榮的展現。

關鍵詞: 宋代; 卜算市場; 城市; 鄉村; 經濟發展

宋代卜算市場的繁榮與宋代以來城鄉經濟的發展密不可分。唐宋時期中國社會處于歷史變革期。宋代社會, 無論在地權關系、經濟結構、階級構成、政治體制、賦役制度, 還是在社會習俗、意識形態等諸方面, 都發生著一些重大變化。葛金芳先生認為, 這些變化的實質性內涵, 就是我國中古社會正經歷著由封建前期向後期轉化的過渡時期。㊀宋代相對於漢唐, 可以說是異質社會。它雖仍以農業立國, 但在高度發達的農業經濟基礎上, 已經生長出城市、貨幣、信用、商業等很多工商業文明因數。商品經濟成分在傳統社會母胎中急速成長。都市化進程加速, 草市鎮勃興, 地方性市場初步形成, 流動人口加劇。宋代城鄉經濟的持續發展造就了卜算市場的繁榮。

一、宋代城市卜算市場的繁榮：以開封、臨安為關注點

從目前遺存文獻來看，文人們有關算命活動的記載絕大多數都發生在城市尤其是都城之中。這固然與記載者大多身處城市有關，但不容否認的是，宋代城市的經濟意義明顯增長，開始向著近代化開放式城市發展。在這樣一些空前繁榮的城市中，工商醫卜，都可以找到自己廣闊的市場。宋代以前長期盛行的城市管理制度「坊市制」退出了歷史舞臺，代之以適應新的商品經濟的城市管理制度「廂坊制」。

1. 北宋東京開封的卜算市場

北宋都城開封是天下術士聚集之地。開封城是當時世界上擁有百萬人口的特大城市，商業空前繁榮，城內形成幾個繁華的商業街區。㊀宮城正南門宣德門前的禦街，內城的潘樓街，大相國寺等都是著名的商業市場。其中大相國寺就是開封城最重要的卜算市場。另外，城中還有許多娛樂消費場所勾欄瓦市，包括卜算在內的一些商業活動多在此進行。㊁144-163城市經濟的繁榮，為卜算市場的建立奠定了堅實的基礎。每日前來卜算市場問卦的，不僅有為數甚多的市民，更有出手闊綽的高官顯貴。逢科考之時，還會有大批應考之人占問功名。王安石曾對開封的卜算市場規模有過一個估量：「舉天下（卜者）而籍之，以是自名者，蓋數萬不啻，而汴不與焉；舉汴而籍之，蓋亦以萬計。」㊃752僅僅一個都城開封，從事卜算行業的術者就以

萬計。王安石之語難免使人不生疑惑，但是考慮到開封城的人口規模和城市經濟的繁盛狀況，這一數值似乎又在情理之中。

北宋開封最大的卜算市場，就是大相國寺。據孟元老的《東京夢華錄》記載，當時的大相國寺「每月五次開放，萬姓交易」，在其後廊「皆日者貨術、傳神之類」。㈢288. 289在這樣一個商業大舞臺上，不少術士在此執業，想來問命圍觀的人絡繹不絕。宋代文獻中不乏當時的士大夫甚至王侯前來問卦的記錄。本文試舉數例，以見當時大相國寺卜算市場之繁盛。

範鎮（1008—1088）在《東齋記事》中記錄了宋初四宰相同去相國寺卦攤前算命的故事：

> 張鄧公嘗謂予曰：「某舉進士時，寇萊公同遊相國寺前，詣一卜肆。卜者曰：『二人皆宰相也。』既出，逢張相齊賢、王相隨，復往詣之。卜者大驚曰：『一日之內，而有四人宰相。』相顧大笑而退。因是卜者聲望日消，亦不復有人問之，卒窮餓以死。」四人其後皆為宰相，共欲為之作傳，未能也。是時，鄧公已致仕，猶能道其姓名。今予則又忘其姓名矣。其人亦可哀哉！㈤

故事中的敘述者張士遜（964—1049）自敘曾與寇准（961—1040）、張齊賢（942—1014）、王隨（約975—1033）三人同往大相國寺一個算命攤位前問命。彼時四人尚未官居兩府。那位術士卻驚曰：「一日之內，而

343

有四人宰相。」這不僅讓這四人「相顧大笑而退」，而且
必也導致市場周圍人恥笑。於是前往此卦攤問命的人日漸
稀少，逐至此術士窮餓以死。待此四人先後坐到宰相高位
時，才意識到此術士術數之精，共欲為之作傳，但其人久
已離世。在這則典故中，不僅應注意到四位政府官員（或
即將成為政府官員的進士）前往相國寺問卦的事實，更應
注意到這位術士窮餓以死的原因——在當時圍觀算命的人
中，必有不少的顧客及周圍擺攤的術士。正是這些人，構
成了大相國寺卜算市場的主體。這個市場的競爭必是極為
激烈殘酷的，若一個術士沒有好的口碑，恐怕很快就會被
這個市場的主體所淘汰。很不幸，如果不是此人在當時市
場中大膽預言四位顧客的前途，他也不會招致圍觀眾人的
恥笑而搞砸自己的口碑，並最終門可羅雀，窮餓而死。

　　另一則在大相國寺看命的故事發生在鄭居中（1059—
1123）、鄭紳（？—1127）身上。南宋陳鵠在《西塘集耆
舊續聞》中記載了二人於大相國寺卦攤前一卦萬錢看命的
故事：

　　　　鄭燕公居中達夫，開封人。少遊上庠，登舍選。
　　職學事，每休沐，常與鄭紳遊，紳嘗為省直官，官
　　罷，貧不事生產，公每給之。一日，同至相國寺，有
　　日者榜卦肆，一卦萬錢，公如其數扣之。日者云：此
　　命大貴，與蔡太師相類。究其詳，則拾起卦子，不復
　　言矣。行數步許，語鄭曰：汝試令看。鄭笑曰：我有
　　萬錢，即登旗亭痛飲，決不與此曹。公云：吾為償

金。強之往。日者曰：吾每日只推算一命，要看時，可預錄下，來日見訪。㊅

此二人一擲萬錢在大相國寺一卦攤前求算一命。卦資之高，令人乍舌。可是更讓人唏噓的是，此術士每日只看一命，多則不看。二鄭所看此相國寺術士，大概屬於該市中的頂級術士吧。此人不僅要價極高，而且態度亦有些倨傲。這從一個層面反映出這個市場生意的紅火——試想，如果沒有絡繹不絕的高官顯貴（且不論普通的顧客）每日來相國寺光臨問卜，又如何造就這一市場的天價術數大師？與上一個案例中的術士不同，此術士顯然深諳該市場生存之道。當然，與絕大部分此類記載一樣，此術士的推算是精確無差的，後來他的預言一一得中。鄭居中捲入北宋後期激烈的黨爭，並一度與蔡京同相。鄭紳則憑藉女兒在宮中的得寵而飛黃騰達。

有關於大相國寺卜算市場發生的離奇故事當然不止這些。㊆上文所舉二例旨在說明這個市場的繁榮情況。前來大相國寺卜算市場光顧的顧客，主體應是開封各階層的居民。有如此繁榮的卜算市場，再加上北宋開封城上百萬的人口規模，王安石所說的「舉汴而籍之，蓋亦以萬計」的卜者數字或許並非誇張。

2. 南宋行在臨安的卜算市場

如果說北宋開封城尚處於廂坊制的形成期，那麼南宋臨安城顯然處於廂坊制的成熟期。南宋時，臨安城的城市商業性質不斷增強，城市擴張導致城市行政區域擴大，突

破了政治軍事性質，城郭分割城鄉作用逐漸消失。城鄉的互動已經開啟了傳統城市化的新階段。⑧⑨

和北宋的都城開封一樣，南宋的行在臨安也是一個人口在百萬上下浮動的繁華都市。南宋時，這裏成為天下術士聚集之地。其市場興隆程度不下北宋京城開封。「臨安中瓦，在禦街中，士大夫必游之地，天下術士皆聚焉。凡挾術者，易得厚獲。」⊕109南宋士人的筆記中，不乏發生在臨安卜肆中的傳奇故事。這一點，在洪邁的《夷堅志》中可見一斑：《狄偓卦影》講述了狄青之孫狄偓在臨安以費孝先卦影術賣卜之事。⊕109《夏巨源》中術士夏巨源設卜肆于臨安中瓦，標價每卦五百錢。⊕1003、1004《鐵掃帚》講一不知姓名的臨安術士常著道服，標榜曰鐵掃帚，設卜肆於執政府牆下。⊕1073、1074《李汪二公卜相》裡有一相士，于臨安卜肆中曳一牌，長三尺，題云「尋今年狀元」。⊕1133《孫生沙卦》講到臨安術士孫自虛擺卦於軍將橋瓦市，雖不學無術，然口若懸河，俗謂之沙卦。⊕1721、1722

南宋臨安的卜算市場，不僅白天遊人絡繹不絕，晚上還有燈火通明的夜市。宋人吳自牧在《夢粱錄》中描繪了臨安卜算市場夜市中的繁榮景況：

> 大街更有夜市賣卦：蔣星堂、玉蓮相、花字青、霄三命、玉壺五星、草窗五星、沈南天五星、簡堂石鼓、野庵五星、泰來心、鑒三命。中瓦子浮鋪有西山神女賣卦，灌肺嶺曹德明易課。又有盤街賣卦人，如心鑒及甘羅沙、北運算元者。更有叫「時運來時，買

莊田，取老婆」賣卦者。有在新街融和坊賣卦，名
「桃花三月放」者。其餘橋道坊巷，亦有夜市撲賣果
子糖等物，亦有賣卦人盤街叫賣，如頂盤擔架賣市
食，至三更不絕。冬月雖大雨雪，亦有夜市盤賣。⑫

　　無論北宋的東京開封還是南宋的行在臨安，都不乏熱
鬧繁華的夜市。不過，開封的重要卜算市場位於大相國寺
內。由於大相國寺山門有開放關閉時間，當然不可能通宵
營業。⑬因此，卜算市場大規模夜市的出現很有可能始於南
宋時期的臨安。這從一個側面說明，南宋時期都城的卜算
市場的繁榮程度較之北宋又更上一個台階。總之，宋代城
市的卜算市場一直是城市商業文化活動中不可忽視的一個
板塊，是造就城市繁榮的重要組成。

二、宋代鄉村鎮市卜算市場的活躍

　　走出城市，再把關注的目光投向宋代的鄉村鎮市的卜
算市場與術士。宋代的卜算市場不僅僅出現在當時的城市
中，更遍及廣大的鄉村鎮市（當然規模要小很多）。宋以
後，中世莊園之隸農獲得解放，代之而起的是佃戶制。所
謂佃戶制，其本質是自由農民與地主間所締結的自由的傭
耕契約關系。佃戶制的出現，宣告唐以前莊園閉鎖經濟的
消失。一種更具活力、趨於近代色彩的農村經濟逐步發展
起來。⑭44-52隨著農村經濟的發展，宋代出現了作為鄉村經
濟中心的新型的「鎮」、「市」。⑮和宋代城市中卜算市場
的發展原因相近，宋代鄉村鎮、市等邊遠偏僻之地卜算市

場的存在，不僅是中國民間自古以來卜算之風的延續，亦是宋代鄉村經濟新型特點的體現。

宋初，隨著鄉村經濟的發展，一些小規模的卜算市場開始在鄉野村鎮出現。黃休復在《茅亭客話》講到了宋初蜀地靈池縣鎮市上已有專門打廣告的卜肆：「靈池縣洛帶村民郝二者，不記名，嘗說其祖父以醫卜為業，其四遠村邑，請召曾無少暇。畫一孫真人，從以赤虎，懸于縣市卜肆中。」㉞村民郝二祖父以醫卜為業，從「請召曾無少暇」的描述來看，其口碑、生意應該俱佳。應當關注到的是，此人在縣裡擁有一家卜肆，並非赤腳醫生或游方術士。雖然在如此偏遠的鄉野，未必形成有規模的卜算市場，但是行業內的競爭恐怕是存在的。

宋代話本《三現身》中，亦有一位術士李傑，在兗州府奉符縣自己開設的卜肆中大打廣告。書中描寫道：「今日且說個賣卦先生，姓李，名傑，是東京開封府人。去兗州府奉符縣前開個卜肆，用金紙糊著一把太阿寶劍，底下一個招兒，寫道：『斬天下無學同聲。』這個先生果是陰陽有准。」㉟較之前者，該術士的廣告顯然更為醒目。從其宣傳之用心來看，該縣卜肆應該也不止一家。或許是因為兗州府奉符縣的經濟發展水準較之蜀地鄙鄉更高，所以當地卜算市場的競爭也更為激烈。

中原鄉野的卜算市場，競爭究竟如何？沈括在《夢溪筆談》中透漏了一些這方面的線索：

> 潁昌陽翟縣有一杜生者，不知其名，邑人但謂之

杜五郎。所居去縣三十餘裡，唯有屋兩間，其一間自居，一間其子居之。……問其所以為生，曰：「昔時居邑之南，有田五十畝，與兄同耕。後兄之子娶婦，度所耕不足贍，乃以田與兄，攜妻子至此。偶有鄉人借此屋，遂居之。唯與人擇日，又賣一藥，以具饘粥，亦有時不繼。後子能耕，鄉人見憐，與田三十畝，令子耕之，尚有餘力，又為人傭耕，自此食足。鄉人貧，以醫卜自給者甚多，自食既足，不當更兼鄉人之利，自爾擇日賣藥，一切不為。」⑥73

據文中主人公杜五郎所述，他在去河南潁昌陽翟縣三十餘裡的鄉野居住。在這樣一個窮鄉僻壤裡，居然「以醫卜自給者甚多」。杜五郎也曾以醫卜為生，但是由於當地市場競爭的激烈，常食不果腹。後來有田耕作，又為人傭耕，自此衣食尚足。他也就不再從事此業，與鄉人爭利。如此偏僻的鄉間，卜算市場的從業人員如此眾多（其中多數可能為兼職），競爭竟如此激烈。一葉知秋，類似卜市應遍佈宋代廣闊的鄉村鎮市中。

南宋時，鄉村經濟進一步發展，鄉村卜算之風有愈演愈烈之勢。洪邁在《夷堅志》的幾個故事中，展現了當時江西浮梁鄉村間卜算活動的盛行。《淩二賭博》的故事中，家住浮梁西村的村民淩二嗜賭如命，常以卜筮來決輸贏。⑭1134《浮梁二士》中，浮梁壽安鄉讀書人馮一飛秋試罷歸鄉，道遇一賣豆腐的村民為其相夢，斷定馮一飛必奪魁。後果真如此。⑭1149而在第三個故事《方大年星禽》

中，浮梁村落間的專業術士方大年甚至作卦協助官府緝拿盜賊。神奇的是，在他的預言下，官差果然擒凶歸案。此事日後在鄉間廣為傳誦，方星禽在鄉村卜市的身價一時也是水漲船高。㉑1150、1151上述三則故事，都發生在南宋浮梁附近的村落。故事中的求卜之人，有村氓賭徒，有書生，甚至還有官府衙役。所占之事，形形色色，包括賭博、功名以及官府的刑事案件。而占卜之人，既有普通村民，亦有專業術士。一些卦資不菲的明星術士也開始在鄉間卜市中嶄露頭腳。這些現象都揭示出南宋鄉村經濟的進一步發展以及由此帶動的卜市的成熟。

三、宋代城鄉間游方術士的增加

宋代城鄉間流動人口數量較之前朝大大增加。流動人口在宋代的大量出現並不是偶然的。從唐到宋，最重要的社會變遷之一是賤民的解放。在宋代，人民由貴族的奴隸身份得到解放，成為佃客。新的勞動形態出現，莊園閉鎖經濟已告消失。農民居住權在制度上獲得自由。越來越多的自由民被捲入宋代經濟發展的浪潮中。㉓44-52法國學者謝和耐認為，11—13世紀的中國人較之於漢代、六朝或唐代更經常也更樂意流動。事實上，商業大潮流帶動著人流。農村生活困難，城市中職業數量與類別繁多，作為財富中心與娛樂中心的城市富於吸引力，凡此種種都促使遊民與貧農流向大居民點。總之，這是一個比前代更為流動的社會。㉔正是這樣一個流動的社會，造就了宋代大量的游方術士。

宋代北方人稱游方術士為「巡官」。陸游曾說：「今北人謂卜相之士為巡官。巡官，唐、五代郡僚之名。或謂以其巡遊賣術，故有此稱。」㊧這種游方術士常年漂泊在外。他們於城市中走街串巷為人看命，於鄉村中沿鄉叫賣卜算之術。《夷堅志》中記錄了一位饒州石門術士李天祐「常時遊行他郡，不遠千里」。他在吉州賣卜，一住三歲，乃還家。㊧1460、1461南宋劉克莊（1187—1269）給一位術士施伯山的序中說到施某「客四方，遊三邊，進不能取一命，退不能謀把茅丘田」㊧117，語氣中充滿了同情憐憫，亦可見這種游方術士生活是很艱苦的。

在城鄉中，這種遊街串巷的術士隨處可見。劉克莊談到當時術士游走四方的場景：「太史公傳日者不三二人，……今挾術浪走四方者如麻粟，……有盤街不售，有守門不得見，有不問而告者矣。」㊧117陸九淵（1139—1193）講到當時士大夫召喚術士上門服務時，其府邸前竟現術士盈門之景象：「小命之術，起來久矣，於今尤盛。余又聞近時府第呼召術士，有一日之間，而使人旁午於道者。」㊨

在這些游方術士中，有一些人挾術游於公卿間，名利雙收。他們經常出入權貴府邸，服務于朝中顯貴。㊨這類術士，由於有貴人的幫扶，生活條件非常優越。他們既不用走街串巷，亦不用在士大夫府邸前苦苦守候。其中一些明星術士，往往館於公卿府邸，甚至直接以此為其生意場所。徽宗時期大名鼎鼎的術士「洞微先生」王老志就曾

館于蔡京之邸。時士大夫求卜問命者不絕，「故其門如市」。㊣王安石記錄下了當時此類術士出入將相之門及錦衣玉食的生活：「予嘗視卜汴之術士，善挾奇而以動人者，大抵宮廬、服輿、食飲之華，封君不如也。其出也，或召焉，問之，某人也，朝貴人也；其歸也，或賜焉，問之，某人也，朝貴人也。」㊣752這些術士挾術自重，又得顯貴照顧，故難免有些睥睨一切的氣勢。王辟之在《澠水燕談錄》中記下了一位在呂夷簡（979—1044）府前因吃閉門羹而破口大罵的游方術士「史不拘」的活靈活現的形象：

> 史延壽，嘉州人，以善相遊京師，貴人爭延之。視貴賤如一，坐輒箕踞稱爾我，人號曰史不拘，又曰史我。呂文靖公嘗邀之，延壽至，怒閽者不開門，叱之。閽者曰：「此相公宅，雖侍臣亦就客次。」延壽曰：「彼來者皆有求于相公，我無求，相公自欲見我耳。不開門，我竟還矣。」閽者走白公，公開門迎之。延壽挾術以游于世，無心於用舍，故能自重也如此。㊣

無獨有偶，沈括在《夢溪筆談》中也記有這樣一位因在貴人府邸門前吃閉門羹而拂袖而去的游方術士的故事。只是這次的主人公變成了賈昌朝（998—1065）和術士「許我」。而故事的結尾是，儘管賈昌朝「又使人謝而召之，終不至」。㊣177

游方術士的大量存在，既是宋代城鄉人口流動加劇的真實寫照，也是城鄉社會經濟繁榮的反映。他們頻繁出沒

於城鄉之間，居無定所，既為宋代城市與鄉間的卜算市場搭建起了溝通的橋樑，也為城鄉間經濟的發展注入了多樣的活力。

唐宋變革背景下宋代城市和鄉村的新型發展特點，造就了其城鄉經濟的繁榮。在此基礎上催生出的卜算市場較之前代也更具活力。不僅都市有大型卜算市場，即便如鄉野鎮市也有不同規模的卜市。越來越多的游方術士開始從農村走向城市，為當地的卜算市場及至城市經濟的發展貢獻力量。總之，宋代卜算市場的繁榮，既是其城鄉經濟發展的結果，也是城鄉經濟繁榮的展現。

參考文獻：

㊀ 葛金芳. 兩宋社會經濟研究[M]. 天津：天津古籍出版社，2010：14、33~36.

㊁ 周寶珠. 宋代東京研究[M]. 開封：河南大學出版社，1992：338.

㊂（宋）孟元老，伊永文箋注. 東京夢華錄箋注[M]. 北京：中華書局，2006.

㊃（宋）王安石. 王安石全集[M]. 長春：吉林人民出版社，1996.

㊄（宋）範鎮. 東齋記事[M]. 北京：中華書局，1980：28.

㊅（宋）陳鵠. 西塘集耆舊續聞[M]. 北京：中華書局，2002：55、56.

㊆有關大相國寺卜算市場發生的故事，還可以參閱（宋）江少虞撰《宋朝事實類苑》卷73，上海古籍出版社，1981年，第645頁；（宋）洪邁撰《夷堅志補》卷18《侯郎中》，中華書局，1981年，第1718、1719頁；（宋）蔡絛撰《鐵圍山叢談》卷3，中華書局，1983年，第41~43頁。

㊇梁庚堯. 南宋城市的發展[M]. 南宋研究論叢（上）. 杭州：杭州人民出版社，2008: 254~315.

㊈陳國燦. 南宋城鎮史[M]. 北京：人民出版社，2009: 4~9.

㊉（宋）張端義. 貴耳集[M]. 文津閣四庫全書第286冊，北京：商務印書館，2005: 579.

㊉（宋）洪邁. 夷堅志[M]. 北京：中華書局，2006.

㊋（宋）吳自牧. 夢粱錄[M]. 文津閣四庫全書第195冊，北京：商務印書館，2005: 783.

㊌蔡絛的《鐵圍山叢談》記錄了宋徽宗趙佶尚為端王時使人持其八字前往大相國寺卜肆問命之事，就提到了大相國寺開山門後諸卜肆方營業的情況：「太上皇帝端邸時多徵兆，心獨自負。一日呼直省官者謂之曰：『汝於大相國寺遲其開寺時，持我命八字往，即詣卦肆，遍問以吉凶來。第言汝命，勿謂我也。』直省官如言，至歷就諸肆問禍福，……翌日，還白端王。王默然，因又戒訪：『汝遲開寺，宜再一往見。第言我命，不必更隱。』」參見（宋）蔡絛撰《鐵圍山叢談》卷3，中華書局，1983年，第41~43頁。

㉗ 張其凡. 兩宋歷史文化概論[M]. 廣州: 廣東人民出版社, 2002.

㉘ 葛金芳. 中國經濟通史 (第五卷) [M]. 長沙: 湖南人民出版社, 2002: 481~495.

㉙ (宋) 黃休復. 茅亭客話[M]. 文津閣四庫全書第347冊, 北京: 商務印書館, 2005: 258.

㉚ 程毅中. 宋元小說家話本集[M]. 濟南: 齊魯書社, 2000: 54、55.

㉛ 胡道靜. 新校正夢溪筆談[M]. 上海: 上海人民出版社, 2011.

㉜ (法) 謝和耐. 中國社會史[M]. 北京: 人民出版社, 2010: 280、281.

㉝ (宋) 陸遊. 老學庵筆記[M]. 北京: 中華書局, 1979: 25.

㉞ (宋) 劉克莊. 後村先生大全集[M]. 宋集珍本叢刊. 北京: 線裝書局, 2004: 117.

㉟ (宋) 陸九淵. 陸九淵集[M]. 北京: 中華書局, 1960: 247.

㊱ 劉祥光. 宋代日常生活中的卜算與鬼怪[M]. 臺北: 政大出版社, 2013: 31~35.

㊲ (宋) 蔡絛. 鐵圍山叢談[M]. 北京: 中華書局, 1983: 86~88.

㊳ (宋) 王辟之. 澠水燕談錄[M]. 北京: 中華書局, 1981: 47.

宋代出版產業發展探微——
　以宋代術數書籍出版產業鏈的
建立為切入點

　　摘要：宋代術數文化較之前朝傳播的迅猛與當時出版產業的高度成熟密不可分。在宋代，伴隨著社會經濟的發展，卜算市場的成熟，雕版印刷業的普及，以市場為導向的術數書籍出版產業愈加完善。在經濟利益的驅動下，眾多文人、術士從事術數書籍的撰寫，最終形成一個市場——書坊商——寫作者之間的產業鏈，使術數書籍出版產業和術數文化在宋代社會迅速走向成熟。

　　關鍵詞：宋代；雕版印刷；術數書籍；出版產業

　　宋代術數文化較之前朝傳播迅猛。這與當時術數（占卜）書籍的廣泛流通密不可分。建立在宋代出版產業成熟背景下的術數書籍的廣泛傳播，是宋代術數文化繁盛不衰的重要原因之一。由卜算市場需求帶動的術數書籍產業發展，最終在宋代形成了一個市場——書坊商——寫作者之間的產業鏈。

一、雕版印刷：始于宋代普及的技術

　　雕版印刷術雖然發明于唐代，但是遲至晚唐、宋初的200餘年間並未得到普及。今天的唐代的雕版印刷物，除了少量佛教經卷外，並無一部文獻傳世。「唐末年猶未

有模印，多是傳寫。」㊀北宋初年，這一情況也未得到有效改善。據蘇軾回憶，其幼時當地讀書人所讀之書仍多為手抄：「……欲求《史記》、《漢書》而不可得。幸而得之，皆手自書。」㊁359考慮到成都是宋代四大刻書中心之一，讀書人欲求一刻本尚且如此困難，則宋初各地刻本書籍的出版必不甚樂觀。

雕版印刷在宋代開始大規模地投入應用，是在北宋中期。「近歲市人轉相募刻諸子百家之書，日傳萬紙，學者之於書，多且易致如此……」㊂359雕版印刷術的普及，使得宋朝書籍產量大增。田建平認為，書籍產量的巨大，導致了宋代書價的下降，基本上實現了書價的平民化。這在中國乃至世界書籍史上，堪稱「書價革命」。「書價革命」開啟了宋代書籍生產與消費的大眾化歷史。㊃與相對低廉的書價相比，宋代書籍的利潤極高（見表1）。

表1 宋代書價和賣書利潤表㊃370

項目 書名	冊數	刻地	時間	每部書價	每部工本費	每部盈利		資料來源
						數額	百分比	
《杜工部集》	10	蘇州	嘉祐四年（1059）	1000文	／	全部盈利數千緡	接近100%	《吳郡志》
《小畜集》	8	黃州	紹興十七年（1147）	3970文	1190文	2780文	233%	葉德輝《書林清話》
《大易粹言》	20	舒州	淳熙三年（1176）	8000文	3480文	4520文	130%	葉夢得《石林燕語》
《漢雋》	2	象山	淳熙十年（1183）	600文	356文	244文	70%	葉夢得《石林燕語》

　　何忠禮指出：「雕版印刷業到宋代有了突飛猛進的發展，官私刻本都很盛行。」㊣高額利潤的誘惑下，宋代眾多私家刻書作坊如雨後春筍般湧現。私刻本可分為家刻與坊刻兩種。家刻本多為士大夫家雇人雕刻的詩文集或筆記，基本上無關於社會需求；書坊所刻的坊刻本則以市場需求為導向，以牟利為目的。宋代眾多術數類書籍多由當時書坊所刊刻。①書坊刻書，在宋代幾乎遍及全國。南宋刻書地點有170多處，其中以兩浙路最多，江南東西路、荊湖南北路、福建路也不少。據考證，僅杭州一市有名可考的書鋪就有16處。㊈95、96汴京、臨安、成都、建安是宋代刻書的四大中心。㊉371-374兩宋雕版印刷業趨于鼎盛，刻本有數萬部之多。㊌611而能夠流傳至今的，也有六、七百種。㊅101

　　美國學者伊佩霞認為，宋代雕版印刷術的普及有助於思想與實踐的傳播與統一，但它對地方社會結構的影響還不僅限於此。在宋代，社會上印刷的書籍不僅有歷史、儒學經典和話本，還包括有關農業、生育、占卜和藥學的手冊。這樣，以前主要靠口頭流傳的傳統知識被訴諸文字，有利於人們進行批評或付諸實踐。老百姓可以讀到以前只有專家掌握的知識，他們可以自行舉行葬禮、占卜，或為自己的家人開方抓藥。㊋簡言之，雕版印刷術的興起，已經深刻影響到宋代地方社會結構。而本文探討的宋代術數書籍產業，正是在這一影響下崛起的新興產業。

二、術數書籍：宋代出版產業的重要板塊

術數書籍一直是宋代民間需求量較大的圖書種類，也因此成為當時出版業重點關注的板塊。至遲在晚唐時期，社會上已經出現大量雕版印刷的術數書籍。謝和耐認為，「有可能因複製宗教經文之需而引發的技術（雕版印刷術），首次使用時便帶有民眾性與商業性」。[九]劉國鈞明確指出，興起于晚唐的雕版印刷最初就是從印刷民間實用類書籍開始的，這其中就包含有大量的術數類書籍。[十]《玉海》引《國史志》曰：「唐末益州始有墨板，多術數、字學小書。」[十]《愛日齋叢鈔》轉引唐人柳玭《家訓序》中的記敘也證明了這一點：「中和三年癸卯夏，鑾輿在蜀之三年也，余為中書舍人，旬休閱書於重城之東南，其書多陰陽雜說、占夢、相宅、九宮、五緯之流，又有字書小學，率雕版印紙，浸染不可盡曉。」[十]

入宋以後，民間社會對術數書籍的需求有增無減。大量術數著作寫就、刻印和流通。周必大說：「今士大夫至田夫野老，人人喜於談命，故其書滿天下。」[十]文天祥亦言：「天下命書多矣。」[十]688 呂南公則提到了相墓相宅之書的氾濫：「墓宅之師，專門其書多與儒同。」[十]268究竟宋代的術數書籍多到什麼程度，雖然沒有當時確切的統計數據，但是還是可以從以下書錄的對比中得到一些啟示：

表2隋唐宋術數書籍數量統計表②

分類	收錄數	統計資料出處
五行	490 部 2381 卷	《隋書經籍志》
五行	113 部 485 卷	《舊唐書經籍志》
五行	160 部 647 卷	《新唐書藝文志》
卜筮、天文占書、五行	276 部 1149 卷	《崇文總目》
五行	691 部 2049 卷	《宋國史藝文志》
五行、蓍龜	888 部 2520 卷	《宋史藝文志》

　　對於表2，首先需要注意到的是，隨著時代的推進，術數也在不斷的調整與演進中，因而不同時代之書籍對於術數的分類情況是有較大差異的。這就難免出現隋、唐、宋三代目錄著作中術數範圍的不一。因而其數據並不能嚴格反映術數書籍在這一漫長時期的增減情況，不過大體上還是可以表現出術數書籍於這一時期的增減軌跡的。其次，《隋書經籍志》中對五行類的著錄包括隋以前之各代書籍，故其數量較多。《舊唐書經籍志》、《新唐書藝文志》、《崇文總目》、《宋國史藝文志》及《宋史藝文志》雖未全部標明其所收錄之書哪些是前朝的，哪些是本朝的，但考慮到術數類書籍在雕版印刷未普及之前存世極其困難③，故而可以認為其所收錄之書絕大部分都是本朝新出文獻。最後，《宋史藝文志》雖然收錄了兩宋絕大多數

時期的書籍，但由於其成書時缺漏情況也較明顯，因此，宋代術數書籍的實際數量應該要超過《宋史藝文志》中的統計數字。比如《宋朝事實類苑》就提到「書取天文、占候、讖緯、方術等書五千一十二卷，悉藏閣上」⊛，說明宋代的術數類書籍數量很可能遠遠超過《宋史藝文志》最後的統計數據。

　　在明確了上述三點後，再來看這個表格。對比該表中隋、唐、宋三朝術數類文獻的著錄情況，大體能看到以下兩點現象：一是宋代的術數書籍數量較之前朝更為龐大。《宋國史藝文志》中所收的691部2049卷，以及《宋史藝文志》中所收的888部2520卷，這兩組數據幾乎都相當於或超過了隋代以前（包括隋代）術數類書籍的總和。而無論是載于宋初的《崇文總目》、還是載于反映宋代大部分時期的《宋史藝文志》，其所載數值也都明顯高過唐代新、舊《唐志》中所著錄的同類書籍數量。這顯示出宋代術數書籍與前代相比在數量上有質的飛越。二是對比宋代不同時期的三部文獻，即宋初的《崇文總目》、反映北宋九朝的《宋國史藝文志》以及反映宋代大部分時期的《宋史藝文志》，發現術數類新書的出現頻率在整個宋代都處于較高的水準。兩宋三百餘年的歷史中，井噴式不斷湧現的術數新書，使術數文化一直處於一個較快的發展流布過程中。術數書籍也因此成為宋代出版產業的重要板塊。

三、文人、術士、書坊商：宋代術數書籍出版產業鏈的構建者

由於宋代社會對術數書籍的需求量極大，故而當時不乏以獲名逐利為目的的文人、術士專為書坊寫此類書。他們也因此成為宋代術數書籍出版產業鏈的重要生產者。朱熹（1130—1200）曾提到一本在當時頗為流行的託名麻衣道者所著的算命書《麻衣心易》（又名《麻衣易說》），後來他發現此書乃湘陰主簿戴師愈所著。此戴師愈者，就是一個專應書坊商所邀撰寫術數書籍的士人。朱熹前往此人家中時，發現其幾案上所著術數雜書頗多。㊶江西清江鄉貢進士廖中薈萃五十餘命家之言，輯成《五行精紀》一書。周必大（1126—1204）和岳珂（1183—1243）先後為此書作序，足見此書暢銷數十年不衰。歐陽守道提及江西鄉貢進士廖老庵以郭璞《葬書》為依據，集數百上佳風水墓穴圖，而編成風水書一部。㊷不知此作者是否就是廖中？戴氏與廖氏皆為士人，前者乃湘陰主簿，後者是鄉貢進士。二人雖已取得一定社會地位或功名，但卻似乎不以此為滿足，反而熱衷於此道，常年以編寫術數書籍為業，可知其中必有利益可圖。

宋代術數書籍的流布很快，新出之書往往數年間就會暢銷各地。北宋晁說之（1059—1129）自言於元祐三年（1088）在兗州習《京氏易傳》時，「乃據其傳為式」。這應該算是他編寫的一本術數書籍。「其後在江淮間，有好事者頗傳。」㊸㊹正因為此類書籍銷量不錯，因而宋代文

人從事術數書籍寫作的現象較為普遍。何夢桂（1229—1303）提到士人王希聲「少好山水，壯而益精，輯次諸家之說，斷之己意，以成一書，名曰《陰陽理學》」。㊷呂午（1175—1255）說士人遊務德「精於相地，手自注《狐首經》，書肆嘗為刊行」，「近又稍更定其注，且設為《或問》」。㊸遊務德對《狐首經》一再作注，看來此書頗有銷量。陳振孫（1183—約1261）《直齋書錄解題》中，有不少標明為當代文人所撰寫的術數書籍。⑤

劉祥光總結了宋代文人撰寫術數書籍的情況，並認為自南宋始，不少文人開始摒棄行業偏見，專業卜筮。㊹而從歷史記載看，因種種原因而專注於術數書籍撰寫甚或直接轉為術士的宋朝文人並非個案。這在一定程度上驗證了南宋袁采（約1140—1195）在《袁氏世範》中對子孫出路的設定：「士大夫之子弟，苟無世祿可守，無常產可依，而欲為仰事俯育之計，莫如為儒。……如不能為儒，則巫醫、僧道、農圃、商賈、伎術，凡可以養生而不至於辱先者，皆可為也。」㊺

儒者如此，術士們當然也要積極搶佔這個市場份額。宋代士大夫不乏為術士新書作序作跋的記載，足見當時術士們競爭于宋代術數書籍市場的努力。呂南公（1047—1086）曾替術士吳智伯的新書《相山新圖》作序。㊻268周紫芝（1082—1155）于靖康元年（1126）為一李姓風水師的新作寫序。㊼曾豐（1142—1224）曾為術士鄧浩所著的《立見曆》作序。㊽文天祥也曾為術士彭叔英的《談命

錄》作跋。㊟693

　　僅僅有文人、術士的參與創作還遠遠不夠，書坊商們在宋代術數書籍出版產業鏈中扮演至為重要的角色。他們往往依據市場導向而出版時下流行的術數書籍，甚至專聘文人、術士來為書坊捉刀。如本文前舉《麻衣心易》即為一例。另如《珞琭子》一書，兩宋注本甚多，坊間層出不窮，雖「此書祿命家以為本經」，但是據陳振孫的考證，該書「其言鄙俚，間巷賣卜之所為也」。又如《五星三命指南》一書，陳振孫注解到：「不知名氏。大抵書坊售利，求俗師為之。」㊟更有大量托古自重的偽書充斥書市，諸如《李虛中命書》（署名唐李虛中）、《鬼谷子遺文》、《鬼谷子要訣》、《鬼谷子命格》（以上三書皆署名鬼谷子）、《宰公要訣》（署名唐魏徵）、《隱迷賦》（署名漢司馬季主）、《指迷賦》（署名漢東方朔）、《太乙統紀書》（署名唐李吉甫）、《百忌曆》（署名唐呂才）、《太乙經》（署名袁天罡）、《化成書》（署名漢東方朔）等命學書籍。這些托古自重的偽作，恐怕也是宋代書坊商們書市促銷的傑作。㊟

四、小結

　　伴隨著雕版印刷術的普及，以市場為導向的出版產業在宋代逐漸行成和發展，由此推動術數書籍和術數文化在宋代社會迅速走向成熟。宋代寫作者、書坊商、市場之間已經形成一定規模的產業鏈。眾多擁有術數知識的文人和

術士，為逐利而捲入這類書籍的寫作流水線中；書坊商們瞄準市場商機，大規模的刻印術數書籍或雇人捉刀；而廣大的消費者則在書市中尋找到自己生活所需的術數知識，並將這種文化逐漸蔓延開來。

注釋：

①然而一些士大夫依據個人喜好或牟利等原因也會刊刻一些市場上流行的術數書籍。如宋代最重要命理文獻《五行精紀》就曾由岳珂刻印過，並留有其為該書所作之序。

②本表中所統計的數字，《隋書經籍志》五行類中，實際著錄圖書383部，1389卷。「梁有今亡」（唐初已經亡佚）的圖書152部，992卷；《崇文總目》中，卜筮類占60部114卷，天文占書類占51部197卷，五行類占165部838卷；《宋國史藝文志》五行家中，《三朝志》占442部1496卷，《兩朝志》占115部161卷，《四朝志》占134部392卷；《宋史藝文志》中，五行類占853部，著龜類占35部。

③比如《新唐書藝文志》中著錄的命理書籍，流傳至宋代的應該只有楊龍光的《推計祿命厄運詩》，但《宋史藝文志》題為《祿命厄運歌》，或其內容已有較大更改，只是宋代術士或坊間書商托古自重而已。

④《直齋書錄解題·卜筮類》中錄有署名晁說之的《京氏易說》。不知此書是否就是流行于江淮的這本書。

⑤參見（宋）陳振孫撰《直齋書錄解題》卷12《陰陽家類》、《卜筮類》相關著錄。

參考文獻：

㊀（宋）羅璧. 識遺[M]. 長沙：岳麓書社，2010：3.

㊁（宋）蘇軾. 蘇軾文集[M]. 北京：中華書局，1986：359.

㊂田建平. 書價革命：宋代書籍價格新考[J]. 河北大學學報（哲學社會科學版）2013（5）：47~57.

㊃葛金芳. 中國經濟通史（第五卷）[M]. 長沙：湖南人民出版社，2002：.

㊄何忠禮. 南宋科舉制度史[M]. 北京：人民出版社，2009：285.

㊅倪士毅. 中國古代目錄學史[M]. 杭州：杭州大學出版社，1998：、.

㊆白壽彝總主編、陳振主編. 中國通史（第七卷）[M]. 上海：上海人民出版社，2004：611.

㊇（美）伊佩霞著、趙世瑜、趙世玲、張宏豔譯. 劍橋插圖中國史[M]. 濟南：山東畫報出版社，2002：113.

㊈（法）謝和耐著、黃建華、黃迅餘譯. 中國社會史[M]. 北京：人民出版社，2010：296.

㊉劉國鈞. 中國書史簡編[M]. 北京：書目文獻出版社，1982：59.

㊊（宋）王應麟. 玉海[M]. 揚州：廣陵書社，2003：811.

㊋（宋）佚名. 愛日齋叢鈔[M]. 叢書集成初編. 北京：中華書局，1985：5.

㊌（宋）廖中. 五行精紀[M]. 北京：華齡出版社，2010：1.

㉞ (宋) 文天祥. 文山集[M]. 文津閣四庫全書第395冊, 北京: 商務印書館, 2005: 、.

㉟ (宋) 呂南公. 灌園集[M]. 文津閣《四庫全書》第375冊, 北京: 商務印書館, 2005: .

㊱ (宋) 江少虞. 宋朝事實類苑[M]. 上海: 上海古籍出版社, 1981: 394.

㊲ (宋) 朱熹. 晦庵先生朱文公文集[M]. 朱子全書第24冊, 上海: 上海古籍出版社、合肥: 安徽教育出版社, 2002: 3833~3835.

㊳ (宋) 歐陽守道. 巽齋文集[M]. 文津閣四庫全書第395冊, 北京: 商務印書館, 2005: 462.

㊴ (宋) 晁說之. 景迂生集[M]. 文津閣四庫全書第373冊, 北京: 商務印書館, 2005: 736.

㊵ (宋) 何夢桂. 潛齋集[M]. 文津閣四庫全書第397冊, 北京: 商務印書館, 2005: 162.

㊶ (宋) 呂午. 竹坡類稿[M]. 續修四庫全書第1320冊, 上海: 上海古籍出版社, 2002: 212.

㊷劉祥光. 宋代日常生活中的卜算與鬼怪[M]. 臺北: 政大出版社, 2013: 64~74、161~165.

㊸ (宋) 袁采. 袁氏世範[M]. 文津閣四庫全書第232冊, 北京: 商務印書館, 2005: 207.

㊹ (宋) 周紫芝. 太倉稊米集[M]. 文津閣四庫全書第381冊, 北京: 商務印書館, 2005: 411.

㊺ (宋) 曾豐. 緣督集[M]. 文津閣四庫全書第386冊, 北

京：商務印書館，2005：377.

㉗（宋）陳振孫. 直齋書錄解題[M]. 宋元明清書目題跋叢刊. 北京：中華書局，2006：：371、372.

㉘劉國忠. 唐宋時期命理文獻初探[M]. 哈爾濱：黑龍江人民出版社，2009：：122~144.

（本文原載於《九江學院學報》（社會科學版）2019年第3期）

試論東漢時期佛、道二教的融合與分離

摘要：東漢時期佛、道二教經歷了由分至合、合而復分的發展軌跡。當佛教初來中國、面臨人地兩生的窘境時，它選擇了依附於道教；而在佛教逐漸深入民間，教義日趨完善之時，它又必然地走向獨立，尋求更大的發展空間。道教初創之時，由於其紮根於中國傳統文化，具有深厚的民間基礎，因而盛極一時，佛教也甘為其附庸。可是當它因受到黃巾起義的牽連而遭遇政治打壓時，它的發展勢頭幾被攔腰截斷，加之與佛教教義的矛盾漸深，佛教終於離它而去。

關鍵詞：東漢；佛教；道教；融合；分離

佛教與道教，是兩千年來中國社會受眾最多，持續時間最久、影響最大的兩大宗教。佛教與道教幾乎同時大行於中國，前者為舶來品，自東傳中國後便面臨人地兩生的困難局面，東漢後期曾短暫依附於道教，後趁道教衰微之時獨立出來，經與中國傳統文化不斷碰撞融合而逐漸本土化、中國化，成為中國第一大宗教；後者則是中國土生土長的宗教，雖自創立之初就深植於中國的民眾基層之中，但由於受到黃巾起義的牽連及教義發展的滯後，「讓佛教佔先了一步。一步落後，步步落後，二千年來，一直沒有能超過佛教」〇。佛、道二教在東漢時期經歷了合與分、與

衰交替的過程，由此觀之，則東漢一朝，實為佛、道二教
發展的關鍵時期。

一、東漢時期佛、道二教的產生與融合

佛教自東傳中國後便面臨人地兩生的困難局面，後經
與中國的黃老之學、神仙方術繼而道教的融合而逐漸為中
國人所接受。道教作為中國土生土長的宗教，由於其深植
於民間，因而自創立之初就受到民眾的歡迎。東漢後期，
佛教也曾經一度依附於道教。

（一）佛教的東傳及道教的產生

佛教產生於西元前6世紀的印度，約在兩漢之際由西域
傳入中國。關於佛教的傳入，傳說甚多，有些至今為僧侶
及學者們深信不疑，但通過歷史考證，種種說法均不能作
為信史。佛教最早傳入中國的可信記錄，見於《三國志·
魏書·東夷傳》注所引《魏略·西戎傳》：「昔漢哀帝元
壽元年（前2年），博士弟子景盧受大月氏王使伊存口授
《浮屠經》。」㊀由此可知，西漢末年佛教在漢地已有傳
播。東漢建立後，雖然光武帝劉秀並未打算經營西域，但
是西域諸國與中原的聯繫並未中斷，僅光武、永平兩朝兩
地互相往來見於史冊的記載就有多處㊁。在漢地與西域的頻
繁交往中，佛教也終於被正式引入中原。千百年來流傳最
廣的佛法東來版本，是漢明帝永平感夢遣使求法說。關於
漢明帝感夢遣使求法的記載很多，最早的記載見於東漢的
《四十二章經序》：「昔漢孝明皇帝，夜夢見神人，身體

有金色，項有日光，飛在殿前。意中欣然，甚悅之。明日問群臣：『此為何神也？』有通人傅毅曰：』臣聞天竺有得道者，號曰佛。輕舉能飛，殆將其神也。』於是上悟，即遣使者張騫、羽林中郎將秦景、博士弟子王遵等十二人，至大月支國，寫取佛經。四十二章在十四石函中。」⑭除去裡面的傳說成分，我們大致認同東漢永平年間佛教已被正式引入中原。

　　東漢桓帝之前，譯出的佛經似只有一部傳說性與真實性並存、體例似論語的《四十二章經》。至桓帝時，始有安息僧人安世高等來華大量譯經，漢傳佛教的譯經工程自此才算正式啟動。直到漢魏之際，中國人自己撰寫的第一部佛教著作《牟子理惑論》誕生⑮，這標誌著佛教已初步根植於中國，其本土化已邁入一個嶄新的時期。

　　與佛教不同，紮根於中國古代社會的道教並沒有明顯的創教時期。道教創教時間長、線索分散，「並非經由同一途徑、在同一地區和同一時期形成的，並且很長時間內沒有一個統一的穩定的教團組織，因而中國道教史的上限極不易認定」⑯。任繼愈認為，中國的道教主要源於古代宗教和民間巫術、戰國至秦漢的神仙傳說與方士方術、先秦老莊哲學和秦漢道家學說、儒家與陰陽五行思想、古代醫學與體育衛生知識⑰。由於源流眾多，筆者對此不再一一追溯。中國的道教約產生於東漢順帝時期，「東漢順帝時，以黃老學說為基礎，吸收傳統的鬼神觀念和迷信方術，正式形成道教」⑱。這時的道教，雖依託于黃老學說，但其

教義、教團組織尚不完備，我們姑且稱為原始道教。原始道教的形成地大致有二：張陵創立的「五斗米道」風行于巴蜀漢中；于吉創立的「太平道」興起于東方青徐。其中于吉所作的《太平清領書》——即後世的《太平經》，是道教最早的典籍。《太平經》問世以後，很快就受到統治階級的重視，「初，順帝時，琅邪宮崇詣闕，上其師于（于）吉于曲陽泉水上所得神書百七十卷，皆縹白素朱介青首朱目，號《太平清領書》。其言以陰陽五行為家，而多巫覡雜語。有司奏崇所上妖妄不經，乃收臧之」⑨。看來，由於書中內容「多巫覡雜語」，當時統治者對此書抱有警戒心理。據說東漢末年張角兄弟以太平道發動黃巾起義時，就曾利用過《太平經》，「後張角頗有其書焉」⑩。雖然此說頗為牽強，因為《太平經》本身不少內容是宣揚忠君理論的，但至少說明東漢末年此書社會影響還是不小，也說明道教創立之初即深深根植於民間社會。作為道教的元典，《太平經》的問世是道教在中國成立的重要標志之一。

（二）黃巾大起義以前佛教對黃老之學、神仙方術及道教的依存

印度教義，如何才能在中國傳播；外來之神，怎樣才能為中國人所崇拜？這是佛教西來後面臨的首要難題。事實上，自佛教傳入中原，它便一直依附於中國本土的宗教。因為「人們是否接受一種外來宗教，要看它能否為他們理解並符合他們的需要」⑪。佛教若要為中國人理解和

接受，最簡便的手段是依附於一種很為中國人接受和需要
的宗教。兩漢時期，道家思想、神仙方術盛行，至東漢後
期，道教興起。於是佛教依存於它們，先為黃老方術之一
種，繼而為道教之附庸。

　　佛教在傳入中國時常被認作道家黃老之學和神仙方術
的一種。根據《後漢書》的記載，楚王「英少時好遊俠，
交通賓客，晚節更喜黃老，學為浮屠齋戒祭祀」㊼。漢明帝
對此的反應是：「楚王誦黃老之微言，尚浮屠之仁祠，潔
齋三月，與神為誓，何嫌何疑，當有悔吝？其還贖，以助
伊蒲塞桑門之盛饌」㊽。又，襄楷聽說桓帝宮中並立黃老、
浮屠之祠，評價「此道清虛，貴尚無為，好生惡殺，省欲
去奢」㊾。則可知其時統治者往往將浮屠（佛）與黃老混
為一談，也說明佛教真正教義還遠不能為世人所理解，人
們僅能就佛教的仁慈思想與道家的黃老之學相混同。除此
之外，佛教也是當時盛行的神仙方術的一類，這在當時流
傳的佛學著作中都可以看到痕跡。如《四十二章經序》描
繪佛「身體有金色，項有日光，飛在殿前」。《四十二章
經》描繪阿羅漢「能飛行變化，曠劫壽命，住動天地」，
阿那含「壽終，靈神上十九天，證阿羅漢」㊿。這些分明是
對先秦以來漢地神通廣大的仙人、真人的描繪，與佛教的
神明相差甚遠。楚王劉英、漢桓帝等人立浮屠祠的主要目
的，也是認為佛能保佑他們長生不老。

　　東漢順帝以後，依據黃老之學、讖緯方術等諸多成分
形成的原始道教在民間勃興，原本為黃老方術一種的佛教

也自然而然地被併入了當時的道教。在道教重要元典《太平經》中，我們可以看到其中就引入了大量佛教詞匯，如「本起」、「轉輪」、「精進」、「三界」、「降服」、「妄語」、「善哉善哉」、「開示」、「四十八部戒」、「法界」、「因緣」、「度世」等⑬，這些詞匯的引入，一方面說明佛教至少在順帝時期就已在民間產生一定影響，另一方面也說明道教創立之初即把佛教視為其一個分支而對其內容有所吸納。另外，《太平經》卷117《天咎四人辱道誡第二百八》提到了所謂「四毀之行」，指出一些學道之人脫離父母、妻子，以乞討度日⑭。湯用彤先生認為：「夫出家棄父母，不娶妻，無後嗣，自指浮屠之教也。」⑮《太平經》問世之時，道教初立，而佛教傳入內地已有多年，形成了自身的一些教規，但是道教徒們並未把佛教看成是一門獨立的宗教，而是將其納入己教，並申斥佛教徒的部分教義不合道教之規。

相比之下，道教對佛教的影響表現得似乎更為深遠，其例證之一是，在之後漫長的魏晉南北朝時期，佛教僧侶往往以道士自稱：「頃西域道士弗若多羅者，是罽賓持律，其人諷十誦胡本。」「十五年，歲昭陽鬥若，出長阿含，涼州沙門佛念為譯，秦國道士道含筆受。」⑯其例證之二是，許多僧傳可見的高僧皆以道術見長：漢末安世高「七曜五行之象，風角雲物之占，推步盈縮，悉窮其變；兼洞曉醫術，妙善針脈，睹色知病，投藥必濟；乃至鳥獸鳴呼，聞聲知心」⑰。

　　東漢後期佛教之所以依附於道教，是有其深刻的歷史背景的。東漢後期土地兼併嚴重，人民流離失所，中央政治腐敗，民族、階級矛盾尖銳。《後漢書·仲長統傳》描繪當時的富人是：「豪人之室，連棟數百，膏田滿野，奴婢千群，徒附萬計。船車賈販，周于四方；廢居積貯，滿於都城。琦賂寶貨，巨室不能容；馬牛羊豕，山谷不能受。妖童美妾，填乎綺室；倡謳伎樂，列乎深堂。三牲之肉，臭而不可食；清醇之酎，敗而不可飲。」㉒而昏瞶的統治者「……見天下莫敢與之違，自謂若天地之不可亡也，乃奔其私嗜，聘其邪欲，君臣宣淫，上下同惡。」㉓嚴酷的歷史環境為宗教的發展提供了適宜的社會環境。首先，面對苦難的現實，人民群眾希望憑藉宗教獲得精神的安慰；其次，自漢武帝以來確立的天人感應說已不能治世，儒家思想衰落，名法、道家、佛教思想紛紛而起。統治階級此時也迫切需要一種新的宗教思想來麻痹人民群眾，鞏固自身統治；最後，張陵、張角等人也看到宗教對於組織發動人民起義、建立農民革命政權的巨大作用。在多重因素的影響下，道教於是在東漢後期誕生了。由於它紮根於中國傳統文化，是中國土生土長的宗教，因此它從一登上歷史舞臺起，就立刻風靡中國。而作為外來宗教的佛教，其譯經工程還未開始，其教義本土化程度不高，還不能為中原民眾廣泛接受。由於它尚不能獨立成教，於是也選擇依附于道教，甘為道教的一支。

二、東漢末年佛、道二教的衝突與分離

佛、道二教在東漢末年黃巾大起義被鎮壓後即開始走向分離，確切地說，是佛教開始獨立於道教而再謀發展。由早期的依附于黃老神仙方術繼而道教，到後來與道教分道揚鑣，佛教為什麼不願再做道教的附庸，憑藉道教的勢力而發展？從內在矛盾上講，是隨著佛教教義的逐漸完善，佛、道二教教義愈發勢如水火，難以融合；從各自發展的態勢上講，道教在當時受到政府的壓制，走向衰落，佛教已無需再依附之；而佛教影響漸大，已逐漸深入民間，並通過大量譯經等活動不斷完善強大起來，可以獨立發展。

（一）由《牟子理惑論》、《太平經》看東漢末年佛、道二教教義思想之矛盾

我們首先從佛、道兩教教義的矛盾來理解當時佛道二教分離之必然。由於中國早期佛教著述較少，尤其是本土著述更為稀有，最能反映東漢末期佛教發展狀況的首推漢魏之際成書的《牟子理惑論》；考慮到道教自黃巾起義以後直至魏晉，其教義基本處於停滯時期，所以我們認為，道教元典《太平經》還是最能反映其基本教義的。選取此二書作分析樣本，可以直觀具體地認識東漢末年佛、道二教的教義之矛盾，從而不難理解兩種宗教為什麼會必然走向決裂。

對比《牟子理惑論》與《太平經》，我們大致可以把當時佛、道兩教的教義衝突概括為以下三點。

1. 佛教重佛，道教奉天

佛教自傳入漢地以來，為了迎合人們的需要，對道家的老子，儒家讚賞的堯、舜、周公、孔子等聖人皆推崇備至，但是此時佛教的最高神明顯然已不是道教之聖人老子。《牟子理惑論》的一個突出觀點是以佛為獨尊。「佛經所說，上下周極含血之類物，皆屬佛焉。」㉔又如牟子在定義佛時所說：「佛者，謚號也。猶名三皇神、五帝聖也。佛乃道德之元祖，神明之宗緒。佛之言覺也。恍惚變化，分身散體，或存或亡，能小能大，能圓能方，能老能少，能隱能彰，蹈火不燒，履刃不傷，在汙不染，在禍無殃，欲行則飛，坐則揚光，故號為佛也。」㉕以三皇五帝作比，與真人至人相類，文中的佛之尊貴神通可見一斑。然後，牟子又將儒家推崇的四位聖人——堯、舜、周公、孔子地位放在佛之下。「四師雖聖，比之於佛，猶白鹿之與麒麟，燕鳥之與鳳凰也。堯舜周孔且猶與之，況佛身相好變化，神力無方，焉能舍而不學乎？」㉖兩漢自武帝起，罷黜百家，獨尊儒術，儒聖地位之高，幾與天齊。而牟子敢於漢末言此，我們可以推知當時的佛教徒對佛的頂禮膜拜程度。

《太平經》則創造了一套神仙系統，神仙等級從上到下分為六等：「一為神人，二為真人，三為仙人，四為道人，五為聖人，六為賢人。」㉗然而道教的神仙並非天地萬物最高統治者，「此皆助天治也」㉘。「天」，才是最高統治者，擁有最高神威。《太平經》所描繪的「天」，是

有意志、至高無上的萬物之主宰。諸如神仙、天君皆受其管轄。「天亦信善人，使神仙度之也。」「天復善之，貪化以助天君治理」㉕。作為一部問答體的經書，書中形式基本上是「真人」、「大神」提問，「天師」、「天君」作答。「天師」、「天君」可以看作是「天」的代表，他們奉「天」而答，他們的話，就是「天」的旨意。若人順「天」旨意，「天」可助帝王治天下。

佛教重佛，而道教奉天，兩教神明不同，又豈能合為一教？

2. 佛教主張離家棄財，斷欲去愛；道教重功名，重廣嗣

無論佛教、道教，都要求信徒儘量寡欲清心。桓帝時襄楷認為，黃老、浮屠「此道清虛，貴尚無為，好生惡殺，省欲去奢」㉖。從中可以看到在時人看來，二教都要求省欲去奢。然而到東漢末年，佛、道兩教對塵世的功名利祿、聲色享受的態度有了顯著區別。

在《牟子理惑論》中，我們看到佛教講的是斷欲去愛，拋家棄財。「沙門棄妻子，捐財貨，或終身不娶」㉗，沙門離家棄財的行為很難為中國人所接受，佛教提倡的斷欲去愛思想也與中國儒家傳統思想相悖，為了讓世人接受佛教宣揚的出世觀念，牟子甚至用孔子、老子的話來自圓其說：「富與貴是人所欲，不以其道得之，不處也；貧與賤是人之所惡，不以其道得之，不去也。《老子》曰：五色令人目盲，五音令入耳聾，五味令人口爽，馳騁畋獵令

人心發狂，難得之貨令人行妨，聖人為腹不為目。'此言豈虛哉？」⑬牟子廣泛引用儒家、道家經典來解釋沙門為何要拋家棄妻，過禁欲生活，證明當時佛教要想在中國傳播，還不得不借助久已盛行的儒、道等中國傳統思想。

道家當然也講求清心寡欲，但絕非離世絕欲。《太平經》中多次表示出道教對為官致仕的嚮往。「因為德行，或得大官，不辱先人，不負後生。」⑭「或得官位，以報父母，或得深入道，知自養之術也。」⑮「上賢可以為國輔，中賢可為國小吏，下賢不能仕者，可長養其親，而久守其子孫。」⑯除了出則致仕的觀念，《太平經》還提倡廣嗣，並較隱晦地提到了房中術。襄楷於桓帝時重獻《太平經》時說：「前者宮崇所獻神書，專以奉天地順五行為本，亦有興國廣嗣之術。」⑰這裏已明白無誤地告訴我們，此書是兼備「廣嗣之術」。書中提到天氣異常及弦、望、朔、晦、血忌、反支等時日行房對胎兒是不利的。「或當懷妊之時，雷電霹靂，弦望朔晦，血忌反支，以合陰陽，生子不遂，必有禍殃」⑱。書中也講到心情愉悅與否對行房會產生重要影響。「男女樂則同心共生，無不成也。不樂，則不肯相與歡合也，怒不樂而強歡合，後皆有凶」⑲。《太平經》對子嗣觀念的強調和對房中術的重視，開道教對房中術研究之濫觴。姜守誠認為，道教視房中術有子嗣傳承和保健養生之功效⑳。這也許有助於我們理解《太平經》對此的熱衷。

佛教主張離家棄財，斷欲去愛。道教則重功名，重廣

嗣，甚至於書中記錄大量房中之術。此中之差別，何止天壤。

3. 佛教宣揚生死輪回，人終有一死；道教認為人只此一生，修道可免不死

　　眾所周知，佛教是宣揚因果報應、生死輪回的。《牟子理惑論》中講到：「有道雖死，神歸福堂。為惡既死，神當其殃。愚夫闇於成事，賢智預於未萌。」「陰施出於不意，陽報皎如白日。況傾家財，發善意，其功德巍巍如嵩泰，悠悠如江海矣。懷善者應之以祚，挾惡者報之以殃。未有種稻而得麥，施禍而獲福者也。」㊴有趣的是，佛教有很多教義起初傳入中國時不被接受，但是中國人對善惡報應、靈魂轉世的說法接受很快。這是因為中國自古就有靈魂不滅的思想，但是人們對死後世界的構造卻很貧乏，佛教此說的傳入，滿足了人們對彼岸世界的需求。

　　生命的歸宿是什麼？《太平經》給出的答案是，凡人必命終入土，無復來世。「夫人死者乃盡滅，盡成灰土，將不復見。今人居天地之間，從天地開闢以來，人人各一生，不得再生也。」㊵只有修道之人可以延壽或成仙以避不死。「故得道者，則當飛上天，亦是其去世也。不肯力為道者，死當下入地，會不得久居是中部也。」㊶任何宗教的產生無不是以斷除人生煩惱、得到生死解脫為終極目的。《太平經》認為凡人是難逃一死且無來世，會永遠消失，這是因為當時道教缺乏對彼岸世界的構想，為了解決這個問題，唯一的途徑便是通過辟穀等方法求道成仙以避不死。

針對《太平經》宣傳的修道成仙之說，《牟子理惑論》對其進行反駁，認為「此妖妄之言，非聖人所語也」[⑫]。牟子指出，《太平經》等「神仙之書，聽之則洋洋盈耳，求其效，猶握風而捕影。是以大道之所不取，無為之所不貴」[⑬]。《牟子理惑論》的重要思想之一，即是批判道教之長生不死的荒謬。其實二者對彼岸世界的描述，都是唯心的，所不同的是，為求人生解脫，佛教產生了重來世的因果輪回說，道教形成了重今生的修道成仙說，佛、道二教的人生解脫方式可謂正好相左。

（二）東漢末年佛、道二教走向分離

道教初創之時，由於其紮根於中國傳統文化，具有深厚的民間基礎，因而盛極一時，佛教也甘心為其附庸，借其勢力而發展；東漢末年張角以太平道為起義的組織工具，發動黃巾大起義。起義被鎮壓之後，由於受到牽連，道教也遭遇政治打壓，其發展勢頭受到嚴重影響。與此同時，佛教逐漸深入民間，教義日趨完善，尤其是從桓帝時開始的佛經翻譯此後持續千餘年之久，掀開了漢地佛經翻譯的輝煌篇章。在這種背景下，佛教必然走向獨立，尋求更大發展空間。

1. 東漢末年道教的衰落和佛教的乘虛而入

自道教誕生以來，東漢政府即對其採取審慎保留的態度。如《太平經》產生之後，官方認為「其言以陰陽五行為家，而多巫覡雜語。有司奏崇所上妖妄不經，乃收藏之」[⑭]。東漢末年，張角以太平道為組織工具，在中原

八州發動黃巾大起義。雖然起義被東漢政府及各地軍閥殘酷鎮壓下去，但它嚴重動搖了東漢朝廷的統治根基，使之名存實亡。由於農民起義曾把道教作為起義的工具，因此黃巾起義失敗後，道教也受到了牽連，遭受到統治階級的壓制。東漢政府對於太平道的一些巫術、儀規加以嚴厲禁止：「光和七年，張角等謀，誅其逆黨內外姻屬。諸事老子妖巫醫卜，並皆廢之。」㉗任繼愈認為，自東漢迄魏晉南北朝，道教的發展凡經三變：一是東漢晚期為原始道教從民間崛起和形成的時代；二是三國兩晉之際，民間道教發展轉趨停滯；三是東晉以後民間道教經過改造，發展為以仙道為中心的成熟的官方化的新道教㉘。由此我們可以清晰地發現，由於漢末黃巾起義失敗，漢中張魯政權消亡，道教明顯遭受到自成立以來的第一次大劫難。

　　任繼愈說：「道教的命運不濟，錯過了大發展的機會，讓佛教佔先了一步。一步落後，步步落後，二千年來，一直沒有能超過佛教。」㉙任繼愈所指道教的命運不濟，是指道教受黃巾起義牽連，長期遭到統治階級壓制的事實。道教的衰落使一直依附於它的佛教產生了離心的傾向，加之當時的中國宗教界出現了真空，這為佛教的空間拓展提供了空前有利的條件，於是佛教開始獨立于道教而自立。值得注意的是，東漢王朝雖下令禁止道教的一些宗教活動，但對佛教卻相當寬容，「其有奉佛五戒勿坐」㉚，「宗教的存在和發展要靠民眾，為了更大的發展則須依靠政權上層的支持」㉛。如果說道教是從反面證明了這一點的

話，那麼佛教則是從正面印證了這句話的正確性。佛教抓住了這千載難逢的好時機，「乘虛而入」，發展自己。歷史證明，之後的佛教不僅脫離了道教，而且將道教遠遠甩在了身後。

2. 佛教的發展壯大使之脫離道教走向獨立

道教在漢末的衰落的確給了佛教乘虛而入的機會，然而佛教兩千年來對道教始終處於優勢地位的史實，則表明佛教的強大絕非僅靠著歷史對它的這一次恩賜。佛教的發展，更多地是源於它對中國社會的不斷滲透和自身的不斷完善。

佛教自傳人中國以來，一度面臨人地兩生的困境，但是經過一兩百年的發展，它不再僅僅是作為方術被少量上層貴族所迷信，而是已逐漸地深入民間。《三國志・吳志・劉繇傳》記載，東漢末年笮融在被任命督管廣陵、下邳、彭城三地的糧食運輸時，曾大起佛寺，開浴佛法會：「（笮融）乃大起浮圖祠，以銅為人，黃金塗身，衣以錦采，垂銅槃九重，下為重樓閣道，可容三千餘人，悉課讀佛經，令界內及旁郡人有好佛者聽受道，復其他役以招致之，由此遠近前後至者五千餘人。每浴佛，多設酒飯，布席于路，經數十裡，民人來觀及就食且萬人，費以巨億計。」㊳這是中國正史第一次明確記載漢地興建佛寺佛像，民眾信仰佛教。不論其中真心信佛者能有幾人，這段文字至少可以說明，在東漢末年佛教已開始深入民間。

佛教自身的不斷建設、完善也是其得以逐漸走向獨立

的重要內因。佛教的建設，首先表現在對戒律的不斷引入。最早的《四十二章經》中就提到沙門「常行二百五十戒」。經書還對沙門應遵守的一些行為作簡單介紹。漢順帝時成書的《太平經》曾批評一些學道人做出「四毀之行」，脫離父母、妻子，乞討度日。任繼愈先生以為，書中對「四毀之行」的批評未必是針對佛教的，「它是駁斥當時流行的一些神仙道術的」②。湯用彤先生則確認此「自指浮屠之教也」②。筆者這裏妄加揣摩，這些學道之人雖未必盡是依附于道教之佛教徒，但應以佛教徒為主。這說明至少於順帝時，一些外國沙門已在漢地遵行沙門的戒律。與牟子對話的「惑者」曾提出：「今沙門耽好酒漿，或畜妻子，取賤賣貴，專行詐紿，此乃世之偽，而佛道謂之無為邪？」③這說明當時世人也比較曉解佛門的一些基本戒律，並能指出一些沙門不守戒律之處。

　　佛教對自身教義的完善還突出表現在佛經翻譯事業的蓬勃發展上。自漢明帝時佛教被正式引入中國後，佛經的翻譯長期處於停滯狀態。期間似只有一部譯了只言片語且非常道教化的《四十二章經》。「《四十二章經》，雖不含大乘教義、《老》《莊》玄理，雖其所陳朴質平實，原出小乘經典，但取其所言，與漢代流行之道術比較，則均可相通」④。至東漢桓帝時，有安息僧人安世高等來華大量譯經，佛經的翻譯事業從此面貌一新。根據《出三藏記集》的統計，從桓帝至獻帝的40餘年中，共譯出佛經54部，74卷。這次譯經浪潮從東漢末年開始，至宋代截止，

綿延千餘年。佛經翻譯工程之浩大，有力地說明瞭佛教千餘年來對其自身發展的不懈努力。這也是佛教能夠脫離道教，近兩千年來長盛不衰的重要原因之一。

三、結論

綜上所述，東漢時期佛、道二教經歷了由分至合、合而復分的發展軌跡。當佛教初來中國，面臨人地兩生的窘境時，它選擇了依附於道教；當佛教逐漸深入民間，教義日趨完善之時，它又必然地走向獨立，尋求更大的發展空間。而道教初創之時，由於其紮根於中國傳統文化，具有深厚的民間基礎，因而盛極一時；可是當它因受到黃巾起義的牽連而遭遇政治打壓時，它的發展勢頭幾被攔腰截斷，而其教義的發展，自此之後長時期內未有長足進步，所以道教不可避免地長期落後於佛教了。對此，學界已有相關研究探討，值得思考和借鑒⑦。深厚的社會根基、適切的宗教教義，是宗教發展強大的內在原因，而有力的政府扶持，則是宗教得以獲得更大發展的基本保證。相反，若沒有深厚的民眾基礎和完善的教義，甚至其發展還嚴重損害了政府的權益，那麼宗教的命運便可想而知了。

參考文獻：

①②③④⑤⑥⑦任繼愈：《中國道教史》（上卷），中國社會科學出版社，2001年版，《序》、7、9～16、5、《序》、《序》。

㊲（晉）陳壽撰，（宋）裴松之注：《三國志》，中華書局，1959年版，《魏書·東夷傳》、《吳志·劉繇傳》。

㊳㊴㊵任繼愈：《中國佛教史》（第一卷），中國社會科學出版社，1981年版，第88～90、127、203、137頁。

㊶㊷《大正新修大藏經》，佛陀教育基金會，1990年版，卷五十二，史傳部四，（東漢）迦葉摩騰、法蘭譯：《四十二章經》。

㊸關於《牟子理惑論》的成書年代，湯用彤認為應在東漢末年獻帝時，參見湯用彤：《漢魏兩晉南北朝佛教史》，北京大學出版社，1997年版，第85頁。而任繼愈推算，此書的形成時間是三國孫吳初期，參見任繼愈：《中國佛教史》（第一卷），中國社會科學出版社，1981年版，第201頁。

㊹㊺㊻㊼㊽㊾㊿（宋）範曄撰，（唐）李賢等注：《後漢書》，中華書局，1965年版，《襄楷傳》、《襄楷傳》、《光武十王列傳》、《光武十王列傳》、《襄楷傳》、《仲長統傳》、《仲長統傳》、《襄楷傳》、《襄楷傳》、《襄楷傳》。

郭朋：《漢魏兩晉南北朝佛教》，齊魯書社，1986年版，第32～33頁。

王明：《太平經合校》，中華書局，1960年版，第654～656、289、289、596、252、136、289、572～573、648～649、340、450頁。

湯用彤：《漢魏兩晉南北朝佛教史》，北京大學出版

386

社，1997年版，第72、72、32頁。

⑪⑫⑬（梁）釋僧祐撰：《出三藏記集》，中華書局，1995年版，卷三《新集律來漢地四部記錄第七》、卷十三《安世高傳第一》。

⑭⑮⑯⑰⑱⑲⑳㉑㉒㉓㉔《大正新修大藏經》，佛陀教育基金會，1990年版，卷五十二，史傳部四，（梁）釋僧祐撰：《弘明集》卷一，《牟子理惑論》。

㉕姜守誠：《＜太平經＞研究-以生命為中心的綜合考察》，社會科學文獻出版社，2007年版，第152頁。

㉖㉗㉘《大正新修大藏經》，佛陀教育基金會，1990年版，第四十九卷，史傳部一，（隋）費長房撰：《歷代三寶記》，卷四。

㉙湯其領：《張三豐道教思想探略》，《徐州師範大學學報》（哲社版），2003年第1期；楊毅：《略論道佛二教的相互融攝》，《開放時代》，1996年第6期。

（本文原載於《徐州師範大學學報》（哲學社會科學版）2010年第3期）

徐霞客的佛教因緣與佛教信仰

摘要：《徐霞客遊記》中有對僧侶、寺院等佛教內容的大量描寫，甚至還有對徐霞客本人對宗教活動及迷信的編述的描述。筆者認為，徐霞客是具有一定的佛教信仰和佛教思想的。從其個人旅遊經歷中情感的變化、旅遊興趣重心的轉移、明末社會思潮的影響等方面，都可以幫助我們理解徐霞客的佛教因緣及信仰。筆者以為，徐霞客作為時代的一分子幾乎是無法避免地要靠近、親近佛教，並對佛教產生一些盲目的崇拜與迷信。

關鍵詞：徐霞客；佛教因緣；佛教信仰

徐霞客（1587-1641），名宏祖，字振之，明朝南直隸江陰縣（今江蘇江陰市）南暘岐村（今屬馬鎮鄉）人。他22歲就開始外出旅遊，直到生命結束為止，在30多年中，其足跡幾乎踏遍大半個中國。徐霞客嚴謹的治學態度、實事求是的考察方法和追求真知的獻身精神使他在地學方面取得了偉大成就。「霞客不喜讖緯術數家言」，「……嘗謂山川面目，多為圖經志籍所蒙」⊖（《徐霞客遊記》卷十下，《附編・傳志》第1198頁），所以長年以來以自己的親身實踐對山川地理進行系統科學的考察，並得出金沙江是長江正源，元江、瀾滄江、怒江是三條獨流入海的河流的一系列開創性結論。他不迷信書籍，敢於懷疑權威，並以理性態度去分析自然現象的精神，直到今天對

我們也還有啟迪意義。

「然而，儘管在考察自然現象的多數情況下能夠遵循科學的認識路線，徐霞客思想上還存在著比較濃厚的唯心色彩。」⊖（《徐霞客遊記·前言》）在遊記中，我們能夠看到大量對佛教寺院建築格局、歷史沿革及其相關神話傳說的描寫，能夠發現徐霞客與僧人們廣泛的交流，甚至還可以看到他對宗教活動及迷信的癡迷。關於徐霞客與佛教的關系，前人的著述多有論及。①從這些論述中，我們不難找到眾多有價值的觀點，然而真正系統地論述徐霞客佛教因緣及信仰的文章似乎還不多見，有鑒于此，筆者斗膽作文，以期通過此文來理清徐霞客的佛教因緣，追溯其產生的淵源。

一、個人遊歷造就了徐霞客與佛教的因緣

1. 僧人對其的感化

自古以來，天下美景僧佔多，佛寺常駐深山處。徐霞客不少考察地點是山林深處人跡罕至之處，那裡難見村舍，卻屢有禪寺。因為僧尼坐禪，需要有遠離塵囂的安靜環境。長期身處山林的徐霞客，別無選擇的要以寺為家，吃住依靠僧人。不管他願不願意，佛教都在對旅行中的他發生著潛移默化的影響。徐霞客是幸運的，因為各地僧人對徐霞客的熱情款待，對他的地理考察提供了莫大的幫助。在人跡罕至的深山裡，僧人們常常對徐霞客留住供飯，有時還熱情的以香茶美食款待。②還有一些熱心僧人在

臨別時，會贈與徐霞客衣食資財，以備其路上所需。③無論
霞客走也罷，住也罷，他們都會發自內心地關懷他，並把
自己不多的糧食、積蓄贈與他。這裏應該指出的是，徐霞
客所處的明末，盜賊蜂起，饑民遍野，而寺院多處交通不
便的深山老林，糧食供應更為困難，絕大部分寺院的僧人
是貧窮的。也正因為如此，他們對徐霞客的熱情款待更能
令徐霞客感動。如徐霞客在雲南雞足山考察時過一舊寺，
寺中止一僧，「一見即為余爇火炊飯」。「雖瓶無餘粟，
豆無餘蔬，殊有割指啖客之意，心異之。及飯，則已箸不
沾蔬，而止以蔬奉客，始知即為淡齋師也。」◯（《徐霞客
遊記》卷五下《滇遊日記三》，第731頁）這位割指啖客
的和尚法號大乘，發願淡齋供眾，欲于此靜修三年，百日
始一下山。他苦行勤修的精神，舍已為人、不求回報的品
性，讓徐霞客讚歎不已、深為感動。況且，僧人們對徐霞
客的幫助遠不限於此。徐霞客在山林中考察時，屢屢得到
僧人們的指路、導遊。時逢中秋、春節等傳統節日，僧人
們還會對他熱情相邀共度佳節。

　　在旅途的過程中，徐霞客和他的僕人也經過不少的鬧
市街區，村落城邑。然而不幸的是，徐霞客不止一次遇到
市儈、黑心的店主。④如果說個別的黑心店主道德敗壞皆
因錢而起，那麼夜投村舍屢吃閉門羹的事實則更顯示出了
當時世道的炎涼和人情的冷漠。在遊記中我們常見到整村
的居民對徐霞客的拒絕的記載。⑤這種整村整村人家吃閉
門羹的情況之所以出現，筆者認為大致可分為兩種原因。

一是社會的動亂不安造成了居民的自保意識的加強，再加上政府的戒嚴，故村民不願接納外人。如在雲南一個叫三家村的地方，全村人不願接納徐霞客，「蓋是時新聞阿迷不順，省中戒嚴，故昆明各村，俱以小路不便居停為辭」⊖（《徐霞客遊記》卷五下《滇遊日記三》，第755頁）。二是封建社會末期腐朽的社會造就的人們的冷漠、市儈甚至黑心，這也是徐霞客不被接納的主要原因。對一個長期漂泊在外的遊子來言，也許對江湖的險惡和冷漠無情早已熟悉，但熟悉並不意味著無所謂。屢屢感受世態炎涼，人情渺渺，這無疑是對徐霞客心靈的極大傷害。

　　吃、住是每個旅人每天必須面對和解決的問題，這種問題面似尋常，但若解決不好，則一切旅行無從談起。在這方面，僧人們對徐霞客幫助甚大，甚至可以達到割指啖客的程度。而世人的冷漠、黑心，則難免令徐霞客心冷。兩者態度，何啻天壤！人非草木，孰能無情。僧人們的熱情，日漸加深了徐霞客對佛教的感情。徐霞客對於僧人們的熱情友善，也回以最真摯的友誼，其中給我們留下深刻印象的便是他與靜聞和尚的生死友情。靜聞在湘江遇盜被刺，染疾客死南寧，死前囑咐霞客，願能函其骨朝雞足。霞客不負重托，用一年零二天，行五千餘裡，「泛洞庭，上衡嶽，窮七十二峰。再登峨眉，北抵岷山，極于松潘。……過麗江，憩點蒼、雞足，瘞靜聞骨于迦葉道場，從宿願也」⊖（《徐霞客遊記》卷十下《附編·傳志》，第1200頁）。晉甯黃郊為此讚歎道：「孰驅之來，遷此

皮囊。孰負之去，歷此大荒。志在名山，此骨不死。既葬
既塔，乃終厥志。藏之名山，傳之其人。霞客靜聞，山水
為馨。」○（《徐霞客遊記》卷十下《附編·傳志》，第
1203頁）桃李不言，下自成蹊。雖然這些法師們可能並未
當面對徐霞客宣揚佛法，但是事實上他們以自己的行動感
化著霞客，已讓佛法的慈悲廣大浸入到他的心田。

　　2. 旅遊目的的漸變

　　徐霞客每至名山，若有古刹則必遊之。入寺院，則認
真搜求、記錄其碑刻、楹聯、上諭等。於是在遊記中，我
們看到了大量關於寺院建築佈局、歷史沿革、神話傳說的
描寫。如徐霞客對江西的龍華寺、青原寺、曹山寺、湖南
的湘山寺、雲南的悉檀寺、傳衣寺、拈花寺等叢林有詳細
描寫；對湖南郴州蘇仙傳說、浪石寺一刀屠故事、廣西寶
華寺建文帝遺跡等寺院內記載的典故也給予認真記錄。徐
霞客還與和尚攀談，詢問法師上下及師承，描寫僧人的日
常生活習俗。徐霞客對佛教叢林的探索客觀上對其佛教信
仰的形成產生了一定作用。如果說其早期旅遊只是附帶著
考察佛寺，瞭解宗教，那麼越到後來，隨著他對佛教探索
的深入，其旅遊的目的也越發明顯的帶有宗教遊的特點。

　　這裏最明顯的例子，莫過於徐霞客一生最後一次也是
最壯麗輝煌的一次旅遊，西南之遊。西南之遊考察的終點
是雲南雞足山。雞足山是中國的佛教名山，相傳為迦葉道
場，明清兩代香火極旺。徐霞客之前也曾遊歷過普陀、九
華、五台諸佛教名山。惜乎遊普陀、九華日記今已不存。

《遊五臺山日記》主要還是搜奇訪勝。其與寺僧關系不甚密切。而此次西南之遊的動因，「除了到邊微蠻荒之地探奇測幽，考察長江之源以外，他心嚮往之並孜孜以求者就是朝拜當時在佛教界享有盛譽的雞足山和峨眉山」㊀。徐霞客萬里朝雞足山，可以說有很強烈的朝聖之意，「靜（聞）上人與予矢志名山，來朝雞足……」㊀（《徐霞客遊記》卷十下《附編·詩文》，第1153頁）。雞足山是徐霞客駐足時間最長的一座名山。朱惠榮曾詳細統計了徐霞客考察各名山的時間長短：「江郎山、石竹山僅一天而已。廬山、嵩山、衡山、九嶷山、武功山、白雲山，都不超過十天。兩次游黃山、白岳，在黃山共十多天。三次遊天臺山和雁蕩山，加起來，在天臺山僅17天，雁蕩山逗留時間最長，約有一個多月。徐霞客先後兩次遊雞足山，……兩次在雞足山的時間約近半年。」㊂若僅僅為地理考察計，恐怕雞足山還不至於耗時半年之久。通過仔細閱讀，我們發現，自《滇遊日記五》徐霞客跨上雞足山開始，書中對佛寺僧眾的記載驟然增多，其中不乏對名山寶刹、叢林習俗的詳細描寫。如其描寫雲南傳衣寺建置與沿革之詳細，仿佛使我們置身其中㊀（《徐霞客遊記》卷七上《滇遊日記六》，第845，846頁）。又如徐霞客在雲南悉檀寺時對寺中正月十五觀燈的記載，向我們重現了約470年前僧人們元宵節的活動㊀（《徐霞客遊記》卷七上《滇遊日記六》，第853頁）。至於對僧人日常生活細節的描寫更是比比皆是。很明顯，在徐霞客一生最後的這次旅行中，他的重心

由地理考察已漸漸移到了佛教朝聖。

徐霞客在長期的旅行過程中，廣泛接觸佛教。從他的旅行路線來看，許多景點遍佈寺院，其中不乏如天臺山、普陀山、廬山、嵩山、五臺山、雞足山等佛教名山。對寺院的參觀考察，是徐霞客旅遊的一個重要組成部分。而隨著這種考察的深入，徐霞客也愈陷入其中，其旅遊的宗教目的性也愈強。儘管長期以來我們達成的共識是，徐霞客的旅行，既不同于張騫、班超等的政治目的遊，也不同於法顯、玄奘的宗教目的游，但筆者還是認為徐霞客的西南之行是不能排除宗教目的遊的可能性的。

二、徐霞客佛教信仰產生的淵源

追溯徐霞客佛教信仰產生的淵源，我們不能忽略明末社會思潮對他產生的重要影響。雖然本文旨在考證徐霞客個人的佛教信仰問題，但若剝離了他與當時社會的聯繫，則我們不僅無法考證出其佛教信仰產生的原因，甚至對其佛教信仰本身的理解也會產生不小的偏差。筆者以為，徐霞客親近佛教，追本溯源，乃是因為明末幾種社會思潮對他的影響：一是宋明理學的心性論；二是當時士人逃避現實，遁入空門之風潮；三是民間社會濃烈的崇佛思潮。不過，從《徐霞客遊記》及現存的其它材料來看，我們尚難找到系統的證據證明徐霞客受到理學心性論的影響。[⑥]故而，本文暫從第二、第三個方面詳加論述。

1. 明末士人逃禪之風

在中國的封建時代，封建倫理道德一方面強調讀書人對君主的捨命效忠；另一方面，腐朽的政治制度往往使士大夫無法實現理想的抱負，甚至屢屢遭受重挫。儒家修齊治平的極端現世主義思想使人在身處逆境、絕境時往往讓人不知所措。佛教則不然，佛教認為，一切煩惱罪惡根源皆源於對自我的執著，執著「是世界上一切問題的總根源」㉔。佛教的一大功用，便是幫助我們認清事物的本質，透視事物的真相，幫助我們打破「我執」，讓生命回到原始的狀態，證得菩提，成為一個大自在的人。這恰恰是儒家沒有反省到的。在痛苦的現實面前，許多士大夫往往將佛教作為平衡心理的手段，放下執著，掙脫現實的桎梏，追求世外的解脫。在徐霞客所處的明末，政治腐敗，宦官專權，黨禍頻興。官場上，諂媚之風盛行。狡黠之徒亂生，忠良之士幾無立錐之地。再加上氣候乾旱等天災，致使民不聊生。大約從崇禎元年起，陝西的高迎祥、李自成、張獻忠等相繼領導農民起義。起義隊伍席捲大半個中國，先後轉戰陝、晉、豫、川、湖廣等地，對中國當時的社會產生了巨大的影響。在黑暗動亂的社會現實面前，士大夫們只好把叢林當作避世、逃世的退路，從中尋找精神慰藉和人生出路。「明代末年，士大夫紛紛逃禪，禪宗影響又有所擴大。」㉕《滇遊日記四》所記的曾資助過徐霞客的雲南唐大來，與徐霞客交往時尚未出家，後「閱數年世變日亟，乃從無住受戒，名普荷，號擔當。結茅雞山，息機靜養。晚居蒼山感通寺。以昔上公車，曾參湛然圓澄，

遂遙嗣湛然，改名通荷，以書畫詩禪自掩，絕口不談世事」㊅。《滇遊日記十三》己卯九月初六日、初七日記載徐霞客、體極師和一些文人共同賞玩字畫圖章，其中提到一位叫程還的雅士，其人「初游金陵，永昌王會圖誣其騙銀，錢中丞逮之獄而盡其家。雲南守許學道康憐其才，私釋之，進入山中。今居片角，在摩尼東三十裡」㊀（《徐霞客遊記》卷十上《滇遊日記十三》，第1112頁）。類似于唐大來、程還的士人書中還有一些，這些人的一大愛好即是不問世事，一心遊山參禪，與僧志趣相投。

　　還有一些文人士大夫，雖未歸隱，卻時時抱有林泉願。徐霞客的好友黃道周遭受過廷杖、入獄，受盡酷刑，雖矢志不渝，但卻作詩與霞客：「天縱幾人逸？生扶半世間。楞伽言語外，別寄與誰刪？」㊀《徐霞客遊記》卷十下《附編・題贈・書牘》，第1164頁）言語間充滿出世意味。徐霞客的另一好友文震孟在《寄徐霞客書》中更是傷感道：「無論富貴利達之想，不啻涕唾，即功名事業之念，亦直如泡幻矣！」㊀《徐霞客遊記》卷十下《附編・題贈・書牘》，第1183頁）如此悲歎，不由讓人想起宋時錢端禮晚年類似的感慨。㊆錢謙益評徐霞客「萬卷劫灰，一身旅泊，一意拋棄世事，皈心空門；世間聲名文字，都如塵沙劫事，不復料理」㊀（《徐霞客遊記》卷十下《附編・題贈・書牘》，第1186頁），不僅是對徐霞客入佛情況的描述，也是對以徐霞客為代表的明末士大夫們紛紛走入釋門的社會現狀的真實寫照。徐霞客是一個愛恨分明的愛國主

義者，他對當時政治腐敗不滿，尤其對宦官頭目魏忠賢一夥深惡痛絕，年輕時就絕意仕途，不與貪官污吏為伍。他能走向山水和佛教，應該說也是社會黑暗現實的逼迫，而釋家廣大包容、打破「我執」的宗教思想，恰恰為其提供了心靈的港灣。這恐怕也是他佛教信仰產生的淵源之一。

2. 民間崇佛思潮

中國的封建統治者長期以來重視佛教治國之功效。以佛治國，上資天子，下教民心，統治者只要對佛教管理得當，佛教作為治國方略之優越性顯而易見。宋代契嵩言：「佛法也，上則密資天子之道德，次則與天子助教化，其次則省刑獄，又其次則與天下致福卻禍。」④明代，政府對佛教施以嚴格治理、大力扶植。「明依宋制，在京師，置僧錄司，掌天下僧教事。又各府置僧綱司，各州置僧正司，各縣置僧會司，分掌其事。」⑧明太祖頗好佛教，《明史》、《徐霞客遊記》中皆可看到太祖對佛教的推崇。⑧自朱元璋後，明代成祖、武宗等皇帝對佛教也抱有支持的態度，這為佛教在民間的盛行創造了良好的條件。

在政府的大力宣揚下，明朝百姓普遍深崇佛法，尤其是深信佛教宣揚的因果報應、念佛祈福之靈驗。社會上彌漫著經聲佛號，充斥著拜佛求神等法事活動。《徐霞客遊記》中記載了沉迷於佛事活動的桂王⊖（《徐霞客遊記》卷二下《楚遊日記》，第194頁）。從梵音高唱的道場中，我們似乎依依可見「孜孜於禪教」的昏庸藩王。廣大人民對高僧、佛菩薩更是頂禮膜拜。徐霞客描寫在雲南碧

雲寺善男信女蜂擁膜拜北京師的場景：「寺乃北京師諸徒
所建，香火雜遝，以慕師而來者眾也。師所棲真武閣，尚
在後崖懸嵌處。乃從寺後取道，宛轉上之。半裡，入閣，
參叩男女滿閣中，而不見師。……（師）方持襪示余，而
男婦聞聲湧至，膜拜舉手加額，長跪而拜不休，台小莫
容，則分番迭換。」⊖（《徐霞客遊記》卷六下《滇遊日記
五》，第824、825頁）至於一些重要節日，叩佛求願的民
眾更是規模宏大。徐霞客在《滇遊日記五》十二月三十日
日記中向我們展現了大年初一淩晨民眾手舉火把前赴後繼
朝山的壯觀場景：「薄暮，憑窗前，瞰星辰燁燁下垂，塢
底火光，遠近紛挐相著牽引，皆朝山者，徹夜熒然不絕，
與瑤池月下，又一觀矣。」⊖（《徐霞客遊記》卷六下《滇
遊日記五》，第833頁）

　　在這樣一個佛教盛行、寺院林立、拜佛求神之風盛行
的時代裡，即使是文人士大夫也無可避免地會對佛教產生
一些盲目的崇拜與迷信。萬曆年間進士、曾任主事、拾遺
之官的文人袁黃（1533~1606）在其訓子書《了凡四訓》
裡詳細列舉了人世間種種善惡果報之事，並深信拜佛求神
之無不應。⑼類似的情況也發生在徐霞客身上。在遊記中，
我們多次看到他拜佛、求佛、求籤、占卜甚至以佛法解釋
自然現象的記載。筆者略作統計，僅在徐霞客漫長的西南
之游過程中，其求神問路、拜佛求佑等宗教迷信活動就不
下十五、六起。他習慣於每月初一叩佛⊖。（《徐霞客遊
記》卷四上《粵西遊日記四》、卷七上《滇遊日記六》，

第576、835頁。）當他把握不了未來，前途叵測時，也會求助於佛菩薩。⑨甚至對於一些自己無法解釋的自然現象，這位偉大的地理學家也會以佛法來解釋。⑩

總結

今天，當我們一再強調徐霞客的求真、求實、重實學、重實踐等優秀品質時，也不應否認他與佛教的密切聯繫。因為徐霞客的佛教因緣與信仰是建立在那個時代的基礎上的，「正是向我們展示了一個有血有肉的、歷史的徐霞客，顯示了《遊記》記述的真實性」⊙（《徐霞客遊記·前言》）。我們沒有必要去苛求責備他親佛、迷信的一面。在那樣一個佛教思想盛行的時代裡，他還能堅持自己志在窮索天下山水、以實踐證得真理、以理性獲得真知的價值取向，已是難能可貴。瑕不掩瑜，帶有佛教文化的《徐霞客游記》依然是偉大的地理學著作，帶有佛教信仰的徐霞客依然是我們中華民族偉大的地理學家。

注釋:

①陳友康認為，從徐霞客一生的行跡及思想上看，他對佛教是誠心信從的（陳友康《徐霞客與佛教》，《雲南學術探索》，1995 年第 1 期）；周曉薇論述了徐霞客與僧人的交往，總結出他外服儒風、內宗梵行的文化精神（周曉薇《論徐霞客與僧人的交往》，《陝西師範大學學報》（哲學社會科學版），2002 年第 1 期）；鄭祖安較詳細地統

計了游記中霞客的叩佛、求神、求籤、占卜等宗教行為，認為霞客是敬佛而不迷信的（鄭祖安《關於徐霞客的拜佛、占卜和求籤等》，《無錫教育學院學報》，1998年第2期）；朱惠榮則考察了徐霞客在雲南雞足山的活動，其中不少就與僧人佛寺有關（朱惠榮《明徐霞客與明末雞足山》，《學術探索》，2001年第2期）。

②《徐霞客游記》中多有僧人留住供茶飯、甚至專備民族美食熱情款待徐霞客的記載。參見《徐霞客游記》卷八上《滇游日記八》、卷二下《楚游日記》、卷四上《粵西游日記四》、卷十上《滇游日記十三》，第949、177、248、595、1121頁。

③參見《徐霞客游記》卷五下《滇游日記三》、卷四上《粵西游日記三》、《粵西游日記四》，第736、468、577頁。

④如在雲南右甸城一葛姓店主的店裡，徐霞客因雨不止，而住店不得行，「其店主葛姓者，乃市儈之尤，口云為覓夫，而竟不一覓，視人之悶以為快也」。在雲南盤江邊的江底寨，只有一家旅店供徐霞客住宿，「店主人他出，其妻黠而惡，見渡舟者乘急取盈，亦尤而效之，先索錢而後授餐，餐又惡而鮮，且嫚褻余，蓋與諸少狎而笑余之老也」。霞客嘆道：「此妇奸腸毒手，必是冯文所所記地羊寨中一流人，幸余老，不為所中耳！」在貴州期間住店時，店主符心華竊取了霞客裝有貴重物品的行李，使霞客一時深陷絕境。他對店主人的這種偷盜行為氣憤不已：「余所遇惡人，如衡陽劫盜，狗場拐徒，並此寓竊錢去者，共三番矣。此寓所竊，初疑

為騎夫，後乃知為符主也。人之無良如此！」見《徐霞客游記》卷十上《滇游日記十二》、，卷五上《滇游日記二》、卷四下《黔游日記二》，第 1073、704、675 頁。

⑤《粵西游日記二》丁丑七月二十三日記到：「日有餘照而山雨復來，謀止宿其處而村人無納者。」此處霞客用小字做了說明：「村姓楊，俱閉門避客。」又，還是這一年的八月十四日，在廣西麻埠，當時「日已西昃。余欲留宿其處為鳳凰游，而村氓皆不肯停客，徘徊久之而去」。《粵西游日記四》十二月二十一日記載，徐霞客投宿小村，村中無有接納者。後來幸而一婦人留之，只因這位婦人「乃南都人李姓者之女，聞余鄉音而款留焉」。見《徐霞客游記》卷三下《粵西游日記二》、卷四上《粵西游日記四》第 406、442、539 頁。

⑥理學心性論最為重要的来源是佛家之神宗思想。理學家們所言的心性之說，多於禪宗的心性論類似。《徐霞客游記》雖為一部地學巨著，但徐霞客在描寫山川地貌時多懷有心境合一、境我兩忘的禪之境界。如在廣西寶華山上，霞客寫到：「空山寂靜，玉宇無塵，一客一僧，漫然相對，洵可稱群玉山頭，無負我一筇秋色矣。」又如《浙游日記》十月十四日日記又以心景合一之禪意描寫了詩意化的景色：「江清月皎，水天一空，覺此時萬慮俱淨，一身與村樹人煙俱熔，徹成水晶一塊，直是膚里無間，渣滓不留，滿前皆飛躍也。」參見《徐霞客游記》卷三下《粵西游日記二》、卷二上《浙游日記》，第 445、109 頁。這些文字，與其

說是對景物的描寫，不如說是在宣揚自己的禪心，是對自己心性的描寫。因為霞客本身具備了明代文人對心性的認知，所以可以通過調心，實現自己與山水的融合，達到精神上的超脫、寧靜、安詳，從而體驗到佛教所謂禪的境界。

⑦北宋錢端禮臨終前遺言：「浮世虛幻，本無去來。四大五蘊，必歸終盡，雖佛祖具大威德力，亦不能免。這一着子，天下老和尚，一切善知識還有跳得過者无？盖為地水火風，因緣和合，暫時湊泊，不可錯認為己有。」見 (宋) 普济《五燈會元》卷二〇《參政錢端禮居士》，中華書局，1984 年，第 1365 頁。

⑧參見[清]張廷玉等撰《明史》卷一百三十九,《李仕鲁传》(中華書局，1974 年) 1《徐霞客游記》卷八上《滇游日記八》，第 928 頁。

⑨如丁丑正月初六日，「時霧霾甚，四顧一無所見」，而徐霞客想立即出行，又不知天氣如何變幻，便求之觀世音菩薩，「得七簽，其由云：「赦恩天下遍行周，敕旨源源出罪尤，好向此中求善果，莫將心境別謀求。」余曰：「大士知我且留我，晴必矣。」遂留寺中」見《徐霞客游記》卷二上《江右游日記》，第 167 頁。

⑩如在雲南羅平，有一石泉，徐霞客在此洗腳，「行未几，右足忽痛不止。余思其故而不得，曰：「此靈泉而以濯足，山靈罪我矣。請以佛氏懺法解之。如果神之所為，祈十步內痛止。」後来果然足不痛了，霞客因此愈信其靈异，見《徐霞客游记》卷五上《滇游日記二》，第696,

697頁。又如在鸡足山白云静室旁，有一眼靈泉，其泉水「不出於峽而出於脊，不出崖外而出崖中，不出於穴孔而出於穴頂，其懸也，似有所從來而不見，其墜也，似不假灌輸而不竭」。對於這一奇特現象，徐霞客感嘆道：「有是哉，佛教之神也于是乎征矣。」見《徐霞客游記》卷十上《滇游日記十三》第1115頁。

參考文獻：

㊀［明］徐宏祖著. 褚紹唐、吳應壽整理. 徐霞客遊記［M］. 上海：上海古籍出版社，1987.

㊁陳友康. 徐霞客與佛教［J］. 學術探索，1995，（1）.

㊂朱惠榮. 明徐霞客與明末雞足山［J］. 學術探索，2001，（2）.

㊃淨慧. 入禪之門［M］. 上海：上海辭書出版社，2006：10.

㊄郭鵬. 宋元佛教［M］. 福州：福建人民出版社，1982：41.

㊅陳垣. 明季滇黔佛教考［M］. 北京：科學出版社，1959；201.

㊆［宋］契嵩.《鐔津文集》卷九《萬言書上神宗皇帝》［M］／／張元濟等輯. 四部叢刊. 上海：上海書店，1985.

㊇黃懺華，中國佛教史［M］. 北京：東方出版社，2008：279.

⑨ ［明］袁了凡. 了凡四訓［M］. 湖北官書處刊，光绪己
丑年.

（本文原載於《江南大學學報》（人文社會科學版）
2013年第3期）

蒙元時期佛道四次辯論之真相探尋

摘要：蒙元時期佛道四次辯論，分別發生在蒙哥汗統治時期的1255、1256、1258年和忽必烈在位時的至元十八年。在蒙元政府的支持下，佛教在四次辯論中打敗了道教並最終成為帝國的國家宗教。蒙元政府主持召開辯論的深層目的在於甄別各教優劣、遏制全真教過快膨脹和鞏固藏傳佛教國家宗教之地位，從中可以看出其制定宗教政策的原則是宗教必須有助於而不能威脅到其統治，考慮境內民族成分和統治區域的變化，要符合蒙元王朝民族壓迫、民族歧視的國策。

關鍵詞：蒙元時期；佛道辯論；宗教政策

蒙元時期四次佛道辯論，分別發生在蒙哥汗統治時期的1255、1256、1258年和忽必烈在位時的至元十八年（1281）。其最初的爭端，起于全真教主李志常根據西晉王浮所撰的《老子化胡經》而繪《老子八十一化圖》，並在朝中散發，此舉引發了以曹洞宗少林長老福裕為首的佛教徒的強烈不滿。福裕遂向蒙哥汗申訴，由此引發了蒙哥汗時期的3次佛道辯論，這幾次辯論均是在漢地佛教與全真教之間展開的。其中前兩次在和林的辯論是以佛道雙方領袖一對一辯論的形式展開的，而第三次集合了佛、道、官方700餘人參加，其中佛教一方以福裕為首，那摩國師、八思巴等番僧助陣，合計三百餘僧；道教一方（或稱全真

教一方)，以繼任教主張志敬為主，合計全真教徒200餘人。此外，還有官方、文人代表的裁判200餘人⊖518~520。第四次辯論的導火索是至元十七年 (1280) 大都全真教總部長春官與崇福寺之間的流血衝突⊖528~538，主題是辨別《道藏》中偽經的問題。此次辯論的佛教一方，不再以漢地佛教為主導，而代之以藏傳佛教；道教一方，除了全真教外，也加上了真大道教、正一大道教和當時新近歸附的江南龍虎宗等道教代表。4次辯論，均以佛教的勝利、道教的慘敗而告終，道教也因此受到一系列懲罰。

　　早在上世紀40年代，中日學者就已開始關注蒙元時期佛道辯論這一課題。此後，兩國學者對此課題的探討便不曾中斷。①大體說來，新中國建立後中國學者對蒙元時期佛道辯論事件的理解分為兩種，一是以韓儒林、周良霄、顧菊英等為代表的老一輩學者傾向於將辯論的原因歸結為雙方教團的衝突，其中不同的是，韓儒林認為在辯論展開之前蒙哥汗就已傾心於佛教，這也是佛教勝利的一個重要原因⊜249~250。而周良霄、顧菊英認為蒙哥除了獨尊薩滿教外，對其它各派宗教並無偏袒⊜233~234。此外烏恩 (《論蒙元佛道辯論的內在起因》，《蒙古學資訊》1998年第4期)、劉曉 (《元代文化史》，廣東教育出版社，2009年，第183~189頁) 等學者近年來不再僅從佛道雙方矛盾的角度去分析這數次辯論，而代之從蒙古人與全真教關系的角度來考慮蒙元政府主持召開辯論之目的。可見學者們對這一課題的研究是在不斷的深入之中，然而時至今日，

此爭論還在繼續，不同甚至是相反的結論依然並存。

一、蒙元政府主持召開佛道辯論之深層目的

蒙哥汗時期的3次佛道辯論，均重點關注《老子化胡經》的真偽問題，其實，東晉道士王浮所撰的《老子化胡經》，佛道雙方於北魏、唐朝時就已對其真偽有過爭執，唐神龍元年（705）即定為偽經。故這一議題實不值一辯。至於忽必烈時期佛道的第四次辯論的目的名為判定《道藏》中偽經問題，但在忽必烈政府對佛教一邊倒的前提下，該次辯論的勝負同樣早已確定。從定《道藏》中除《道德經》外悉為偽經這一結果來看，佛道之間的主要矛盾似也不在於經典教義的衝突。而元政府最後的處置結果，不像是一種公平的仲裁，更像是一種宗教迫害。如果考慮到以上種種因素，那麼不免發出疑問，這場持續了近30年的宗教辯論，其目的何在？蒙元政府先後4次主持召開佛道辯論，政府的意圖究竟為何？由於佛道辯論持續時間跨度過長，其間蒙元帝國政局風雲變幻，故本文擬從3個方面略述之。

1. 甄別各教優劣。日本學者中村淳通過對《魯不魯克東遊記》和《紅史》的研究，認為1254～1256年間，在蒙古帝國首都和林，曾不止一次地召開過宗教間的辯論，除了1255、1256年佛道二教的辯論，還至少包括1254年基督教、伊斯蘭教和道教徒的一對一的辯論以及1256年噶瑪派領袖噶瑪拔希與也裡可溫徒之間可能存在的辯論。中村

淳進一步認為，「通過視角完全不同的漢文、拉丁文、藏文史料的比較對照，完全可以判明，這一時期蒙哥于哈喇和林主辦的宗教爭論，在各宗教間舉行了數次的事實」，「1255年、1256年的道佛爭論僅作為其中的一環而舉行，而《至元辨偽錄》則是僅限於記載其中一個側面即道教與佛教爭論的文獻」④。

　　為何在蒙哥汗時代頻繁開展由政府主持的宗教間的辯論？這與當時蒙古帝國發展的時代背景息息相關。鐵木真1206年建立的大蒙古國政權，至蒙哥汗時代已歷半個世紀。此時的蒙古帝國，除了在中東和中國南部的擴張尚在繼續外，其在廣袤領土上的統治已趨於穩固。面對戰後殘破的社會和帝國境內多民族的複雜的社會思想，蒙哥政府亟需一種統一的意識形態來鞏固國家的統治。此時期包括佛道辯論在內的各種宗教辯論，正是蒙哥政府甄選帝國統一意識形態的重要手段，這在魯不魯克的東行記中有明確記載⑤297。雖然由於現存資料的限制，不能詳知這期間到底發生過多少場辯論，但從現知的這幾次宗教辯論來看，蒙哥汗並不似忽必烈那樣傾心佛教，而是與佛教、道教、伊斯蘭教、基督教等諸教均保持著一定距離。正因為如此，在帝國的首都和林，「有十二座各族的偶像寺廟，兩座清真寺念伊斯蘭教的經卷。城的盡頭有一座基督徒的教堂」⑤292。也因為有著這種適當的距離，蒙哥汗「僅守成吉思汗遺教，對於任何宗教，待遇平等，無所偏袒」⑥262。

　　2. 遏制全真教過快膨脹。然而蒙哥汗時期的3次佛道

辯論確實都是以全真教一方的失利而告終。若單純地將蒙古統治者視為仲裁者，那麼將很難合理解釋全真教之後所遭遇的打擊。顯然，就蒙哥政府而言，他們主持佛道辯論的目的，並不是甄別各教優劣那麼簡單。烏恩一針見血地指出全真道是問題的症結所在：「從全真道屢屢失利的情況看，說明它不僅是佛教的對立面，同時也暗示了統治階層對它的否定態度。」⊕近年來有些學者已從蒙古人與全真教的利害關系的角度來考慮蒙元政府主持召開辯論之目的。至於蒙哥政府為何選用辯論的方式打壓全真教，烏恩的解釋是：「全真道在中原地區的強大社會基礎，以及成吉思汗對全真道的一系列優渥政策，使蒙哥汗等人有所顧忌，故選擇了相對溫和的辯論方式。」⊕這或許也有助於理解為何蒙哥政府對於全真教的處置過於溫和以至引起佛教徒的強烈不滿。值得注意的是，第三次辯論結束後，蒙古統治者對全真教主選拔的人事干預也大為加強。之前，全真教主的的選拔都是在教門內部自行確定，但這之後，李志常之後的歷任教主，都是在元政府的認可下由朝廷委任的Ⓐ190。在這種情況下，全真教主的地位雖然依舊顯赫，但實際上已等同於政府的一員官僚。

至於部分學者認為全真教拋出的老子化胡說也是蒙元政府打擊全真教的重要原因一說，雖然不無道理，但事實上並非如此。老子化胡一說從表面上看，是崇道抑佛，實質上卻是華夷有別思想的一種體現。故而魏晉南北朝期間，在外族入侵加劇的情形下，老子化胡說一度甚囂塵

上。南宋末年，面對蒙元持續的進攻，宋理宗也曾撰文考述老子化胡一說的真實性⑪422。故歷史上老子化胡說的頻頻拋出，可以看作漢族遇到外族侵略時其華夏文化優越感的一種激進反應。但從蒙元統治者的文化政策特點來看，他們對此說似乎並不敏感。成吉思汗在耶律楚材撰寫的召喚丘處機的詔書之末尾，曾借老子化胡的典故激勵丘處機西行：「雲軒既發于蓬萊，鶴馭可游於天竺。達摩東邁，元印法以傳心；老子西行，或化胡而成道。」⊕5不要說帝國早期的前四汗時期，既便是稍後的元代，其文化領域內的專制色彩也是相當淡的。明人郎瑛曾說：「元主質而無文，諱多不忌，故君臣同名者眾。」⊕399今有學者以元詩中不少語及「虜」、「胡」等字詞及懷宋心理的詩作未遭元政府查禁為證，說明元代思想文化之自由⊕。而元曲中不少指斥黑暗現實的文字能夠留存至今，也同樣印證出元代蒙古統治者「質而無文」的特點。又據日本學者中村淳的研究，第三次佛道之辯後，道教廟產的歸還進展尚算順利，而偽經的廢棄卻遲遲沒有進展，這一問題一直留待1281年佛道的第四次辯論之後才得以最終解決。其中就包括早在1255年即被判為偽經而被要求焚毀的《老子化胡經》。從中可以推論出蒙元統治者對老子化胡一說並不像今人想像得那樣敏感，老子化胡說不應該是蒙元政府打擊全真教的理由。

　　3. 鞏固藏傳佛教國家宗教之地位。早在窩闊台汗、貴由汗統治時期（1229~1248），開府於西涼的窩闊台次子

闊端為取得藏地就積極聯絡藏地教派以尋找蒙古人統治西藏的代理人，並最終選定薩斯迦派教主薩斯迦班智達代蒙古人統治西藏㉒88～105。蒙哥汗時期，薩斯迦派一度失勢，但藏傳佛教此時已開始深入蒙古宮廷。闊端及忽必烈先後皈依藏傳佛教，忽必烈還接受了八思巴的灌頂㉒117～120。1256年，噶瑪派領袖噶瑪拔希遠赴和林覲見蒙哥汗，並以法術轟動汗廷㉔P74～75。1258年，薩斯迦班智達的繼承人八思巴參加了忽必烈于開平召開的第三次佛道辯論，並在辯論大會上發揮重要作用㉓528～538。這些記載雖不免帶有一些主觀色彩，但藏傳佛教在蒙哥汗時期的崛起應是不爭的事實。

然而藏傳佛教國家宗教地位的確立，卻是在忽必烈在位期間（1260～1294）完成的。蒙哥汗在位時，先後禮聘海雲、那摩為國師，總領全國佛教事務。這一時期藏傳佛教雖崛起，但其影響力不僅遠在全真教之下，甚至還在漢地佛教之下。這樣的局面到1260年忽必烈繼位稱帝后開始被打破。中統元年（1260）十二月，八思巴被新即位不久的忽必烈封為國師，從而拉開了薩斯迦派統領藏地佛教乃至整個中國宗教時代的大幕。至元元年（1264），忽必烈創設了管理全國佛教事務和藏地軍政事務的總制院（即宣政院前身），以八思巴領之。「於是帝師之命，與詔敕並行於西土。」㉔520至元七年（1270），八思巴又被晉升為帝師，「統領諸國釋教＂㉔425。作為全國佛教界的領袖及藏地的最高行政長官，八思巴個人的權勢和榮光將藏

傳佛教的地位推向了極致。而以忽必烈為代表的王室成員
對藏傳佛教也極盡禮敬之能事。《元史》卷二百二《釋老
傳》載：「元興，崇尚釋氏，而帝師之盛，尤不可與古昔
同語。」「百年之間，朝廷所以敬禮而尊信之者，無所不
用其至。雖帝后妃主，皆因受戒而為之膜拜。正衙朝會，
百官班列，而帝師亦或專席於坐隅。且每帝即位之始，降
詔褒護，必敕章佩監絡珠為字以賜，蓋其重之如此。」在
忽必烈和八思巴的共同努力下，佛教成為元帝國的國家
宗教。蒙哥時期苦苦尋覓的國家統一的意識形態終於在忽
必烈時期得以確立。在此歷史背景下發生的至元十八年
（1281）佛道辯論，意義當然不同于蒙哥汗時期的前三
次辯論。此次元政府不過是借辨別偽經為藉口打擊漢地道
教，進而擴大佛教尤其是藏傳佛教在漢地的影響，由此鞏
固藏傳佛教的國家宗教地位。這也就不難理解為何此次辯
論雙方人員成分都發生了改變以及元政府在辯論結束後對
道教的打擊力度遠大於前3次。不僅道教整體受到沉重打
擊，事後眾多廟產被佛寺霸佔，眾多道教經書也在此次浩
劫中被焚毀。

　　在辯論結束之後，在元政府的支持下，藏傳佛教以收
復寺院為名，開始大規模改觀為寺，進而向漢地滲入。這
其中，表現尤為引人矚目的是江南釋教都總統楊璉真加。
作為元政府設在江南地區的佛教領袖，楊璉真加的主要任
務就是改南宋故地的宮觀為佛寺。「凡唐宋所額宮觀，稍
似豐厚者，以已力經為佛寺，梵其上，金其像，火其額，

不下千百所」。改觀為寺的同時，楊璉真加還對道教徒大加迫害，實現揚佛抑道、鞏固藏傳佛教國家宗教地位之目的。楊璉真加事敗之後雖身已伏誅，而他強佔的道觀元政府並未歸還道教徒，這進一步說明元朝確立的佛教為國家宗教之國策絕不會因個人成敗而改變④1272～1273。

二、從佛道四次辯論看蒙元帝國制定宗教政策的原則

蒙元帝國在不同的時期制定的宗教政策是不同的。成吉思汗時期，他優渥全真教、伊斯蘭教，並對各教皆敬之，「命其後裔切勿偏重何種宗教，應對各教之人待遇平等」⑥155。之後的窩闊台汗、貴由汗基本繼承了他的這一政策。蒙哥汗時，雖然仍以平等政策對待各教，但已開始尋找最優之宗教，並著手壓制漢地全真教。待忽必烈建元之後，藏傳佛教一枝獨秀，很快確立了自己國家宗教的地位。雖然由於時局的變幻，蒙元帝國的宗教政策也在不斷改變，但是透過這些政策的表像，尤其是通過對這個時期佛道4次辯論的審視，仍然可以總結出蒙元統治者制定宗教政策的基本原則：

1. 宗教必須有助於其統治而不能威脅到其統治。該原則是歷代統治者信奉的圭臬，蒙元統治者也不例外。早在成吉思汗時期，薩滿教巫師闊闊出因為成吉思汗的建國稱汗神道設教，而備受蒙古上層的尊崇。然而當他的影響威脅到了成吉思汗的權威時，他就被成吉思汗設計除掉⑦236～241。成吉思汗招攬全真教，並賦予丘處機一系列特權，

其政治意圖是很明顯的。然而到了蒙哥汗時期，因為這一教派的勢力已逐漸威脅到蒙古政權在華北的統治，它也自然在蒙哥政府主持召開的3次佛道辯論中落敗並接受一系列嚴厲的制裁。至於蒙元政府對藏傳佛教中各教派的打壓和扶持，對江南道教各派的扶持，也同樣遵循著這樣一種原則。

2. 宗教政策的制定要考慮到境內民族成分和統治區域的變化。這可以說是中國其它王朝所罕有而蒙元帝國所獨具的一項基本原則。對比蒙哥時代和忽必烈時代佛教辯論的不同，可以發現蒙元政府宗教政策的巨大轉變，促成這一轉變的直接原因，筆者認為是由於元朝建立後大蒙古國事實上的分裂。在蒙哥時代，蒙古帝國是一個鬆散的聯盟，它橫跨歐亞，國土廣闊而境內民族眾多，故境內宗教信仰也呈現出多姿多彩的一面。如果沒有統一的意識形態，這樣一個國家遲早要走向分裂。故蒙哥汗在位期間，一直致力於尋找一種統一的宗教信仰，使之適用於帝國的每一個角落，以助其鞏固帝國的統一。這也就是為什麼在他的統治期間和林出現多次宗教辯論的最主要原因。令人遺憾的是，他最終也沒能找到這樣一種宗教。許衡曾說：「國朝土宇曠遠，諸民相雜，俗既不同，論難遽定。」⑭P4在這樣一個空前龐大的國家裡，文化的種類過於繁多，文化間的差異過於明顯，想要找到一種放之四海而皆準的意識形態幾乎是不可能的。

蒙古人在征服的過程中，為了緩和與當地人民的矛

盾，同時也為了戰後更好地治理當地，推行宗教信仰自由的政策。前四汗時期，隨著帝國在中亞和中東的不斷擴張，境內伊斯蘭教勢力也在迅速成長，故蒙古各大汗在制定政策時不得不慎重考慮穆斯林的利益問題。而隨著忽必烈建元稱帝、「西北諸王」施行自治之後，四大汗國因其地區大多原本就是穆斯林的世界，宗教信仰較為單一，故而其統治者先後尊奉伊斯蘭教為國教㊀。在原先蒙古帝國境內的伊斯蘭教地區幾乎全部分裂出去之後，元朝境內伊斯蘭教徒大為減少，忽必烈政府在制定宗教政策時重心自然不會再向伊斯蘭教傾斜，其宗教地位較之前也就有了一定的下滑。通過他們在處理同一件事情時結論的差異，可以看出窩闊台汗和元世祖對待伊斯蘭教徒的不同態度：蒙古法令規定，禁止以斷喉之法宰殺牲畜，但穆斯林恰好慣用此法。窩闊台汗時期，有欽察人欲謀害伊斯蘭教徒，便以此為由告發伊斯蘭教徒。窩闊台汗不僅沒有追究伊斯蘭教徒的做法，反而殺掉這個欽察人㊀243。而當元朝建立後，忽必烈卻明令禁止伊斯蘭教徒以斷喉法習俗來宰羊，而要求他們像蒙古人一樣用剖胸法宰羊，如有違抗，一律處死，並將其妻兒、房產賜予告密者。恰有基督教徒利用了忽必烈的這一法令成功地迫害伊斯蘭教徒，迫使一些伊斯蘭商人離開漢地㊀346~347。蒙元政府態度的轉變，正反映出由於帝國境內民族成分和統治區域發生顯著的變化，政府的宗教政策也會隨之改變。同樣的原因，元世祖忽必烈大概因為考慮到隨著大蒙古國的分裂，元朝的疆域除了漢地以

外，僅剩下漠北、東北、西北、雲南和吐蕃的事實，故而在其稱帝不久就確立了藏傳佛教的國家宗教地位。一般認為，盛行於東北、漠北少數民族間的薩滿教以其富有神秘色彩，講求儀軌咒術而與藏傳佛教頗為類似，故其民易於接受藏傳佛教。西北的黨項人信仰藏傳佛教尚在蒙古人之前⑪。而雲南地區在南詔、大理政權時期，久已盛行藏傳佛教⑫183。至於漢地，蒙古人一向將漢地佛教與藏地佛教視為一體，不分彼此。因此，元世祖忽必烈確立藏傳佛教為國教並借第四次佛道辯論之機鞏固其地位的做法仍是蒙元政府一貫堅持的宗教指導原則的體現。②

　　3. 宗教政策的制定要符合蒙元王朝民族壓迫、民族歧視的國策。這項原則集中體現在至元十八年那次佛道辯論上。理論上講，立足于中原的元朝統治者要想確立一種宗教作為國教，漢人的宗教無疑應是首選。但從至元十八年的那次佛道辯論來看，已經統一中國的元朝卻並無扶持漢人宗教的意願。相反，他們在將漢地佛教置於藏傳佛教治下之後，又在這次辯論中竭力打壓道教。元朝政府這一舉措，正體現出其宗教政策制定要符合其民族壓迫、民族歧視國策的原則。從元政府的角度來看，他們主持這次辯論達到了一箭雙雕、一石二鳥之目的，即在鞏固藏傳佛教地位的同時，也沉重打擊了漢人的道教。

　　忽必烈即位後，蒙古政權的國家本位、統治政策相繼發生重大變化。由大蒙古國蛻變出的元朝在開始向傳統的中原王朝的道路上邁進的同時，也保留了不少大蒙古國原

先的文化。忽必烈在積極推行「漢法」的同時，又保留了
蒙古國時期的許多政治、文化和生活習俗。究其原因，是
因為「蒙古貴族在新王朝的統治地位要依靠民族特權來保
證和維護，而如果徹底推行漢法，就意味著取消這一類民
族特權」⑧150。蒙元貴族為了維護少數蒙古人、色目人的
特權，統治佔大多數人口的漢人，採用了和色目人上層結
成牢固的統一戰線，對漢人施行民族壓迫、民族歧視的國
策。朝廷在推行各項政策的時候，必須以保證這項國策的
貫徹為前提。在這一原則的推動下，在元世祖統治末年，
蒙古、色目、漢人、南人四等級序列正式形成。這項原則
也體現在宗教政策的制定上。為了維持蒙古貴族的特權地
位，選擇了色目人中藏人的佛教作為國教，個中緣由恰如
蒙元統治者所言：「漢人則興漢人之教，蒙古必興蒙古之
教，豈可使漢人的經書勝俺蒙古的？」是以蒙元統治者下
令焚毀道藏，「凡有一字一書，見疾燒毀，勿留人間」⑨
367。尤其是至元十八年那次佛道辯論，其目的之一「就是
以喇嘛教為紐帶把蒙藏兩族緊緊地捆在一起，結成防止漢
人反抗的統一戰線」②。如果說蒙哥時期的宗教辯論尚有甄
選意識形態的意圖存在的話，那麼至元十八年的這次宗教
辯論則是為了鞏固意識形態並將其強加給漢人。

注釋：

①日本學者野上俊靜著《元代佛道二教的爭執》，見《大
谷大學研究年報》二，1943年，將曹洞宗與全真教的教團

衝突作為研究的核心；中國學者陳垣在其名作《南宋初河北新道教考》（1941 年）中對第三次開平之辯中告負的17 位道士剃發為僧的記載持懷疑態度。日本學者中村淳簡要回顧了日本學者高雄義堅、青山彌生、窪德忠等對蒙元時期佛道爭論的研究成果，詳見 [日] 中村淳《蒙古時代「道佛爭論」的真像 - 忽必烈統治中國之道》，《蒙古學信息》1996 年第 2 期，此處不再贅述。

②還有一種觀點，認為信奉薩滿教的蒙古人易於接受藏傳佛教因而定其為國教。雖有一定根據，但必須注意到，元代除元朝皇室外，廣大蒙古民眾並未接受藏傳佛教，仍信奉原始的薩滿教。待元朝滅亡蒙古貴族退回漠北後，連上層的王室成員也漸漸回歸薩滿教信仰。蒙古人真正信奉藏傳佛教，已是明朝中後期的事情。參見孫懿著《從薩滿教到喇嘛教》，中央民族大學出版社，第26～31頁。

參考文獻:

㊀ [元] 釋祥邁. 大元至元辨偽錄 [A]．北京圖書館古籍珍本叢刊 [C]．北京: 書目文獻出版社，1998.

㊁ 韓儒林，主編，陳得芝，邱樹森，丁國範，施一揆. 元朝史 [M]．北京: 人民出版社，1986.

[3] 周良霄，顧菊英元史 [M]．上海: 上海人民出版社，2003.

㊃ [日] 中村淳. 蒙古時代「道佛爭論」的真像-忽必烈統治中國之道 [J]．蒙古學資訊，1996，(2)．

⑮柏朗嘉賓蒙古行紀・魯不魯克東行記 [M]. 耿升, 何高濟, 譯. 北京: 中華書局, 1985.

⑯ [瑞典] 多桑. 多桑蒙古史 [M]. 馮承鈞, 譯. 上海: 上海書店出版社, 2001.

⑰朋烏恩. 論蒙元佛道辯論的內在起因 [J]. 蒙古學資訊, 1998, (4).

⑱陳高華, 張帆, 劉曉. 元代文化史 [M]. 廣州: 廣東教育出版社, 2009.

⑲ [明] 朱權, 編撰. 天皇至道太清玉冊 [A]. 道藏 (第36冊) [C].

⑳ [元] 李志常述. 長春真人西游記 [M]. 北京: 中華書局, 1985.

㉑ [明] 郎瑛. 七修類稿 [M]. 北京: 中華書局, 1959.

㉒周湘瑞, 韋慶緣. 從元詩例證看元代寬容現象 [J]. 社會科學研究, 1994, (6).

㉓阿旺貢噶索南. 薩迦世系史 [M]. 陳慶英, 高禾福, 周潤年, 譯注. 北京: 中國藏學出版社, 2005.

㉔ [元] 蔡巴貢噶多吉. 紅史 [M]. 東嘎洛桑赤列, 校注. 陳慶英, 周潤年, 譯. 拉薩: 西藏人民出版社, 2002.

㉕ [明] 宋濂, 等. 元史 [M]. 北京: 中華書局, 1976.

㉖ [元] 釋念常. 佛祖歷代通載 [A]. 北京圖書館古籍珍本叢刊 [C]. 書目文獻出版社, 1998.

㉗ [元] 袁桷. 延祐四明志 [A]. 中國方志叢書 [C]. 臺

北: 臺灣成文出版社有限公司, 1983.

⑧策達木丁蘇隆, 編譯. 蒙古秘史 [M]. 謝再善, 譯. 北京: 中華書局, 1956.

⑨ [元] 蘇天爵, 輯. 國朝文類 [M]. 北京: 北京圖書館出版社, 2006.

⑩徐黎麗. 論蒙元時期宗教政策的演變對民族關系的影響 [J]. 西北民族學院學報 (哲學社會科學版), 1996, (1).

⑪ [伊朗] 志費尼. 世界征服者史 [M]. 何高濟, 譯. 翁獨健, 校. 南京: 江蘇教育出版社, 2005.

⑫ [波斯] 拉施特, 主編. 史集 [M]. 余大均, 周建奇, 譯. 北京: 商務印書館, 1985.

⑬孫悟湖. 元代宗教文化的特點 [J]. 中央民族大學學報 (哲學社會科學版), 2001, (6).

⑭姚大力. 「天馬」南牧-元朝的社會與文化 [M]. 長春: 長春出版社, 2005.

⑮薛學仁. 元代宗教政策的演變及其特點 [J]. 陝西師大學報 (哲學社會科學版), 1994, (1).

(本文原載于《雲南社會科學》2013年第2期)

唐玄宗「因情放政」的歷史鏡鑒

摘要：唐朝中期，唐玄宗李隆基是「因情放政」，由明君轉向昏君的典型案例。繼承皇位後勵精圖治、勤於政事；取得政績後貪享美色、迷戀榮華、縱情享樂、懶政怠軍等種種荒誕無度行為，與他性格上驕傲自滿、偏愛美色、喪失理想息息相關。鑒於此，領導者避免「因情放政」，應明確人生理想、把握人生尺度、追求人生價值。

關鍵詞：唐玄宗；「因情放政」；貪戀美色；歷史鏡鑒

唐玄宗李隆基因與楊玉環的愛情故事被人們熟知。人們稱楊貴妃為「亡國之妃」，正因李隆基貪戀楊貴妃美色，沉迷美人的一瞥一笑，因情放政，疏懶政務，造成國家治理體系崩壞。戲臺上李隆基與楊玉環愛情故事被演員惟妙惟肖的表現出來，而現實中，唐玄宗一度疏懶政事，安穩的政治生活如後庭之花被快速打破，對美好生活的嚮往如黃粱一夢不復存在。唐玄宗早期勵精圖治、勤於政事，繼貞觀之治後實現了開元盛世，但後期他志得意滿，認為自身政績「前無古人，後無來者」，貪戀美色、沉醉榮華，企圖用榮華富貴、酒池肉林訴說自己曾經取得的功勞，甚至楊玉環想吃荔枝而不惜消耗大量人力、民力，從南方運往北方，對自身周圍潛在的危險絲毫不知，致使貪官橫行，百姓怨聲載道，造成國家治理隱患叢生。唐玄宗

「因情放政」的歷史案例給後世領導者以深刻之鏡鑒。

一、唐玄宗的治國之態與無度之舉

（一）勵精圖治 勤於政事

史學家對唐玄宗的政治定位尚無明確結論，不過學界的主流觀點認為唐玄宗是明君與昏君的結合體，先期勵精圖治、勤於政事，打造開元盛世為明君，後期貪戀美色、沉迷榮華、不懶政事為昏君。登基初期，唐玄宗追求國家強大，提高軍隊戰鬥力，增強國家治理能力，推進一系列有助國家生產建設措施積極落實，重農桑、興水利，積極推進農業生產，而且在各個城市設置商貿坊市用以溝通經濟，強化不同城市的商貿往來⊖。這一系列重視農業、發展商業的政策手段快速增強了國力，締造了開元盛世，使唐朝國力達到巔峰。

（二）貪戀美色 迷戀榮華

諺語有言，「盛極必衰」，在唐玄宗的勵精圖治下，唐朝的國力達到了巔峰，農業生產逐年累積，國庫存糧不斷增加，百姓生活富足，國家治理井井有條，市場商貿繁榮不息，面對著太平盛世，唐玄宗志得意滿，認為自己的治國理政功績無人可比，致使他迎娶楊玉環為妃，貪戀美色，迷戀榮華，開始縱情榮華、享用美色，擱置了朝政事務⊖。初登皇位的帝王，大多勵精圖治，有幹一番事業的雄心壯志，且會勵精圖治，後期聲色犬馬，不問朝政，放心的將政務大事交于臣子，忽略了身邊潛藏的政治風險。

勵精圖治的唐玄宗生活節儉，不鋪張浪費，時常以唐太宗為榜樣，勤儉治國、勤儉持家，即使逢年佳節，也從不大操大辦，但後期，唐玄宗醉心於功績，嫌棄自己居所簡陋，便大興土木，製造奢華宮殿，其宮殿規模龐大，裝飾奢華，除秦始皇阿房宮無可比擬之，雕欄玉砌皆用金玉珠翠裝飾，在當時的歷史環境中，可謂是空前絕後㊂。李白詩有言：「阿房宮賦不決此，常有後者可比之。」唐玄宗常與楊貴妃在奢華的宮殿中設宴飲酒、觀舞作曲、鼓樂作賦，甚至長歌深夜隨行百人深宮嬉戲，不聞夜色，只求美人在懷，長歌不盡。歷來當權者的紙醉金迷都以百姓稅負為本，統治者的荒淫無度勢必加重百姓稅負，領導者若不能很好修正自身行為，貪戀美色、沉迷榮華，勢必忽視身邊潛藏風險，百姓苦不堪言，民不聊生，國家治理行將就木，崩於朝夕。

（三）縱情享樂懈軍怠政

有效的自律手段使統治者明悟自身，規範行為，積極進取，而縱情享樂，懈怠軍國大事，內憂外患逐步增多，政治風險逐步加大。唐玄宗登基之初，嚴於律己，依靠多種行政手段、命令和積極的改革舉措增強國力，強化統治，使百姓安居樂業。後期，紙醉金迷，醉心於山水、沉浸美色，縱情享樂，忽視軍政，致使權力架空，各地節度使大權在握，與中央政府形影相悖，不聽號令，擁兵自重。為了迎合楊玉環喜歡服裝的心理，有專門為貴妃服務的七百多人給她做衣服㊃。為了博得楊玉環的歡心，使楊

玉環吃上喜歡的荔枝，唐玄宗李隆基下令從嶺南開辟到京城長安幾千里的荔枝專用道路，使荔枝能快馬加鞭運到長安。寵倖楊貴妃後，唐玄宗奢靡之風大盛，眾多大臣權貴為了巴結皇帝，對楊玉環投其所好，甚至無所不用其極，使朝廷內外形成了嚴重的奢靡之氣。縱情享樂的李隆基對身邊和朝廷的威脅絲毫沒有察覺，反而積極擴軍備戰，向外發動了一系列戰爭。政治的腐化與奢靡，激發了將帥建功立業的渴望，為了發動戰爭，並在戰爭中獲得獎賞，激發了將領貪功求官的欲望。為了挑起戰爭，並在戰爭中立功受賞，很多駐紮邊境的將領對鄰國肆意挑釁，更是激發了李隆基的好戰欲望。和平穩定的邊境局面被打破，手握重權的各地節度使擁兵威脅，最終爆發了安史之亂，唐朝由盛轉衰。仔細分析其原因不難發現，李隆基過度寵倖楊玉環，並縱情享樂，不問政事，對身邊蘊藏的危險渾然不知，節度使擁兵自重也毫不在意，懶怠軍政，最後險些亡國。無論是君主，還是領導幹部切不可因縱情享樂，忽視組織管理，對身邊潛藏的風險渾然不知，要有敏銳的政治嗅覺和高度的警惕意識，提高警惕性，應對身邊隨時可能發生的變故。

二、唐玄宗的性格特點

縱觀唐玄宗治國後期的種種荒誕行為，可以發現唐玄宗的性格特點是有缺陷的，這些缺陷不可避免的會影響到唐玄宗走向錯誤的治國理政道路，最終帶來無可挽回的政

治後果。

（一）驕傲自滿

根據《唐書》記載，唐玄宗執政後期經常會讓史官對其功績大加讚揚，對個人功德大加讚賞，甚至一些唐代詩歌對唐玄宗個人功績也是誇大其詞。根據統計，現存涉及到唐玄宗個人功績的詩歌多達三十五首。詩詞風格和價值取向能反映出一個人的情感態度，有關唐玄宗的詩詞描述大多以歌頌讚美為主，表現唐玄宗執政前期勵精圖治取得的成績。唐玄宗對自身功績的大加讚揚，表現出其對自身政績的肯定，進而流露出驕傲自滿的情緒。由此也不難看出，唐玄宗對個人功績的大加讚揚表現出驕傲自滿的心態，在後期政治生活中運用大量筆墨描述個人功績，若不是驕傲自滿的心理也不可能有這麼多的史料描繪出唐玄宗的人物形象。驕傲自滿往往是懶政的表現，領導幹部驕傲自滿會使自己沉浸在過去取得的功績而無法自拔，必然會懶政不作為㉕。俗話說，「謙虛使人進步，驕傲使人落後」，驕傲自滿，不僅使領導幹部落後，不能跟隨組織發展快速進步，也會造成領導幹部濫用權力、不作為，損害人民群眾利益，最後使用權力為自己利益服務，造成不良的管理後果。

（二）偏愛美色

唐玄宗在武惠妃去世後，聽聞武惠妃兒子李壽之妻楊玉環美貌絕倫，便宣召入宮，封為貴妃，整日與其為伴，不問政事。根據史書記載，唐玄宗李隆基雇傭詩人為楊玉

環寫的情詩多達43首，歌頌楊玉環美貌的詩歌更是不可勝
數。眾多詩歌在描寫楊玉環美貌之餘，更表達楊玉環與唐
玄宗對其喜愛之情。愛美人荒廢朝政可以說明，唐玄宗利
用自己的權力、身份、地位為寵倖楊玉環，竭盡所能滿足
楊玉環的要求，將楊玉環當作自己價值中心，縱情放政，
不問朝政，使楊玉環之哥楊國忠把控朝政，結黨營私，胡
亂作為，致使朝政一塌糊塗，最終引發安史之亂。俗話
說，「色字頭上一把刀」，這把刀不僅摧毀領導者的個
人，也使領導者個人貪戀美色，損害人民群眾的利益。在
現實的組織治理中，一些投機者看到領導者愛好美色的缺
點，會窮盡一切手段利用美色引誘領導者，使領導者為他
們的利益服務，無論領導者個人是否願意，都不免成為利
益鏈條的一部分，最終身敗名裂。

　　（三）喪失理想
　　唐玄宗前期執政勵精圖治，追尋自己的政治理想，追
求國家富強，民族獨立，後期由驕傲自滿沉浸於自身以往
的政績中，貪戀美色，不思進取。到了開元盛世中後期，
唐玄宗的心思全都放在楊玉環身上，「當一天和尚撞一天
鐘」，不求進取，得過且過，喪失了執政的政治理想和堅
定信念，身邊奸佞小人叢生，吏治一片混亂，貪污腐敗現
象屢禁不止。正如史學家陳思明教授指出：「唐玄宗將重
要崗位交於小人，身邊缺乏正直勇敢之輩，處在治國權力
中樞的人沒有一個不是貪婪奸猾之徒。」任用奸佞小人致
使整個朝堂暮氣沉沉，勾心鬥角此起彼伏，缺乏剛正勇敢

的大臣，國家衰敗、隱患叢生之象不絕於目。李隆基沉迷於驕傲自滿之得，有楊玉環相伴不思進取，對軍國大事不聞不問，自在歡愉之間不問朝政，嚮往紙醉金迷，靡靡之音。國家統治者怎能如此？缺乏崇高的政治理想國家就缺乏未來，如果對國家未來發展願景戰略不做規劃，更無法通過艱苦奮鬥提高治國理政能力。理想是催人奮進的價值導向，領導者若缺乏理想必會落伍退步，既不能具有積極向上的力量，也會缺乏拼搏向上的決心，更難以看到統治治理的廣闊前景與多元的實踐路徑，難以進一步獲得成長。

三、「因情放政」的歷史鏡鑒

「禍患積於枕邊，危險累於身邊。」「因情放政」究其本質是由領導者過於貪戀美色，沉溺某些情感不能自拔。這種情況下必須突破以往的價值觀認識，去除驕傲自滿心態，強化自律，規範行為，跳出原有的思路限制，依靠創新方法打開新的領域，跳脫出情感糾葛，找到新的價值共用目標。當然以往的情感範式打破並不是一蹴而就的過程，雖然有效的策略行動可以在一定程度上幫助領導者擺脫情感陷阱，但難以取得立竿見影的效果，需要領導者保持高尚的目標追求和嚴於律己的狀態，打破情感範式限制，避免「因情放政」，這需要從以下幾方面入手。

1. 明確人生理想

古人云：「夢之大者力所不及，夢之小而力所及

427

之。」不論夢想大小，領導者都需要付出努力，處在權力
中樞更需以身作則，通過參與實踐和各種政務活動明確自
己的價值目標，確定自己的人生理想。在理想追求過程
中，領導者難免會與各色人物打交道，在潛移默化中受到
其他人思想的影響，雖然不知道壓死「駱駝最後一根稻
草」會什麼時候出現，但領導幹部應始終具有憂患意識，
樹立起高度自覺的警戒思維，必須以高度的人生理想統籌
價值目標，在履職過程中要規避情感陷阱，避免「因情放
政」，置組織事務於不顧。領導者應學會喜怒不形於色，
無論自己心中有什麼樣的情感都不能流露出來，對於下屬
朋友也要減少情感流露，防止因情感表達出現漏洞，給宵
小之徒可乘之機。

2. 把握人生尺度

人生尺度是規範人生發展，明確人生目標的重要導
向，是決定人生發展結果的重要價值鏈。領導幹部身處權
力中心，在履職過程更應明確自己任務，選擇合理的路徑
完成政治任務。領導者應時刻樹立警戒線意識，確定為人
處事的紅色底線，並選擇合理的價值路徑規範言行，擺正
姿態，並依靠制度意識規範行為，防止自己濫用權力。與
此同時，把握人生尺度也是一種鞭策領導者積極向上的進
步力量，能夠培育領導者敢於擔責的意志品質。領導者在
履職過程中更應該深入基層，體會基層貧苦，從基層實踐
中獲得有益認知，也就能體會到當今太平生活的來之不
易，對榮華享受的追求就會看淡。面對困難就不會再有畏

懼之心，在取得政績後就不會有驕傲自滿之情，追求正確的人生尺度，樹立起正確的人生追求。對於組織治理過程中的各種艱難險阻，領導幹部應有不畏困難的決心和意志，相信自己有充足的能力應對挑戰，這樣才能充分發揮出自身的領導才幹，臨危而不懼，真正做出政績。對於領導幹部而言，也應不斷加強自身道德修養，強化自身的道德品質，時刻保持憂患意識通過活動加強學習，提高自己的管理能力、實踐能力，使自己的價值認知更為全面，更為有效把控人生尺度，把握正確的行政管理方式。

3. 追求人生價值

唐玄宗「因情放政」的歷史鏡鑒教會領導幹部在履職過程中應勇於追求人生價值，樹立正確的人生價值導向，堅持正確的人生目標，選擇正確的人生發展路徑，通過不斷增強自己的意志品質，強化自身的道德素養和學習能力，打破傳統的情感暗示，避免情感陷阱，培育創新精神，選擇出正確的履職任用道路。由唐玄宗的故事也不難看出，領導幹部若一味沉浸美色，貪戀美色，不良情感就會成為自身政治發展的阻礙，若掉入情感陷阱，會成為一小撮利益團體的一員，出於美色需求會濫用權力，違法亂紀，進而損害人民群眾的利益。領導幹部必須將個人追求與人生目標相統籌，勇於追求自己的人生理想，要在積極的行動中發揮自己的人生價值，綻放人生色彩，將追尋人生價值當做是興趣和習慣，通過不斷拓展視野和堅持不懈的毅力，打破情感束縛，不斷增加自己的智慧，積極提高

自己的履職行政能力，鍛煉好本領，突破情感障礙，實現人生目標。

參考文獻：

㊀謝元魯. 再論唐玄宗楊貴妃與安史之亂的關系[J]. 社會科學研究，2005（02）：147-153.

㊁卜孝萱. 唐玄宗楊貴妃形魂故事的演進[J]. 社會科學戰線，1994（02）：220-226.

㊂潘鏞. 論唐玄宗李隆基[J]. 雲南社會科學，1993（02）：75-81.

㊃華世欣，劉光曙. 論唐玄宗李隆基[J]. 固原師專學報（社會科學版），1982（03）：1-16.

㊄王長友. 夫妻愛情文學園地中的一朵奇葩——《長生殿》李楊愛情悲劇解疑[J]. 南京化工大學學報（哲學社會科學版），1999（02）：76-85.

習近平網絡意識形態建設思想研究

摘要：隨著互聯網、大數據的進一步普及，我國網絡輿論問題日漸突，西方國家也乘機大肆進行意識形態滲透，網絡意識形態建設工作非常必要且刻不容緩。關於網絡意識形態建設，習近平總書記高屋建瓴地提出一系列有針對性的指導性意見，這些意見共同構成了習近平網絡意識形態建設思想。習近平網絡意識形態建設思想既是習近平網絡強國戰略的有機組成，也是其新時代中國特色社會主義思想的具體體現。它的出現，為中國意識形態建設指明了的新的發展路徑和前進方向，也為實現中華民族偉大復興的中國夢提供了寶貴的精神財富。

關鍵詞：習近平；網絡意識形態；建設思想

我們的時代被稱為互聯網時代，網絡特別是移動互聯網絡已經成為我們工作、學習、生活的基礎平臺。因此，以往線上下的意識形態問題已經逐漸轉移到線上的網絡，網絡空間成了各種意識形態激烈爭奪的地盤。習近平總書記高瞻遠矚，及時注意到了這塊意識形態的新領域，在不同的場合做了一系列深刻論述，形成了比較系統的網絡意識形態建設思想。目前，學術界已經有部分學者開始了初步的學術研究，例如周顯信、程金鳳㊀，陶鵬㊁探討了習近平的互聯網思維，周漢華㊂探討了習近平的互聯網法治思想，陳家喜㊃則初步總結了習近平的網絡治理思想，而最直

接研究的學者有王承哲㈤、田海艦㈥，他們分別從不同的角度對習近平的網絡意識形態及其建設思想進行了初步的探討。但是，隨著習近平網絡意識形態思想在不斷發展，而且思想深刻、意義深遠，需要我們從不同角度、不同深度對其進行更加全面、深入的研究。

一、習近平網絡意識形態建設思想形成的背景和原因

（一）網絡意識形態及其重要性彰顯

意識形態，是與一定社會的政治、經濟等社會形態直接關聯的觀念和思想的總和。意識形態是思想文化的本質體現，在一定程度上引領思想文化的發展方向。意識形態事關党的發展，事關國家文化建設，我黨歷來重視意識形態工作。在革命戰爭時期，毛澤東同志就說過：「凡是要推翻一個政權，總要先造成輿論，總要先做意識形態方面的工作。」㈦習近平總書記也多次強調意識形態工作的重要性：「能否做好意識形態工作，事關黨的前途命運，事關國家長治久安，事關民族凝聚力和向心力」。

近些年來，隨著移動互聯網、「兩微一端」等普及率的大幅提高，互聯網的傳媒功能和輿論發布特點逐漸凸顯。傳統主流媒體一統天下的格局逐漸被新興網絡社交媒體取代。網絡開始成為各種思潮的集散地，輿論產生發展的主陣地。不同意識形態在借助互聯網獲得新的傳播途徑的同時，也加劇了彼此之間的激蕩與鬥爭。正是在這樣的時代背景下，誕生了網絡意識形態這一概念。所謂網絡意

識形態，是指基於網絡而形成的一種高度融合了線上線下意識形態的社會意識形式。㉙網絡意識形態雖然出現在虛擬的網絡世界，但是它卻是現實社會的意識形態在網絡上一定程度的反映。十八大以來，以習近平總書記為代表的黨中央高度重視網絡意識形態建設，提出「要把網上輿論工作作為宣傳思想工作的重中之重來抓」㉚，將網絡意識形態建設工作提升到國家安全、社會穩定的高度之上。網絡意識形態的出現及重要性的不斷提升，成為習近平網絡意識形態建設思想形成的先決條件。

（二）網絡輿論問題日漸突出且影響巨大

目前，網民意見多邊、非理性情緒多發、利益訴求過激、個人主義極端化和網絡暴力等問題頻繁出現，網絡輿論問題日漸突出，且嚴重損害了黨和人民的利益。在網絡陣地上，暴力、色情、種族主義、宗教極端主義等不良思想頻發；歷史虛無主義、新自由主義、「普世價值」等錯誤思潮蔓延。一些網絡大V甚至黨員同志，肆意曲解國家政策，在醫療、就業、拆遷、住房等社會焦點問題上經常發布易於造成黨群關係對立的激進言論，挑動社會對立情緒，人為地割裂黨和人民的血肉聯繫。網絡輿論問題日趨嚴重，無論是對於網絡世界還是現實社會，都造成了十分消極的影響。

相較於傳統媒體時代的輿論力量，網絡輿論的威力巨大並呈現出幾何級的增長。網絡輿論已經成為社會穩定的導火索，社會輿情的風向標。比如被西方媒體形象稱為推

特革命（Twitter revolution）的中東、北非一系列政權更迭
現象，便是網絡輿論威力展現的代表案例。誰曾料想，
2010年12月17日，突尼斯一名小商販和員警爆發的衝突事
件，在推特、臉書的輿論助推下，竟會演變為茉莉花革命
乃至整個阿拉伯世界的政治風暴。近些年來，我國的一些
惡性群體性事件、民族糾紛、社會焦點事件之所以能夠在
短時間內迅速升溫、惡化，也與網絡不良輿論的迅速傳播
密不可分。曾經有一種看法，認為網絡輿論對社會造成的
衝擊只會發生在發展中國家。擁有先進網絡技術、制度成
熟的發達國家不會有此遭遇。但是事實表明，網絡輿論帶
來的挑戰是全面的，只要有網絡，就會有網絡輿論問題。
西方雖然是發達國家，但是其民主制度一樣會受到互聯網
扁平化、去中心化的影響，西方主流媒體聲音一樣會被嘈
雜的網絡輿論所覆蓋。最近兩年陸續發生的英國公投事
件、美國總統大選、義大利大選，都體現出網絡輿論對傳
統媒體和國家體制的挑戰。所以，對中國而言，無論我們
的社會發展到何種階段，網絡輿論帶來的挑戰始終存在。

　　（三）西方國家網絡意識形態滲透推波助瀾

　　網絡時代，國與國之間的競爭已經發展到對網絡意識
形態的控制與滲透。多年前，托夫勒曾預言：「世界已經
離開了暴力與金錢控制的時代，而未來世界政治的魔方將
控制在擁有資訊強權的人的手裡，他們會使用手中掌握的
網絡控制權、資訊發布權……達到暴力、金錢無法征服的
目的。」①網絡意識形態的爭奪，不僅僅是民心的爭奪，更

是重塑世界秩序的主動權的爭奪。這些年來，西方國家逐漸加大力度，利用網絡形式加強其意識形態滲透。以英國BBC和美國VOA為例，他們從2012年起就關閉對話播音，轉而將陣地移向互聯網。據不完全統計，各種設立在境外的反華網站已經超過2000家，僅「藏獨」網站就有200個，「法輪功」網站約有260個。㊀

意識形態領域沒有真空，如果不能牢牢掌握就會失去。「宣傳思想陣地，我們不去佔領，人家就會去佔領。」㊁196網絡空間亦是如此。西方強國利用網絡大肆散播與「普世價值」、新自由主義、拜金主義等我國社會主義核心價值觀相悖的觀念，腐蝕人民群眾的精神世界，進而分化、西化中國。如果任由西方在網絡領域對我國意識形態進行滲透、衝擊，否定我們的社會主義核心價值觀乃至於社會政治制度，那麼馬克思主義在網絡世界一定會被邊緣化，共產黨的領導就有被顛覆的危險。

對於當前網絡意識形態鬥爭的嚴峻性，習近平總書記有著清醒的認識：「一個政權的瓦解往往是從思想領域開始的，政治動蕩，政權更迭可能在一夜之間發生，但思想演化是個長期過程。思想防線被攻破了，其他防線就很難守住。」㊂西方國家意圖利用網絡意識形態這個「最大變量」來「扳倒中國」並且已經初見成效。我們的群眾甚至黨員的內部，已經有很多人受到西方意識形態鼓吹的影響。「有的人奉西方理論、西方話語為金科玉律，不知不覺成了西方資本主義意識形態的吹鼓手。」㊃所幸的是，我

們黨和國家領導人已經意識到了這個問題，並有深刻的危機意識。習近平總書記指出：「在互聯網這個戰場上，我們能否頂得住、打得贏，直接關系我國意識形態安全和政權安全。」㉔

二、習近平網絡意識形態建設思想的內涵和方法

（一）推動網絡意識形態協同治理

　　資訊時代，意識形態的治理模式需要從單一的管理式向多方的協同式轉變，形成政府主導、企業監管、個體參與的協同治理模式。所謂協調治理，是指不同的網絡主體之間須加強合作，共同承擔相應的責任，從而達到協同治理的效果。首先，政府需要在黨的領導下有效引導網絡意識形態發展方向，把握好網上輿論引導的時、度、效，打造良好的網絡輿論生態環境。我國政府在很長一段時間內，由於未能及時跟進互聯網發展形勢，導致網絡意識形態治理工作問題重重。習近平總書記敏銳洞察到政府在網絡意識形態治理方面的突出問題環節，他指出「面對互聯網技術和應用飛速發展，現行管理體制存在明顯弊端，主要是多頭管理、職能交叉、權責不一、效率不高。」㉕為了強化政府組織領導，於2014年正式成立由習近平親任組長的中共中央網絡安全與資訊化領導小組。該小組與中央網信辦一起統籌協調各領域的網絡安全與資訊化工作。近年來，在中央統籌領導下，各級黨委擔任主體責任的治理體系初步形成，全方位、多層次、綜合性的意識形態工作協

調聯動機制構建起來。

其次，互聯網企業要配合政府監管網絡意識形態。網絡意識形態具有的複雜性、特殊性、分化性要求其監管工作必須多方共管、從源頭抓起。基於此，習近平總書記提出互聯網企業應配合政府監管，對網絡資訊發布內容承擔起主體責任。「企業要承擔企業的責任，黨和政府要承擔黨和政府的責任，哪一邊都不能放棄自己的責任。網上資訊管理，網站應負主體責任，政府行政管理部門要加強監管。」㊁2017年頒佈的《中國網絡安全法》，明確將網站主體責任以法律的形式確定下來，並特別規定和強調網絡運營者應加強對其使用者發布的資訊的管理。「發現法律、行政法規禁止發布或者傳輸的資訊的，應當立即停止傳輸該資訊，採取消除等處置措施，防止資訊擴散，保存有關記錄，並向有關主管部門報告。」㊂

最後，網民個體應積極參與到網絡意識形態治理之中。互聯網的匿名性、虛擬性、開放性等特點既為網民提供了輿論參與的便利，也為各種負面、消極甚至危害國家利益的言論提供了傳播機會。網民作為網絡意識形態的受眾及傳播者，應自律傳播網絡意識形態，自覺行使網絡輿論治理監督之責，義務維護網絡意識形態的有序健康。當前，網絡意識形態治理強調治理主體的多元化。它打破了傳統政府單一治理的模式，企業和個人在一定範圍內也可以體現出治理的權威性。「形成良好網上輿論氛圍，不是說只能有一個聲音、一個調子」㊃，正如習近平總書記所強

調，網絡意識形態的治理，需要建立一個開放式的監管體系。「要發揮網絡傳播互動、體驗、分享的優勢，……網上網下要同心聚力、齊抓共管，形成共同防範社會風險、共同構築同心圓的良好局面。」⑳

　　（二）促進網絡意識形態正向轉化

　　習近平總書記將意識形態領域分為紅、黑、灰三個地帶，其中，紅色地帶是主流意識形態的主陣地，黑色地帶是危險意識形態盤踞的陣地，灰色地帶則主要是意識形態的模糊搖擺地帶。他特別指出要促進這三個地帶的正向轉化。㉑196網絡意識形態作為意識形態的典型代表，同樣存在三個地帶，並且急需正向轉化。

　　網絡意識形態的紅色地帶是指網絡主流意識形態的主陣地，包括黨報黨刊、各級電視台、一些新興主流媒體等網絡媒體平臺。這個主陣地我們必須牢牢守住，並積極鞏固和拓展。紅色主陣地的主要職責是積極宣傳黨和國家的相關政策，傳播正能量思想，弘揚社會主義核心價值觀。習近平總書記極為重視互聯網領域紅色地帶的建設工作，多次強調要科學把握和運用網絡傳播規律，創新網絡意識形態傳播技術方式，搶佔意識形態傳播的制高點。他指出「推動傳統媒體和新興媒體融合發展，要遵循新聞傳播規律和新興媒體發展規律」㉒；「要創新改進網上宣傳，運用網絡傳播規律，弘揚主旋律，激發正能量，大力培育和踐行社會主義核心價值觀」㉓。加強網絡紅色地帶建設，可以充分發揮其對社會文化思潮的引領功能，最大限度將全國

各族人民緊緊團結在党的周圍。

網絡意識形態的黑色地帶是危險意識形態盤踞的陣地，必須加強監管打擊，不斷壓縮其空間。互聯網是一把雙刃劍，在促進人類文明交流繁榮的同時，也為各種危害思想散佈及西方強國推行意識形態滲透開辟了嶄新的道路。這些危險意識形態組成的網絡黑色地帶已經嚴重危害到我們的國家和社會穩定，威脅到人民的團結和幸福生活。習近平總書記深刻指出，當前意識形態鬥爭的重心便是與網絡危險意識形態的鬥爭。他號召大家要樹立堅定的政治立場，在發布網絡言論時「不能搬弄是非、顛倒黑白、造謠生事、違法犯罪，不能超越了憲法法律界限」㊵。對於網絡危險言論和境內外敵對勢力製造的網絡輿論，他強調要敢抓敢管，嚴密應對，要堅決打擊和制止，決不能任其大行其道。「要深入開展網上輿論鬥爭，嚴密防範和抑制網上攻擊滲透行為，組織力量對錯誤思想觀點進行批駁。」㊶

網絡意識形態的灰色地帶是網絡民眾各種輿論主要集中的陣地，是模糊搖擺的地帶，應該努力引導使其轉向紅色地帶，防止轉向黑色地帶。由於廣大網民成分複雜，教育背景不一，思想觀念也各不相同。他們的思想多為非馬克思主義思想，但也非反馬克思主義思想。對於這種模糊、曖昧的思想意識形態，習近平總書記告誡大家應多一些理解和包容，努力引導和爭取，讓互聯網成為我黨和群眾交流溝通的新平臺，成為我黨發揚人民民主、接受人民

監督的新管道。⊕針對網絡媒體中知識層次較高、話語影響力較大、能夠左右網絡輿論演進方向的代表性人士，習近平總書記強調要做好對他們的統戰工作，將其列為我黨新時期愛國統一戰線的重要組成部分，以免被其它政治勢力利用，成為顛覆網絡主流意識形態的危險聲音。「要加強和改善對新媒體中的代表性人士的工作，建立經常性聯繫管道，加強線上互動、線下溝通，讓他們在淨化網絡空間、弘揚主旋律等方面展現正能量。」⊕

　　(三) 提升領導幹部網絡輿情治理能力

　　網絡新媒體時代，互聯網已經成為社會輿情的放大器、社會穩定的風向標。同時，它也是老百姓參政議政、政府服務人民的重要管道。針對互聯網的重要作用，習近平總書記指出：「隨著互聯網特別是移動互聯網發展，社會治理模式正在從單向管理轉向雙向互動，從線下轉向線上線下融合，從單純的政府監管向更加注重社會協同治理轉變。」⊕領導幹部必須以積極的心態面對互聯網，將網絡輿情治理納入其工作範疇中來。一段時期以來，由於我黨部分領導幹部不懂網、不用網，對互聯網的媒體屬性缺乏認知，致使網絡意識形態中的反主流言論一度甚囂塵上。「做好意識形態工作，必須堅持全黨動手」⊕195。提升網絡輿情治理能力，將是未來一段時間我黨全體黨員領導幹部的一項重要工作。

　　首先，領導幹部要緊密聯繫網民，走好「網上群眾路線」。網絡已經成為民意的海洋，成為黨與群眾聯繫的重

要紐帶。當前，部分領導幹部在網絡意識形態工作方面的責任意識淡薄，甚至缺失。他們以消極心態面對網絡媒體的飛速發展。對此，習近平總書記號召全體黨員同志要走好「網上群眾路線」，他形象而生動的描繪道：「網民來自老百姓，老百姓上了網，民意也就上了網。群眾在哪兒，我們的領導幹部就要到哪兒去。」新時代下，觀點上網、建議入網、批評上網，精准把脈基層問題，精確掌握基層動態，精細瞭解基層聲音，離不開互聯網這一重要領域。領導幹部上網懂網，才能抵達民意民心。各級領導幹部要學會利用網絡瞭解民意、開展工作，「瞭解群眾所思所願，收集好想法好建議，積極回應網民關切、解釋疑惑」⑭。

其次，提升領導幹部的網絡輿情治理能力。習近平總書記強調「過不了互聯網這一關，就過不了長期執政這一關」。要「善於運用網絡瞭解民意、開展工作，是新形勢下領導幹部做好工作的基本功」⑮。互聯網作為一種新事物，不僅檢驗黨員幹部的入網意識，更考驗黨員幹部的觸網能力。當前，一些地方通過政務數據的互聯互通，再造工作流程，推進「最多跑一次」改革，讓群眾的事情在網上辦理、問題在網上解決；有的開設「網上群眾工作部」，聽民意解民困，還有的探索「電商下鄉」扶貧之路，謀發展謀出路，等等都是互聯網時代領導幹部努力適應網絡時代工作方式的需求。廣大黨員幹部要搶抓互聯網機遇，推動工作高效發展；打破傳統思維，推動工作創新

發展，讓互聯網成為領導幹部助推工作、減負提效的「利器」。

　　（四）加快網絡治理法制化進程

　　近年來，網絡意識形態問題日漸突出，網絡違法亂紀活動也不斷增多。習近平總書記特別強調：「互聯網不是法外之地。」「網絡空間是虛擬的，但運用網絡空間的主體是現實的，大家都應該遵守法律，明確各方權利義務。」由於網絡空間具有虛擬性、匿名性、超時空性等特點，導致其與現實的疏離。現實世界的行為准則、法律約束很難在網絡空間發揮效力。現實世界的法制建設落後於互聯網世界的迅速發展，無形中助長了網絡意識形態的混亂。「如何加強網絡法制建設和輿論引導，確保網絡資訊傳播秩序和國家安全、社會穩定，已經成為擺在我們面前的現實突出問題。」㊀有效推進網絡空間治理的法制化進程，是提高網絡意識形態治理水準的根本保障。

　　加快網絡法制建設，首先在於立法。十八大之前，我國關於網絡問題的立法存在「立法位階低、規範碎片化、管理理念與手段滯後、互聯網行政執法權限不清、立法不適應移動互聯網發展新形勢」㊁等問題。為此，習近平總書記特別提出互聯網立法規劃的頂層設計：「抓緊制定立法規劃，完善互聯網資訊內容管理、關鍵資訊基礎設施保護等法律法規，依法治理網絡空間，維護公民合法權益。」㊂之後，他又進一步提出將網絡立法重點放在完善網絡資訊安全服務、網絡社會管理等方面的法律法規建設之上。

在習總書記的正確指導下，近年來來我國的互聯網立法取得長足進展，僅「十二五」期間，頒佈實施的互聯網相關法律法規就達76部，佔整個「十二五」期間立法總量的62%。[四]而最能體現近年來網絡立法水準的，當屬於2017年6月1日正式生效的《網絡安全法》。該法在立法對象、義務主體設定、立法基本原則、基本制度設計等諸方面都體現出習近平總書記倡導的網絡法制建設理念，對今後我國網絡意識形態的治理，必將產生深遠影響。

加快網絡法制建設其次在於執法。網絡空間的清朗有序，關系到每一個人的切身利益。為了讓互聯網在法治軌道上健康運行，習近平總書記提出依法治網、依法辦網、依法上網的法治理念。[⑩]對於網絡上的危險意識形態行為，習近平總書記態度鮮明的說「要堅決制止和打擊，決不能任其大行其道」。[⑪]這些年來，通過依法查處違規網站，關閉公眾號、微博號，剷除網上暴力、恐怖音視頻等多種執法手段，有效解決了網絡違法犯罪行為，初步實現了網絡輿論生態環境的天朗氣清，井然有序。網絡執法力度的加大，對於加快網絡法制建設，推進網絡意識形態治理，提供了有力保障。

（五）加強網絡意識形態的技術保障

互聯網是科學技術的產物。科學技術，不僅是網絡意識形態的技術支撐，而且其本身就是一種意識形態，發揮著意識形態功能。[⑫]因此，網絡意識形態的鬥爭，既是網絡輿論的爭奪，更是網絡核心技術的較量。掌握核心技術，

也就成為保障網絡意識形態安全的重要前提。習近平總書記深知互聯網技術在網絡意識形態領域的重要作用，多次以「國之重器」、「殺手鐧」、「命門」、「牛鼻子」等喻之。

網絡意識形態的維護，建立在網絡核心技術的保障之上。西方國家憑藉網絡技術優勢，可以肆意對他國進行意識形態滲透，盜竊他國政治、軍事、經濟等情報，甚至製造病毒造成該國政治、軍事、金融資訊系統的崩潰和癱瘓。2013年棱鏡門事件的爆發，讓世人震驚於網絡世界的一舉一動，無不受到美國的監控。自2007年小布希時期起，美國開始實施棱鏡計畫（PRISM），包括微軟、蘋果、穀歌、雅虎等在內的9家國際網絡巨頭皆參與其中。在該計畫支持下，美國和國家安全局可以直接進入美國網際網路公司的中心伺服器裡挖掘數據，收集情報。由於維繫全球互聯網正常運轉的十三個根伺服器有十個放置在美國（包括一個主根伺服器），因此美國成為互聯網世界運轉的主導者，可以進行大規模的全球網絡監聽。美國在網絡核心技術方面的絕對優勢，成為其維繫網絡霸權，推進網絡意識形態全球化的利器。

相比於美國的網絡霸權地位，中國在網絡核心技術領域仍較為滯後。統計顯示，我國的高性能製造工藝處于起步階段，高端IP難以支撐設計製造的需求，CPU產品對外依賴性高，高速AD/DA、DSP、FPGA等製造水平整體落後於國際先進水準。網絡核心技術的落後，讓我們的網絡安全

處於十分危險的境地。在2018年4.19講話中，習近平總書記深刻指出：「互聯網核心技術是我們目前最大的『命門』，核心技術受制於人是我們最大的隱患。」⊕在習近平總書記的心中，核心技術是「國之重器」，一定要「立足自主創新、自立自強」。為了扭轉我國在互聯網領域的技術劣勢，他因勢提出要緊抓網絡核心技術自主創新的「牛鼻子」，加速突破網絡發展的前沿技術和具有國際競爭力的關鍵核心技術。㊀在總書記的一再囑託下，2017年1月，國家頒佈了《關於促進移動互聯網健康有序發展的意見》，明確提出要在上述核心技術領域實現重大突破和成果轉化。該檔的頒佈，必將有助於加強網絡新技術新應用的管理，確保網絡意識形態可管可控，使我們的網絡空間清朗起來。

（六）建立網絡空間命運共同體和全球互聯網治理體系

網絡安全是整體的而不是割裂的，是動態的而不是靜態的，是開放的而不是封閉的，是相對的而不是絕對的，是共同的而不是孤立的。⊕作為網絡安全的重要組成部分，網絡意識形態問題一直以來都是全球性問題，沒有哪個國家能夠置身事外、獨善其身。為了推動網絡意識形態安全的建設和維護，習近平總書記在第二屆世界互聯網大會開幕式上提議，各國應該攜手努力，加強溝通、擴大共識、深化合作，共同構建網絡空間命運共同體，建立多邊、民主、透明的全球互聯網治理體系。

當今世界網絡霸權主義凸起，全球網絡治理的話語權依然由把握在美、日、歐等西方國家。然而，西方國家的西方中心論、自由主義、資本主導的思想決定其對抗、利己和擴張的基因只會徒增網絡世界的困境，無法有效解決網絡意識形態問題等既有矛盾。㊄「互聯網領域發展不平衡、規則不健全、秩序不合理等問題日益凸顯」，「現有網絡空間治理規則難以反映大多數國家意願和利益」㊅。網絡問題的嚴峻和挑戰已經超過一國治理能力範圍。人類呼喚新文明、新秩序的到來。針對上述難題，習近平總書記建設性提出的網絡空間命運共同體和全球互聯網治理體系。

　　一方面，以搶佔網絡意識形態治理先機為方向，構建網絡空間命運共同體。習近平總書記反覆強調，參與網絡空間國際規則的制定，進而推動、主導全球互聯網治理規則的變革，是中國走向世界舞臺中心、實現網絡強國戰略的重要步驟。在主持中央政治局第三十六次集體學習時，他提出「六個加快」的要求，其中，便包括「加快提升我國對網絡空間的國際話語權和規則制定權」㊆。站在第四次工業革命的歷史高度，他又高屋建瓴地指出中國應努力成為新工業革命規則主導者：「抓住新一輪科技革命和產業革命變革的重大機遇，就是要在新賽場建設之初就加入其中，甚至主導一些賽場建設，從而使我們成為新的競賽規則的重要制定者、新的競賽場地的重要主導者。」㊇網絡意識形態作為國家的上層建築，必須審慎制定治理戰略，

加強頂層設計，然後適時推向世界，贏得中國應有的話語權，為我們更好地治理網絡意識形態贏得先聲。從更高的戰略角度著眼，參與主導全球網絡治理的話語和規則，不僅是讓中國推動全球網絡治理規則的變革，更是進而推動全球現實世界治理規則的變革的重要基礎。

　　另一方面，以維護各國網絡主權為原則，建立全球互聯網治理體系。網絡主權是一國網絡意識形態治理的外部環境保障。網絡意識形態在網絡空間的流動遵循著強勢文化向弱勢文化擠壓流動的規律。㊄一些西方國家以自由主義為幌子，否定網絡主權，憑藉其強勢文化，向發展中國家大肆傾銷意識形態思想，造成該國意識形態領域的混亂，甚至引發國家政局的動蕩。近年來烏克蘭、北非、中東等地的持續動蕩，就是鮮明的例證。為了維護各國的網絡權益，保障網絡意識形態安全，習近平總書記將尊重網絡主權，作為他提出的推進全球互聯網治理體系變革的四項原則之一。㊁網絡空間成為繼海、陸、空、天后的第五空間。尊重網絡主權，就是對各國在網絡空間行使本國事務權力的尊重，也是網絡意識形態在各國有序發展的重要外部保障。

三、習近平網絡意識形態建設思想的價值和意義

　　（一）習近平網絡意識形態建設思想是習近平網絡強國戰略的有機組成

　　習近平網絡意識形態建設思想的出現，並不是孤立

的。從其產生的時代背景、逐步發展出的具體內涵來看，該思想與習近平的網絡強國戰略、習近平新時代中國特色社會主義思想都是緊密相關的。後兩者，正是習近平網絡意識形態建設思想價值定位之所依。

　　網絡強國戰略是習近平網絡意識形態建設思想形成的重要依託。早在2014年，中央網絡安全和資訊化領導小組成立之初，時任小組組長的習近平在領導小組的第一次會議上便提出要努力把我國建設成網絡強國的戰略目標，並指出要把網絡強國戰略和「兩個一百年」奮鬥目標同步推進。⑬時隔一年，在黨的十八屆五中全會上，網絡強國戰略被正式列入大會通過的《中共中央關於制定國民經濟和社會發展第十三個五年規劃的建議》中去。2016年，習近平總書記在主持中共中央政治局第三十六次集體學習時，進一步將網絡強國戰略提升到綜合施策的新高度，並提出「六個加快」的具體要求。⑭截至2018年，《國家網絡空間安全戰略》、《國家資訊化發展戰略綱要》、《網絡空間國際合作戰略》等一系列檔的出臺，使網絡強國戰略已形成層層推進、步步落實的完整戰略體系。

　　通過具體的分析對比可以發現，習近平網絡意識形態建設思想與其網絡強國戰略的具體內容，有高度耦合之處。比如，加強網絡意識形態的技術支撐，努力掌握核心技術，這一網絡意識形態建設思想與網絡強國戰略中所要求的網絡資訊技術能夠自主創新，能夠以先進的網絡資訊技術推進社會治理等內容高度契合；又比如，習總書記提

出的推動政府、企業、個人的網絡意識形態協同治理，提升領導幹部的網絡輿情治理能力等要求，與網絡強國的重要標志——先進的網絡管理水準和足夠的網絡空間安全防禦能力不謀而合；至於中國搶佔網絡意識形態治理先機，贏得網絡世界應有話語權這一重要思想，更是「加快提升我國對網絡空間的國際話語權和規則制定權」的題中應有之意。可以說，習近平的網絡意識形態建設思想就是其網絡強國戰略的重要有機組成。

（二）習近平網絡意識形態建設思想是習近平新時代中國特色社會主義思想的具體體現

習近平網絡意識形態建設思想，「具有強烈的問題意識和實踐指向，呈現出契合時代需求、適應社會發展的鮮明特點，具有重要的理論意義和實踐價值」⊗。而習近平新時代中國特色社會主義思想，亦是緊密結合新的時代特點和實踐要求，以全新視野深化對共產黨執政規律、社會主義建設規律、人類社會發展規律的認識，而取得的重大理論成果。從這個角度觀察，習近平網絡意識形態建設思想就是其新時代中國特色社會主義思想在互聯網領域的具體體現。

2017年10月，在中國共產黨第十九次全國代表大會上，習近平總書記首次提出「新時代中國特色社會主義思想」。⊗隨後通過大會決議，該思想被正式寫入黨章。2018年3月11日，習近平新時代中國特色社會主義思想載入憲法，以憲法的形式明確了該思想在國家政治和社會生

活中的指導地位。習近平新時代中國特色社會主義思想，用八個「明確」闡述其具體思想內容，用十四個「堅持」進行具體謀劃，是馬克思主義中國化的最新成果，是黨的十八大以來黨和國家事業取得的歷史性成就。

習近平網絡意識形態建設思想，集中反映在習近平新時代中國特色社會主義思想的八個「明確」、十四個「堅持」的具體內涵中。有效推進網絡空間治理的法制化進程，提高網絡意識形態治理水準，是對「明確全面推進依法治國總目標是建設中國特色社會主義法治體系、建設社會主義法治國家」的具體實施；建立網絡空間命運共同體和全球互聯網治理體系的理論所依，就是習總書記提出的「推動構建新型國際關系，推動構建人類命運共同體」的中國特色大國外交理念；推動網絡意識形態協同治理、提升領導幹部的網絡輿情治理能力與「推動國家治理體系和治理能力現代化」相呼應。可以說，習近平網絡意識形態建設思想在其新時代中國特色社會主義思想中都能找到的對應的行動指南。前者就是後者的具體體現。

參考文獻：
㊀周顯信，程金鳳. 網絡安全：習近平同志互聯網思維的戰略意蘊[J]. 毛澤東思想研究，2016（03）：80-83.
㊁陶鵬. 習近平「互聯網思維」的理論維度及意義指向[J]. 觀察與思考，2017（2）：38-45.
㊂周漢華. 習近平互聯網法治思想研究[J]. 中國法學，

2017（3）：5-21.

⑭陳家喜. 互聯網發展與治理的中國方案——習近平網絡治理思想研究[J]. 理論視野，2017（7）：15-21.

⑮王承哲. 習近平網絡意識形態思想研究[J]. 中原文化研究，2017（6）：5-11.

⑯田海艦. 習近平互聯網意識形態建設思想研究[J]. 社會科學家，2017（10）：18-22.

⑰建國以來毛澤東文稿：第10冊[M]. 北京：中央文獻出版社，1996：194.

⑱習近平關於全面建成小康社會論述摘編[M]. 北京：中央文獻出版社，2016：103.

⑲黃冬霞，吳滿意. 網絡意識形態內涵的新界定[J]. 社會科學研究，2016（05）：107-112.

⑳習近平. 胸懷大局把握大勢著眼大事 努力把宣傳思想工作做得更好[N]. 人民日報，2013-08-21（1）.

㉑匡文波. 網絡傳播學概論[M]. 北京：高等教育出版社，2001：110.

㉒中共中央宣傳部. 習近平總書記系列重要講話讀本[M]. 北京：學習出版社，人民出版社，2016.

㉓十八大以來重要文獻選編（上）[M]. 北京：中央文獻出版社，2014：465.

㉔習近平. 在全國黨校工作會議上的講話[J]. 求是，2016（9）：1-16.

㉕習近平. 胸懷大局把握大勢著眼大事 努力把宣傳思想工

作做得更好[N]．人民日報，2013-08-21（1）．

⑬習近平談關於加快完善互聯網管理領導體制[EB/OL]．

（2013-11-15）[2018-01-10]．

http: //politics. people. com. cn/n/2013/1115/c1001-23559689. html.

⑭習近平．在網絡安全和資訊化工作座談會上的講話[N]．

人民日報，2016-04-26（2）．

⑮習近平在中共中央政治局第三十六次集體學習時強調：加快推進網絡資訊技術自主創新 朝著建設網絡強國目標不懈努力[N]．人民日報，2016-10-10（1）．

⑯ 習近平主持中央全面深化改革領導小組第四次會議[EB/OL]．（2014-08-18）[2018-01-10]．

http: //politics. people. com. cn/n/2014/0818/c70731-25489419. html.

⑰習近平．總體佈局統籌各方創新發展 努力把我國建設成為網絡強國[N]．人民日報2014-02-28（1）．

⑱習近平．鞏固發展最廣泛的愛國統一戰線 為實現中國夢提供廣泛力量支援[N]．人民日報，2015-5-21（1）．

⑲習近平．在第二屆世界互聯網大會開幕式上的講話[N]．

人民日報，2015-12-17（1）．

⑳哈貝馬斯．作為「意識形態」的技術與科學[M]．上海：學林出版社，1999: 38-83.

㉑韓慶祥．為解決人類發展問題貢獻「中國理論」——習近平「人類命運共同體」思想[J]．東岳論叢，2017（11）：

5-10.

㉔習近平關於科技創新論述摘編[M]. 北京：中央文獻出版社，2015：29.

㉕習近平說，新時代中國特色社會主義思想是全黨全國人民為實現中華民族偉大復興而奮鬥的行動指南[EB/OL].（2017-10-18）[2018-01-10].

http：//www. xinhuanet. com/politics/19cpcnc/2017-10/18/c_1121820173. htm

新時代網絡意識形態鬥爭態勢及對策

摘要：網絡意識形態是在網絡環境中形成的思想價值觀念的集合，具有多元隱匿性、多變混雜性、多樣自主性、多效裂變性特徵。網絡意識形態特性使網絡意識形態鬥爭嚴峻激烈，增加了打好網絡意識形態鬥爭主動仗的難度。加之網絡意識形態治理能力和網絡意識形態鬥爭環境上還存在著某些方面的不足，目前我國網絡意識形態鬥爭呈現出重視但不主動，應對但不積極的態勢。基於此，我們必須從加強網絡意識形態自身建設、提高政府網絡輿情治理能力和創設良好實施環境三方面全面著手，從轉變思想、快速行動、創新方法、發展技術和保障制度五個維度主動出擊，打好網絡意識形態主動仗。

關鍵詞：網絡意識形態；核心價值觀；協調治理；網絡群眾路線；網絡核心技術

一、導言

中國互聯網絡資訊中心發布的第41次《中國互聯網絡發展狀況統計報告》顯示，截至2018年12月，我國網民規模已達8．02億，普及率達到57．7%。①伴隨著網絡使用率和便捷性的提升，互聯網已成為意識形態傳播的主陣地、鬥爭的主戰場。一方面，互聯網成為網絡輿論的重要傳播工具。網絡輿論的形成，對我國社會發展帶來積極

作用的同時，也帶來了一些弊端。如網民意見多邊、思想混亂、非理性情緒多發、利益訴求過激、個人主義極端化和網絡暴力等問題頻繁出現，網絡輿論問題日漸突出，且嚴重損害了黨和人民的利益。另一方面，西方國家利用互聯網加強對中國的意識形態滲透，社會主義意識形態面臨著巨大的危機。他們大肆散播與「普世價值」、新自由主義、拜金主義等和我國社會主義核心價值觀相悖的觀念，腐蝕人民群眾的精神世界，進而達到分化、西化中國的目的。習近平總書記在全國宣傳思想工作會議上強調：「我們必須把意識形態工作的領導權、管理權、話語權牢牢掌握在手中，任何時候都不能旁落。」②在網絡意識形態鬥爭中，我們也必須牢牢把握主動權、話語權、主導權和管理權，打好網絡意識形態主動仗。

二、網絡意識形態鬥爭的內涵與特徵

網絡意識形態是指在網絡中形成的觀念和思想，具體來講是指線上上社會與線下社會、網民虛擬個體與現實個體高度融合的背景下，網民借助網絡設備而進行的資訊和知識的共用，是信仰和觀念的綜合，其核心是價值觀念。③網絡意識形態作用集中體現在對外和對內兩個方面：「對外能抵禦外來意識形態的威脅確保自身的主導地位和影響力；對內能成為指導民眾行為的政治信仰、道德准則、民族精神，引領整合其他社會思潮，得到廣大民眾的認可，最終服務於國家發展。」④網絡意識形態作為網絡社會中的

價值觀念，是現實社會中的政治制度、經濟制度以及人與人之間關系的反映；是在虛擬社會與現實社會、網絡個體與現實個體間高度滲透融合、邊界模糊的環境生態下生成的意識形態的新樣態。⑤作為官方主流意識和民間思想的結合體，網絡意識形態在意識形態主體、內容、傳播方式、影響效果方面具有不同於傳統意識形態的顯著特徵:

表1: 傳統意識形態和網絡意識形態區別特徵

	主體	內容	方式	效果
傳統意識形態	單一性、顯現性	針對性、明確性	固定性、傳統性	微效性、積累性
網絡意識形態	多元性、隱匿性	多變性、混雜性	多樣性、自主性	多效性、裂變性

　　首先，傳統意識形態主體具有單一性和顯現性，而網絡意識形態為多元性和隱匿性。在互聯網出現以前，由於技術、地域、交通等各種條件限制，一定的社會意識形態主體往往是某一特定群體，具有相同的價值觀念和風俗習慣，人們的身份和角色是公開的、真實的，並受到他人、法規等各方面的監督和制約。因此，傳統社會意識形態具

有單一性和顯現性。隨著互聯網的出現和推廣，網絡成為人人可以自由參與和聯動的虛擬社會，人人都可以在這個虛擬世界扮演自己喜歡的角色，更加大膽、自由地發表意見和評論。不同地域、階層、職業的人都可以成為網絡意識形態發聲的主體。網絡意識形態主體呈現出多元性和隱匿性特徵。

其次，傳統意識形態內容具有針對性和明確性，網絡意識形態內容則具有多變性和混雜性。傳統意識形態的傳播由於受到各種主、客觀條件的限制，其傳播媒介（電視、報紙、書籍等）所承載和傳遞的信息量非常有限，只能在特定的時間、特定的環境下傳遞特定的內容，具有針對性。由於傳統意識形態的針對性傳播，其內容多為深思熟慮之後的理性內容，具有明確性。反之，在互聯網時代，人人都是自媒體。網絡成為所有網民自由發揮的平臺和空間。各種思想意識、價值觀念等都可以找到「生存的土壤」。網絡意識形態混雜。同時，網絡意識形態混亂無序、缺乏理性，潛在權威性與評判性不足。隱匿的網絡主體在網上發表意見和評論時很多時候是出於自我的即時感想，缺少理性的思考。由於網絡輿情所涉事件報導不同，網民的意見和評論時也會出現不同的傾向性，並隨著事件報導的推薦而改變。網絡意識形態呈現出多變性特徵。

再次，傳統意識形態傳播方式具有固定性和傳統性，而網絡意識形態傳播方式具有多樣性和自主性。傳統意識形態傳播多為電視、報紙、期刊和電臺等傳統方式，傳播

形式較為單一、固定；互聯網則以個人為節點，通過與用戶對接相織成網狀鏈接，形成傳播中心，線上線下交叉互動，線性傳播與層次傳播重疊進行。其傳播方式呈現出「多樣化、綜合性」特點。同時，網絡熱點或者議題一旦觸發，輿情就會點線面、多管道、多路徑傳播和擴散，其傳播方式呈現出自主性和及時性特徵。例如2018年7月21日晚一篇名為《獸爺|疫苗之王》的文章自公開後迅速刷屏，各大輿論平臺呈爆發態勢，火速蔓延到整個網絡，據不完全統計，關注、參與、討論、評價量等達10多億之巨。從資訊傳播形態來看，既有傳統的文字報導、圖片、漫畫，也有新型的音視頻、VR、H5等報導，傳播方式多樣。從傳播自主性而言，內容主要涉及當事政府腐敗不作為、涉事人做人底線良心、疫苗的傳播和危害等方面問題，網民有權選擇何種內容何種管道進行傳播，自主選擇性高。⑥

　　最後，從影響結果來看，傳統意識形態影響具有微效性和積累性，而網絡意識形態的影響具有多效性和裂變性。傳統意識形態傳播主要是政府有目的、有計劃地進行意識形態宣傳和引導，僅憑一兩次的宣教收效甚微，需要紮實基礎，厚積爆發；網絡意識形態由於網民的大量關注和參與，某些網絡輿論極易點燃網民情緒，加劇網絡輿論輿情的迅速發酵、擴散與傳播，其影響和涉及甚遠。通過連續不間斷傳播，短時間內就可以形成資訊鏈、時間鏈和發展鏈，與事件本身的發展和相關部門的行動幾乎同步，

具有蝴蝶效應。2016年「北京和頤酒店女生遇襲事件」就是通過微博首發，其他傳播平臺很快介入，再加之「名人效應」的推波助瀾，短時間刷屏網絡，引起社會空前關注，一旦處理不好，則容易引發全民動亂，其影響具有裂變性。

　　與之相對應的，網絡意識形態鬥爭也有自身特點。具體表現在以下四點：第一，鬥爭的主體模糊隱蔽，具有不可控性。網絡主體的多元性與隱匿性，使得網絡意識形態鬥爭主體模糊隱蔽，難以察覺和管控。網絡主體的未知身份模糊了意識形態鬥爭的界限，任何數字化符號，包括視頻、聲音、文字和圖片等都可以相對隱蔽地隨意傳遞。第二，鬥爭內容繁雜全面，具有多樣性。網絡意識形態鬥爭的內容既有中西方對立意識形態鬥爭，又有反對政府、破壞人民團結的敵我意識形態鬥爭，還有網絡輿論的熱點問題應對和引導，甚至包括一些亞文化群體意識形態的彌散，鬥爭內容全面多樣。第三，鬥爭手段多維交互，具有導向性。網絡意識形態傳播方式多樣性和自主性，所有的傳播方式都承載了意識形態資訊，因而網上意識形態鬥爭也在各網絡傳播管道中展開，網絡資訊傳播管道的立體多維性，使得網上意識形態鬥爭具有交互性，而不是單純地直接灌輸，而是通過平等交流的方式，借助於輕鬆娛樂的形式潤物無聲。比如通過遊戲、電影、社交網絡等網民喜聞樂見的方式，不知不覺向受眾灌輸某些價值觀念和思想意識，具有導向性。第四，鬥爭形勢嚴峻激烈，具有影響

性。一方面是西方國家通過網絡大肆傳播「普世價值」，導致中西方意識形態鬥爭白熱化。另一方面是由於互聯網的技術便利，網絡輿論一觸即發，鬥爭形式嚴峻且直接面對民眾。加之利用網絡技術優勢精准分析受眾偏好，針對性採取方式，調整內容，從而實現群體攻擊效能最大化。⑦

三、網絡意識形態鬥爭主動仗存在問題及原因分析

隨著對網絡意識形態認識的加深，黨和政府高度重視網絡意識形態鬥爭問題，在理論、制度、技術方面均採取了相應的措施，並且取得了一定的成效。在此次發生的疫苗事件中，習近平主席親自對疫苗事件作出指示，在一定程度上減輕了網絡輿論造成的人心動蕩、負能量爆滿的現象，緩解了政府的信任危機，彰顯了我國領導人面對網絡意識形態的智慧和勇氣。但是，對於網絡意識形態鬥爭，政府行為看似主動積極應對，實則陷入被動局面。

首先，對於互聯網及其網絡意識形態的出現，政府是被動接受而不是主動迎合。黨和政府一再強調網絡意識形態的重要性，習近平主席強調「能否做好意識形態工作，事關黨的前途命運，事關國家長治久安，事關民族凝聚力和向心力」。⑧但是許多政府官員對於習近平主席提出的「牢牢把握意識形態領域的領導權」⑨不得要領。面對網絡意識形態的複雜性和多樣性特徵，缺乏主動應對的勇氣，不知道從何處著手開展網絡意識形態鬥爭；面對來勢洶洶的網絡輿論，沒有客觀地看待網絡輿論，不敢也不善於對

錯誤觀點言論進行揭露批駁；面對網絡意識形態的巨大影響力，具有本能的畏懼心理，一旦出現問題，如臨大敵。由於對於網絡意識形態問題缺乏正確的認知和主動積極的勇氣，政府在思想上對於網絡意識形態工作更多的是被動應仗，工作缺乏創新性和實效性。

其次，針對網絡意識形態事件，政府往往是事發之後被動應對而不是事前主動預防。目前我國缺乏完善的網絡意識形態安全預警體系和分析研判體系，在網絡輿情資訊搜集、分析、研判、報送工作；梳理排查網絡意識形態風險點；網絡意識形態風險的預警和管控方面均存在較大的不足。在網絡輿情處置方面，對於應急突發事件線上線下協同處置，對於掌握發布權威聲音的時機，對於各類有害資訊的管控，對於網絡輿情正面引導，都還存在著較大的問題。這就在一定程度上導致了網絡意識形態問題多發，並且政府往往是在造成一定影響之後才被迫處理相關問題。如明星的高片酬問題一直是網絡熱議話題，網絡中經常有關於陰陽合同、偷漏稅、洗錢、假票房、假收視率、假點擊率等內容報導。但是政府並沒有對此進行大力整改，對於很多行為睜一隻閉一隻眼。直到2018年範冰冰天價片酬和「陰陽合同」事件曝光之後，廣大網民不滿情緒再次升級，政府才開始真正高度重視，全方位採取措施整改。國家稅務總局下令徹查所有明星高片酬行為，並採取提高明星稅份額等措施嚴厲打擊。

最後，針對所暴露的問題，政府往往被動解決問題而

不是主動發現問題。針對網絡意識形態爆發的不良問題，相關部門的處理方式簡單粗暴，面對人民群眾關心的熱點問題、涉及到人民群眾切身利益的一些決策的結果，沒有做到主動公開並做好充分的解釋工作。對於一些熱議敏感話題，首先想到的就是刪除相關帖子，不讓發聲。但是光堵不疏，權威部門不出來表態，往往造成小道消息蔓延，當這些小道消息形成一定的規模或產生某種偏向性時，這種偏向性就很有可能煽動網民的情緒，最後使政府面臨更為被動的局面。而對於曝光的問題，一般是就事處事，並不會主動去挖掘導致問題的深層次的原因，進而全面整頓，防止發生類似事件。就拿此次疫苗事件來說，此事最早應該追溯到2016年山東的疫苗事件，當時問題疫苗被曝光之後，也一度引起了軒然大波，雖然當時的涉案人被依法查處，但是相關部門並沒有借此主動深入調查，從而導致2018悲劇重演，造成更嚴重的影響。

雖然黨和政府非常重視網絡意識形態鬥爭工作，但是仍存在以上問題。面對網絡意識形態問題，黨和政府目前的狀況更多的是重視但不主動，應對但不積極。造成政府網絡意識形態鬥爭被動的原因主要有以下3個方面：第一，從網絡意識形態自身特徵來說，網絡意識形態鬥爭所涉及問題複雜多變、波及面廣、影響深遠。網絡意識形態鬥爭的主體具有隱匿性，人們可以通過各種翻牆軟體散播有害言論，利用虛擬身份掩蓋真實意圖，使用匿名技術張揚語言暴力，卻不必考慮「言論自由」而造成的「實際後

果」，自我控制能力減弱；網絡意識形態事件的起因具有隨機性、任意性和不可預知性；網絡意識形態事件的過程具有多變性和不可控性；網絡意識形態事件影響廣泛，一旦處理不當，將演變成公共安全事件，導致更大的問題。從有形到無形，從公開到隱蔽，從可以確定到難以識別，從能夠掌握到難以控制。⑩網絡意識形態鬥爭的複雜性、多變性和不可控性在一定程度上增加了打好網絡意識形態鬥爭主動仗的難度，影響了相關人員的積極性。

第二，從政府自身來看，一是政府官員對於網絡有恐懼心理，不願意深入其中。一份針對官員與網絡恐懼的調查結果顯示，70%以上的受調查者表示有「網絡恐懼症」，「縣處級」幹部最有「網絡恐懼症」。⑪由於缺乏對互聯網的正確認識，相關人員將網絡視為洪水猛獸，不願意通過互聯網走好網絡群眾路線，更不願意站在互聯網風口的最前端，積極主動地去面對網絡意識形態問題；二是在面對社會熱點事件時，政府官員在解釋和引導方面的威信力不足，很多網民寧願相信網絡大V的發聲，卻對政府的解釋存在質疑。來自人民網輿情監測室（微博）的監測顯示，目前社會公信力下降導致的信任危機，以政府、專家及媒體最為嚴重。⑫比如在「郭美美」事件當中，中國紅十字會在事件爆發後第一時間就做出了相應的澄清，但是老百姓並不相信，老百姓成了「老不信」。三是在網絡輿論事件的治理過程中，政府網絡治理能力缺失。一方面，一些官員能力滯後，處理方法不當，習慣於「禁」「捂」

「瞞」的應對策略，不少地方該公開的資訊不公開，這常常使得民眾因不瞭解事實真相而謠言四起，導致政府工作陷入被動；在溝通過程中，仍然採取自上而下的單向溝通的方式，難以實現在互聯網上的平等對話、雙向溝通。另一方面，有的黨組織對數量眾多的自媒體特別是「粉絲」規模龐大的「大V」和公眾號的管理和監督不充分，不能牢牢把握文化宣傳的主動權、領導權，應對網絡謠言和網絡攻擊顯得力不從心，不能有效引導社會輿論向有利於黨和國家事業的方向發展。網絡恐懼、公信力下降、網絡治理存在問題等均在一定程度上影響了政府官員充分利用互聯網這一管道打好網絡意識形態主動仗的積極性和主動性。

　　第三，從實施環境來看，缺乏打好網絡意識形態主動仗的良好環境。從外部環境來看，西方發達國家利用自己的網絡資源優勢，不斷推進意識形態的擴展和滲透；利用發達的網絡技術，牢牢控制著全球資訊網絡的深層網絡，宣揚並普及西方文化價值，侵蝕發展中國家的意識形態獨立性和安全性。從內部環境來看，新自由主義、歷史虛無主義、拜金主義、消費主義等錯誤輿論和思潮蔓延，雖然我們從多管道、多方位對主流意識形態展開正面宣傳，但是意識形態管制、灌輸的痕跡過於明顯。看不懂、不好看、不願看，進而不願意相信，是當前網絡意識形態宣教、建設工作中的現實難題。從制度環境來看，國家雖然加強了對網絡意識形態安全的立法工作，一再加強管控

力，增加財政投入，但網絡民眾參與程度小、認同感低。

四、打好網絡意識形態鬥爭主動仗的建議

（一）思想主動——正確認識，加強對網絡意識形態管理

打好網絡意識形態主動仗，要正確認識網絡意識形態，正確認識網絡輿論，正確認識政府的職權與網民的自由言論權利。首先，充分認識網絡意識形態工作對於國家安全、政權穩定、經濟發展和社會和諧的重要性，積極貫徹落實中央政策、檔精神。提高政治警覺性，增強責任意識，積極主動地承擔維護主流意識形態的責任；充分認識網絡輿論的正向作用。網絡輿論是對政府權力進行監督的工具之一，任何從政府的特殊利益需要出發控制公眾輿論都無法獲得合法性的論證。[13]充分認識公民的自由權利。「發表意見的自由是一切自由中最神聖的，因為它是一切的基礎。」[14]充分認識政府在網絡意識形態中的作用，轉變以各種名義限制網民表達權的思想，停止行政控制決定網絡意識形態方向的行為。

打好網絡意識形態主動仗，要加強對網絡意識形態管理，主動應對來自網絡意識形態各方面的衝擊。網絡意識形態複雜多變，影響深遠。要牢牢樹立打好網絡意識形態主動仗的思想，有理有力有節開展網絡意識形態鬥爭，主動出擊，敢於亮劍。第一，針對目前西方國家大肆利用互聯網對我國政治體制、經濟形勢、社會問題、文化傳統等

方面的惡意「唱衰」、攻擊污蔑、造謠抹黑社會主義制度等現象，政府要堅決制止，有理明辨，有力回擊。第二，在事關意識形態領域政治原則和大是大非問題上，面對那些惡意攻擊黨的領導、攻擊社會主義制度、歪曲黨史國史、造謠生事的言論，任何時候、任何管道都不能為之提供空間和方便，該管的要管起來，違法的要依法查處。第三，對於網絡中出現的模糊思想和輿論，對於網絡大V的非理性言行，要善於引導，使其真正發揮其正面的影響力。

　　（二）行動迅速——搶佔時機，積極搶佔互聯網主陣地

　　打好網絡意識形態主動仗，要把握網絡輿論黃金時機。網絡輿論具有隨機性、爆發性、互動性等特徵。對於網絡輿論，各級政府部門要及時回應，快速反擊。突發事件輿情處置有4小時黃金處理時間。事件發生4小時內就會引起大量轉發，一天之內就能成為輿論焦點。[15]如果相關部門不能在4小時內果斷採取相關措施，及時發布權威資訊，搶奪輿情先機，那麼各種虛假資訊就會大行其道，導致事態擴大，進一步深化輿情危機。因此，政府要搶佔黃金時機，通過線上線下齊抓共管，主動深入到輿論發生的現場開展調查，利用互聯網技術、大數據分析技術等，通過數據化分析認真研究網絡輿論熱點，民眾的心態和訴求，使民眾儘快得知真相、得到正確引導，避免政府自身陷入輿論漩渦而不能自拔。

打好網絡意識形態主動仗，要搶佔網絡主陣地。隨著互聯網的廣泛傳播力、社會影響力、輿論滲透力與日俱增，互聯網已成為意識形態鬥爭的主戰場、主陣地、最前沿。互聯網陣地，我們不去佔領，別人就會去佔領，我們不作為，別人就會去亂為。⑯習近平總書記反覆強調：「過不了互聯網這一關，就過不了長期執政這一關。」⑰在互聯網這個戰場上，我們能否頂得住、打得贏，直接關系國家政治安全與社會和諧穩定。網絡輿論陣地，我們忽視不得，丟失不起。守好網絡輿論陣地，掌握互聯網這個最大輿論戰場上的主動權。使互聯網成為明辨是非、講清真相、解疑釋惑、疏導情緒，以及助推改革發展、維護和諧穩定的重要陣地。習近平主席把網絡意識形態陣地分為紅、黑、灰三個陣地。其中，紅色地帶是主流意識形態的主陣地，黑色地帶是危險意識形態盤踞的陣地，灰色地帶則主要是模糊意識形態的搖擺地帶。他特別指出要促進這三個地帶的正向轉化。⑱通過喚醒「沉默的大多數」，持續擴大「紅色地帶」，輻射「灰色地帶」，擠壓「黑色地帶」，提升主流意識形態對多元多樣多變思想觀點的引導力和對各種雜音噪音的壓制力。

（三）方法創新──平等對話，增強政府公信力和輿情治理能力

打好網絡意識形態主動仗，需要平等對話，凝聚共識，引發內心深處的共鳴。首先，網絡意識形態具有多元性、多樣性、自主性特徵，網絡意識形態作為一種自由價

值和思想表達，只要不違法，是應該被允許的。因此，與其大力管控，不如以靜制動，相互尊重，平等交流。其次，面對網絡意識形態的複雜多樣的內容和影響因素，政府若要事事採取干預手段，只允許一種聲音，必將力不從心。但是通過平等對話的方式介入網絡，參與其中，包容思想，與網民打成一片。在熱點問題、敏感問題通過積極的政府資訊公開，與網民平等對話，真誠溝通並達成共識，反而可以收到意想不到的效果。⑲最後，網絡意識形態工作要「接地氣」。在網絡空間中，意識形態工作的衡量標准不是主流話語、主流價值在網頁上的多少，而是群眾對主流意識的認可度和信任度。因此，網絡意識形態宣傳不能故作「清高」，一味「官腔官調」，要講究宣傳效果，注重方法。通過理念創新、手段創新、基層工作等創新，加強對熱點難點問題的引導，使百姓發自內心的認可。只有讓主流意識形態走近人民群眾，融入日常生活，成為社會共識，才能增強人民的認同感和歸宿感、才能具有生命力、說服力和戰鬥力。⑳

　　打好網絡意識形態主動仗，需要走好網絡群眾路線，增強政府的公信力。習近平總書記明確提出「各級黨政機關和領導幹部要學會通過網絡走群眾路線，善於運用網絡瞭解民意、開展工作。」「經常上網看看，潛潛水、聊聊天、發發聲，瞭解群眾所思所願，收集好想法、好建議，積極回應網民關切、解疑釋惑。」㉑圍繞黨和政府的重大決策部署、群眾關心的生產生活話題、新出現的社會熱點問

題等，在社區論壇、主流媒體的微博上設置一些有熱度、有深度的議題，引導網民積極地參與、理性地討論，搭建網民充分表達意見的平臺。對於網絡意識形態的引導，要注意方法和手段。要充分利用博客、論壇、手機報、微視頻、微博、微信等新興傳播載體；在宣傳過程中要善於講故事，不說官話，說老百姓愛聽並且聽得懂的家常話。通過平等交流、創新的方法，喚醒網民深處的共鳴和信任。

打好網絡意識形態主動仗，要增強政府應對網絡輿情的能力。一方面，提高網絡意識形態預警能力。網絡意識形態安全的最大危險在於其「無形」性。㉓運用互聯網技術對各領域意識形態問題的實時監控，對運行數據的實時分析，及時發現網絡思想領域的潛在威脅和敏感資訊，為網絡意識形態治理主管部門提供及時可靠的數據資訊，發出安全預警，制定安全有效的資訊疏導策略，將網絡意識形態安全風險消滅在萌芽中。㉓另一方面，增強網絡意識形態應急能力。網絡輿情危機，是網絡意識形態治理致命的威脅。如果不能及時有效地遏制，很容易引發政治危機，影響社會穩定。因此，增強網絡意識形態應急能力，意義非凡。對於潛在的危機，一是通過網絡輿情監控，對網絡言論進行疏導，引導網絡輿情方向。通過提前採取措施做好網絡輿情危機預防工作，把問題解決在萌芽狀態。目前，政府已經建立了專門的輿論分析網站，致力於把握網絡輿情脈絡，助力於政府工作決策。二是針對已經發生的網絡輿情危機，通過網絡平臺與網民群體直接對話和溝通，主

動公開即時資訊，增加治理的透明度，避免和平息網絡謠言，防止事態惡化。2018年5月空姐深夜遇害事件，短短3天時間就確定了兇手。但是由於案件涉及網約車監管、女性安全、隱私侵權等話題，引起社會各界廣泛關注，相關輿情並沒有停止，反而愈演愈烈。其中@王大偉 微博發文「四個不打：女孩乘車的4條鐵律」引發網民爭議，女性安全問題成為熱門話題；同日晚間，微信公眾號「二更食堂」發布相關推文被指「吃人血饅頭」「消費死者」，遭多位讀者舉報。㉔針對大V帳號的發言，政府要正確回應和引導，化解輿論危機。

　　（四）制度強化──完善制度，建立協調治理體系

　　打好網絡意識形態仗，要進一步推進網絡法制化進程。完善立法、加強執法兩手抓。在立法方面，自2016年11月十二屆全國人大常委會第二十四次會議通過了《中華人民共和國網絡安全法》以來，《關於辦理刑事案件收集提取和審查判斷電子數據若干問題的規定》《關於辦理電信網絡詐騙等刑事案件適用法律若干問題的意見》等相繼出臺。未來，我國還將圍繞《網絡安全法》的實施陸續出臺一系列配套法規規章，進一步完善我國網絡安全法律體系，進一步促進網絡法制化落實和保障。在執法方面，為了讓互聯網在法治軌道上健康運行，習近平總書記提出依法治網、依法辦網、依法上網的法治理念。㉓對於網絡上的危險意識形態行為，習近平總書記態度鮮明的說「要堅決制止和打擊，決不能任其大行其道」。㉖這些年來，通

過依法查處違規網站，關閉公眾號、微博號，剷除網上暴力、恐怖音視頻等多種執法手段，有效解決了網絡違法犯罪行為，初步實現了網絡輿論生態環境的天朗氣清，井然有序。網絡執法力度的加大，對於加快網絡法制建設，推進網絡意識形態治理，提供了有力保障。

打好網絡意識形態仗，要形成全民參與的協調治理制度。網絡意識形態主動仗的多元性特徵決定了政府不再是網絡意識形態的主體，而是引導者。通過建立政府與各民間組織、機構、企業、個人的協同合作機制和整合聯動機制，注重容納多元主體共同參與，共同營造和淨化網絡環境，形成打好網絡意識形態領域主動仗的合力。「形成良好網上輿論氛圍，不是說只能有一個聲音、一個調子。」[27]「要發揮網絡傳播互動、體驗、分享的優勢，……網上網下要同心聚力、齊抓共管，形成共同防範社會風險、共同構築同心圓的良好局面。」[28]首先，政府需要在黨的領導下有效引導網絡意識形態發展方向，把握好網上輿論引導的時、度、效，打造良好的網絡輿論生態環境。其次，互聯網企業要配合政府監管網絡意識形態。習近平總書記提出「企業要承擔企業的責任，黨和政府要承擔黨和政府的責任，哪一邊都不能放棄自己的責任。網上資訊管理，網站應負主體責任，政府行政管理部門要加強監管。」[29]我國於2017年頒佈了《中國網絡安全法》，明確將網站主體責任以法律的形式確定下來，並特別規定和強調網絡運營者應加強對其使用者發布的資訊的管理。最後，網民個體應

積極參與到網絡意識形態治理之中。互聯網的匿名性、虛擬性、開放性等特點既為網民提供了輿論參與的便利，也為各種負面、消極甚至危害國家利益的言論提供了傳播機會。網民作為網絡意識形態的受眾及傳播者，應自律傳播網絡意識形態，自覺行使網絡輿論治理監督之責，義務維護網絡意識形態的有序健康。

（五）技術支撐——掌握技術、形成網絡意識形態專業人才隊伍

打好網絡意識形態主動仗，既要有先進的網絡技術作為支撐，又要有專業人才隊伍為保障。一方面，網絡技術是網絡意識形態工作的基礎性條件，能否掌握先進網絡技術並實現創新，在很大程度上決定著網絡意識形態的生存與發展前途。並且科學技術本身也是一種意識形態，發揮著意識形態功能。[30]因此，網絡意識形態的鬥爭也是網絡核心技術的較量。習近平總書記深知互聯網技術在網絡意識形態領域的重要作用，多次以「國之重器」、「殺手鐧」、「命門」、「牛鼻子」等喻之。中國目前在互聯網關鍵核心技術和基礎軟體方面還存在嚴重不足，導致網絡意識形態鬥爭缺乏技術保障。因此，必須加大對網絡核心技術科技攻關力度，在移動互聯網、雲計算、物聯網、大數據等網絡核心技術方面實現重大突破，為網絡意識形態工作提供強有力的技術支撐。加快研發具有自主知識產權的互聯網硬體技術、軟體設備等，加大網絡核心技術創新能力，逐步實現網絡核心技術的自給自主，確保不受制於

他國。

　　另一方面，打好網絡意識形態主動仗，需要有專業人才隊伍為保障。習近平總書記要以識才的慧眼、愛才的誠意、用才的膽識、容才的雅量、聚才的良方，廣開進賢之路，把各方面知識分子凝聚起來，聚天下英才而用之。[31]一支優秀的網絡意識形態管理人才和網絡技術人才隊伍，是網絡意識鬥爭取得勝利的關鍵因素。通過大力培育合格的網絡意識形態管理人才。提升管理者對網絡意識形態的知識的認知，增強網絡意識形態管理的辨析提煉能力、判定歸類能力、解決問題能力。通過大力培育和引進素質過硬的網絡專業人才，打造專業隊伍，為網絡核心技術的發展提供人才保障。國家和政府加快對網絡技術人才發展的政策佈局，設立網絡人才培養的專項基金[32]；各級高校要根據國家安排和社會的需求，加大對資訊化人才的培養力度，進一步加大在資訊技術、電子科技等相關專業的招生比例，加強對資訊化專業人才的教育，培養中高層次資訊化人才。最後，在網絡意識形態人才的待遇安排方面，建立一套適應網絡資訊化特點的人事制度、薪酬制度，通過特殊引進政策、特定薪酬及人性化的待遇和安排，有針對性地把優秀的網絡資訊人才吸引到技術、研究、綜合管理等部門中來。對於國際高端技術人才，建立開放、流動、競爭機制，有針對性地加大引進海外頂尖網絡技術人才和管理人才。[33]

注釋:

①中國互聯網絡信息中心. 第 41 次中國互聯網絡發展狀況統計報告 [OL].

http：//www. cac. gov. cn/2018-01/31/c_1122346138. htm

②習近平. 胸懷大局把握大勢著眼大事努力把宣傳思想工作做得更好 [N]. 人民日报, 2013-08-21（1）.

③黃冬霞, 吳滿意. 近年來國內學界網絡意識形態研究述評 [J]. 天府新論, 2015（5）：115－121.

④劉少陽. 自媒體時代中國意識形態安全研究 [D]. 吉林大學碩士學位論文, 2017：18.

⑤趙歡春. 論網絡意識形態話語權的當代挑戰 [J]. 河海大學學報（哲學社會科學版）, 2017（1）：14－20.

⑥網絡傳播雜誌. 網絡輿情傳播的七大特徵 [OL]. http：// www. cac. gov. cn/2017-08/08/c_1121447887. htm

⑦王鋼. 網上意識形態鬥爭的特點、面臨挑戰及對策 [J]. 西安政治學院學報, 2015（5）：

⑧中共中央文獻研究室. 習近平關於全面建成小康社會論述摘編 [M]. 北京：中央文獻出版社, 2016：103.

⑨習近平. 在中國共產黨第十九次全國代表大會上的報告 [N]. 人民日报, 2017-10-28（1）.

⑩周勝軍. 積極應對網絡意識形態領域的挑戰 [J]. 軍隊政工理論研究, 2011（12）：94-95.

⑪此數據來源於中國官員「網絡恐懼」調查, http：//news.

163. com/10/0508/01/664IUU2J00014AED. html

⑫陳仁澤. 民眾對政府專家不信任度加深權威聲音常被打問號 [N]. 2017 年 09 月 08 日

⑬謝金林. 控制、引導還是對話——政府網絡輿論管理理念的新思考 [J]. 中共福建省委黨校學報, 2010 (9)：4-11.

⑭馬克思恩格斯全集：第 11 卷 [M]. 北京：人民出版社, 1995：573.

⑮崔和平. 輿情處理要把握「黃金時間」[N]. 济南日报, 2016-08-26.

⑯王曉娟. 堅持以人民為中心佔領互聯網輿論引導的主陣地 [J]. 紅旗文稿, 2016 (22)：28-29.

⑰習近平. 在網絡安全和信息化工作座談會上的講話 [N]. 人民日報, 2016-04-26 (2).

⑱中共中央宣傳部. 習近平總書記系列重要講話讀本 [M]. 北京：學習出版社, 人民出版社, 2016：196.

⑲謝金林. 政府網絡輿論治理：理念、策略與行動 [J]. 理論探討, 2010 (2).

⑳中共中央宣傳部. 習近平總書記系列重要講話讀本 [M]. 北京：學習出版社, 人民出版社, 2016：195.

㉑習近平. 在網絡安全和信息化工作座談會上的講話 [N]. 人民日報, 2016-04-26 (2).

㉒付安玲, 張耀燦. 大數據助力網絡意識形態治理及提升路徑 [J]. 馬克思主義研究, 2016 (5)：105-112.

㉓付安玲, 張耀燦. 大數據助力網絡意識形態治理及提升

路徑 [J]. 馬克思主義研究，2016（5）：105-112.

㉔該內容來源於網絡：輿情監測. 空姐深夜滴滴打車遇害 2018-06-29，http://www. yqpf888. com/yuqingjiance/621. html

㉕習近平. 在第二屆世界互聯網大會開幕式上的講話 [N]. 人民日报，2015-12-17（1）.

㉖習近平. 在網絡安全和信息化工作座談會上的講話 [N]. 人民日报，2016-04-26（2）.

㉗習近平. 在網絡安全和信息化工作座談會上的講話 [N]. 人民日报，2016-04-26（2）.

㉘習近平在中共中央政治局第三十六次集體學習時強調：加快推進網絡信息技術自主創新朝著建設網絡強國目標不懈努力 [N]. 人民日报，2016-10-10（1）.

㉙習近平. 在網絡安全和信息化工作座談會上的講話 [N]. 人民日报，2016-04-26（2）.

㉚哈貝馬斯. 作為「意識形态」的技術與科學 [M]. 上海：學林出版社，1999：38-83.

㉛習近平. 在中國共產黨第十九次全國代表大會上的報告 [N]. 人民日报，2017-10-28（1）.

㉜習近平. 在網絡安全和信息化工作座談會上的講話 [N]. 人民日报，2016-04-26（2）.

㉝習近平. 在網絡安全和信息化工作座談會上的講話[N]. 人民日报，2016-04-26（2）.

後記

呈現在讀者面前的這本書，是我過去20年來論文及文學作品的集合。書中部分文章曾在各類刊物上發表，亦有部分文章第一次見之於世。全書分為「醫易相假」、「文史相參」兩部分，內容涵蓋醫、易、文、史等諸領域。由於寫作時間跨度較長，因此文章主題雜亂，質量參差，但是較為真實、完整地記錄了作者學術成長的歷程。題目作「醫易相假」，假者，借也，是憑借的意思。醫學和易學的學術內涵和研究方法都不相同，有著明顯的差異與界限，但對於從事研究的作者本人而言，二者又是一種互相憑借、左右取資的關係。由於本人研究主題主要集中在醫學、易學等領域，並在多年研究的基礎上，又進一步延伸出醫易學的主題研究方向，故取名《醫易相假》。

一

1981年，我出生在鄭州一個鐵路工人的家庭。上世紀八十年代初的鄭州，是一個以紡織業為主，建立在鐵路交通樞紐上的工業城市。雖然貴為河南省省會，但是充其量只是比一個縣城大些，遠不如今日人口眾多，經濟繁華。九十年代，鄭州經濟開始逐漸騰飛。那時走在鄭州的街頭，記得經常看到這樣一句標語：「今日大鄭州，明日芝加哥。」亦或是公交車上的廣告：「星期天到哪裡去——亞細亞！」雖然後來鄭州終究未成為芝加哥，亞細亞也早在九十年代後期就倒閉，但這無礙於鄭州經濟後來的野蠻

成長。至21世紀，鄭州終由當年的內地小縣城搖身變為今日國家中心城市。我在鄭州這座城市生活了近30年，後雖遠離故鄉，但鄉音難改，鄉情難忘。無論身在何處，都自豪於自己是河南鄭州人。

我的父母皆是火車司機，由於父母終日繁忙，我自幼便跟著爺爺奶奶生活。爺爺奶奶不識字，一生無他愛好，終年在家以打麻將度日。麻將牌上的「幺雞」、「紅中」、「發財」、「一萬」、「兩萬」等字，基本便涵蓋老兩口的識字範圍。少年不知愁滋味。在麻將桌邊長大的我，從來沒有覺得我的成長環境和別人有何不同。童年美好的回憶里，經常是我寫完作業後坐在奶奶懷裡看她打麻將。爺爺奶奶對少時的我從不抱有太多期望，他們只希望我長大後能開汽車、會炸油條，或最好是在黃河迎賓館有個保安、廚師一類的「體面」工作。也是在這樣的期許下，我的青少年時代走的磕磕絆絆。

我的小學是在黃河路一小上的，雖然是所公辦小學，但由於周邊到處是城中村，因此更像是城中村小學。學校的學習氛圍比起周邊小學差很遠。到小學畢業時，能進入附近重點初中的，只有班長周召召、學習委員孫濤和我三個學生。周召召和我進入了河南省實驗中學，孫濤去了鄭州八中。後來2000年高中畢業時，我們三人也都高考落榜了，算是全軍覆沒。其餘能記得的同學，還有謝頌揚、王川鵬、谷克、朱哲、曹艷丹、張明、楊寧、張志剛等。由於小學班級紀律非常混亂，幾乎每個學年都會換一個班

主任，所以後來我對那些班主任的印象已混淆不清。反倒是記得體育老師叫杜冰，音樂老師叫熊英。後來我大學畢業去教小學時，還曾一度與這兩位老師共事。此是後話不提。

我所在的初中河南省實驗中學，是當時河南省最好的三所中學之一（另外兩所是鄭州一中、鄭州外國語中學），培養出施一公、海霞、釋小龍等國際知名人士。我的班主任是賀喜榮老師，語文老師是張定勇老師，英語老師是孫秉政老師。其餘老師已不能叫出名字。現在還能記起當年班級的優秀學生如宋明非、趙雪琪、苑宇恆、李伊寧、劉競、曹蘊、陳晨等人的風采，如今這些同學多已成為社會各行各業的骨幹。然而名校的光環於我而言沒有太多榮耀加持，我的學習成績總是處在班級中下游。加上家庭的變故和學習環境的惡化（家中麻將聲總是夜以繼日，吵得我無法入眠），我對學習的信心，也總是時有時無。只記得那三年特別愛踢球，球是踢壞、踢丟了不少。三年後，我沒能繼續在這所學校的高中部學習，而是考到了隔壁的鄭州九中。

鄭州九中在當年也是鄭州市重點高中，進入這裡，也就開啓了我們河南人熟知的高考地獄模式。第一二年，我還是卯足了勁想要考出好成績的。但是到了第二學年的期末，自己就已經接受了現實——我的成績於高考是無望的，既考不上本科，也考不上專科。於是在高中的第三年，我便提前繳械投降了。後來2000年的高考中，我考了

487分，這個成績無論是距當年河南省二本線569分還是專科線542分，都有不小的差距。無學可上的我，不出意外，高中畢業後成為了一名社會盲流。由於高考的失利，我沒有太過關注同學們的高考去向。只記得楊燕初考到北京航空航天大學，李晶考到南京農業大學，方堅考到陝西師範大學，郭威考到升達大學，另有副班長賴相傑考入襄樊學院。其餘還有不少考入大學的，但都沒有詢問，畢業後也都失去聯繫。唯一值得欣慰的，是這些年來一直與班主任王春梅老師保持著聯繫。尤其是近年來，每有新著出版，我都會第一時間簽名寄給老師。2024年，王老師也將退休。她曾對我說過退休後想讀個物理學的研究生。因為教了一輩子高中物理，沒有時間走出這個圍城，去接觸物理學的前沿知識。不知道未來她是否能實現自己的這個願望。

二

2000年的高考失利，是我人生中第一次對自身命運的把控感到絕望。雖然成為家中第一個完成高中學業的人，但是這對於我的未來毫無意義。我開始逐漸接受了自己的出身和階層——和我一樣出身的小夥伴都是念了中專去打工，我念了高中又怎樣，不還是要步他們的後塵？自2000年夏至2001年夏，我在家「閒置」了一年。高考的失利使我喪失了復讀的自信，能找的工作又無外乎保安、服務員之類讓人看不到希望的工作。究竟何去何從，自己茫然無措。其實對一個理智正常的人來說，片刻間就能判定出

我未來人生的路無外乎兩條——上大學或是打工（這也是那個年代的河南青年普遍面臨的選擇），但是我卻用了一年來思考。後來我總覺得，這算不上浪費時間（雖然時間成本不小）。今天看來，這一年是我前半生中最重要的轉折。對於我這種後知後覺並出身社會底層的人來說，準備好出發要比倉皇出行重要得多；遲走但能走對，要比准點走但走錯重要得多。經過一年的思考以及對自己人生的重新定位，我在2001年的8月底來到鄭州新意中學——一所建在鄭州西郊的公辦民助復讀中學，開始了為期一年的復讀生涯。

　　猶記開學之初交學費時，校長建議我不要來了。因為自上世紀80年代中期至2000年，中國一直都實行3+2考試方案。即高考分為文史、理工兩大類。所有考生都必須要考語文、數學、外語三科，理工類加考物理、化學，文史類加考政治、歷史。每科滿分原始分為150分，但在錄取時進行標準分轉化，即通過卷面分數（原始分）轉換成標準分數（名次分數）。而自2001年起，河南高考已由標準分的文理分科變成原始分的3+大綜合+X。不僅文理不再分科，而且學生要九門功課同時學。我作為2000年之前的理科生，基本上只學過高考必考的那五門功課，另外四門功課高中時只是蜻蜓點水一帶而過。因此校長懷疑閒置一年的我還能不能跟上復讀的節奏。但這不是我能考慮的問題了，「既然選擇了遠方，便只顧風雨兼程」。我交了5000元的學費，接下來要做的便是埋頭苦幹。事實證明，

後來的一年復讀生涯也沒有想象中灰暗。夾雜著一絲輕鬆或青澀，以及日益加重的壓力和持續加壓的動力，我走過了自己20歲的青春。功課從原先的五門變成了九門。老師們帶領我們一遍又一遍梳理高考可能涉及到的每一個知識點。我們每天的任務便是從早到晚地上課、做練習。令我驚訝的是，全身心地投入學習，不僅沒有加重我對學業的厭惡，反而使我第一次切身感受到中學的課本知識竟是如此有用和有趣。甚至學習過程本身，就是對彼時壓力最好的釋放。那一年全力以赴的努力，成為了後來的我對20歲那年最美好的回憶。我也至今深切感恩那些日子辛勤教授我們知識的老師，他們是：語文老師劉利華（語文高級教師，鄭州市語文教學研究會副理事長）、幾何老師劉天生（數學高級教師，原鄭州一中學數學教研組組長、教導副主任）、代數老師馬仰雲（原鄭州一中數學高級教師，主教第一個學期，後因身體原因暫停教學）、代數老師錢敏娟（原鄭州一中數學高級教師，馬仰雲老師接替者）。此外，由於年代久遠，小子記憶缺失（近年來似愈發有老年痴呆症狀），恕不能憶起生物老師、化學老師、物理老師、地理老師、歷史老師、英語老師、政治老師以及班主任等諸位老師名諱。師恩難忘，我竟能忘卻諸位老師大名，每思及此，實在是愧對天地。

　　2002年，是我國高考時間最後一次定在7月7、8、9日（從2003年起高考時間提前一個月）。我永遠忘不了高考那三天。考前一晚，我因為緊張和炎熱（那時家中沒

有空調），徹夜未眠。不過，第二天上午考語文，影響不大。作文題還被我壓中了，出考場時異常愉悅。中午我去附近大姑家午休，不想小區里施工聲音嘈雜，攪得我無法入眠。於是下午我又頭昏沈沈地考完數學。但是數學題難度似乎也不燒腦，所以考完也還輕鬆。當晚，父母給我找了考場附近的一家賓館，讓我好好休息。但臨走前媽媽不放心，又讓奶奶過來陪我。那時的奶奶身體非常健壯，倒是我有些虛胖。晚上睡覺時，她把空調開得很低。第二天醒來，我感覺受了涼，有些發燒。情急之下，出發前我洗了個熱水澡，果然精神不少。上午的英語以及下午的大綜合，發揮也算中規中矩。至此，高考的三門主科以及大綜合就全部結束。我如釋重負。至於第四天下午最後一門X（X包括歷史、政治、地理、物理、化學、生物六門功課，考生可任選一門或全考，由於科目較多，那年分為兩天考完），由於不計入總分，又是我最自信的歷史，所以我是抱著少有的輕鬆心態前往應考。

數日後高考成績公佈，我總分533分，其中語文112分，數學114分，英語92分，大綜合215分。另有X——歷史，116分。猶記查分當天，我守在電話機前，撥通電話查分。當電話那邊的語音依次播報我的各科分數以及總分時，我感覺整個世界的時間都靜止了。隨著總分播報結束，我知道自己的分數已經考上大學了。十餘年來積累的憤懣似乎在那一刻被徹底吹散。我激動地翻起家裡的電話本，給裡面的每個人順次打電話報喜——雖然大部分人我

並不認識，他們也不認識我。多年後想起這一幕，自己也總覺得滑稽。那一年的河南省一本線562分，二本線516分。當時在河南，只有河南大學和鄭州大學是一本線。我無緣一本，但能輕鬆選擇二本院校讀書。經過一波三折的選擇，我最終考入河南農業大學人文社會科學學院（畢業那年改為外國語學院）英語系。那年夏天，我所在的復讀班大約有10余名同學考上本科。其中印象深刻的是吳碩考入清華大學，王麗娜考入北京大學，魏雨考入江南大學。其餘同學則多為本省二本院校。我能忝列其中，自覺已盡全力而無悔。

　　三

　　吾生也早，而知也晚。21歲那年，我才步入大學門檻。大學入學時，我們2002級英語2班共有34位同學。相對於與我同屆的大學同學，我要痴長兩三歲。由於生性駑鈍，在校期間，功課平常，勉強畢業。當年所學如今皆已還給老師。大學四年，一晃而過。不過印象深刻的事亦有二三。一是第一個學期，徹底放飛自我，至寒假期末考試時，竟不知如何下筆。不過待期末成績公佈，又全部勉強及格，無一掛科，所以當年甚為開心地過年；二是大二開始熱心文學，竟一度準備休學寫作，後被現實打臉。不過此期間也並非毫無收穫。本書收錄的《讀史札記》（二十則），就是2003~2004年大學期間，在學校黃河文學社所寫的應景文章。其中不少雖有「應景奉命」之意，但文中的激揚文字恰展現出「恰同學少年，揮斥方遒」的年齡

風貌。雪泥鴻爪，敝帚自珍，為一己之私，而將之收錄於本書中；三是從大三開始，患上嚴重頸椎病，多方治療無果，險些休學。至今伏案工作也深受其苦。不過也在治療過程中接觸佛教，逐漸改變自己之前冒進的人生觀，轉而為佛系的中觀，為後來的人生轉向埋下伏筆。

相較於中小學老師，大學老師是我記得最多最牢的。從大一到大四，教過我們的英語老師依次是魏少敏老師、屠克老師、周曉輝老師、王勝利老師、趙鳳玲老師、李喜芬院長、王曉卉老師、陳潔老師。另外還有三位美國外教Barbara、June、Abbey Moyer。至於同學中印象深刻的，除去六位室友楊磊、景冠飛、張守鵬、秦嵩閣、原文傑、張川外，還有白鵬飛、孟磊、趙鑫、李紅艷、吳敏、丁明明、邱茵、劉瑩、亢佩佩、權新延等人。我們全班皆為河南人，畢業後也多在河南各地生活。大學室友中，班長楊磊英語成績一流，畢業後曾就職於新東方等英語培訓機構，還曾為鄭州地鐵英文播報錄音，是著名的「地鐵男聲」，目前任教於黃河科技學院。張守鵬業務精熟，視野開闊，畢業後常年在菲律賓工作，後辭職做簽證中介業務。張川有生意頭腦，畢業後一直在上海的公司職場打拼。秦嵩閣後來法碩專業畢業，成為焦作市人民檢察院公務員。景冠飛回到登封老家，每日在少林寺演武廳上班摸魚。原文傑後來英語專業研究生畢業，入中國民航大學任教。此外，學習委員吳敏、團支書丁明明在鄭州地方二本院校教授英語。亢佩佩成為洛陽八中高中英語教師。孟磊

轉向體育轉播行業，目前就職於北京電視台。白鵬飛轉而為民警，在洛陽維護一方治安。另有多名同學近況不一而足。大學畢業近二十年，大家散落四方，在各行各業扎根成長。

　　大學畢業後，我「幸運」地成為一名小學老師。雖然在教師的行列里，級別工資最低，但在我看來，也是一份得之不易的差事。當年參加鄭州市金水區教體局的招教考試，我在數百名應考者中名列第一，被教體局分配到金水區緯三路小學任教。當年的鄭州小學教育界，行業弊端叢生，遠不如今日規範。一是教師來源雜亂。2006年我參加的金水區教體局小學教師招錄，實際招錄20餘人，但最後參加新教師培訓的多達200餘人。後來進入者多為有家庭背景、通過關係進入教師行列者。而且不知何因，在我工作的那幾年，鄭州市沒有舉辦過面向社會的教師資格考試。包括我在內的大量中小學教師，不管是否為正式職工，都沒有教師資格證。這也進一步放低了教師的准入門檻，使得那個時代的鄭州教師魚龍混雜。比如我身邊一些新晉教師，不乏民辦大專院校的非師範類畢業生；二是大班問題嚴重。以我所在的金水區為例，金水區各小學，每班近百人，外來務工人員子女甚多。學校對各種生源幾乎來者不拒，從而造成生源質量嚴重下降。加之不少孩子生性頑劣，管教不易，故而課堂秩序極難維持，授課效果普遍不佳。那些年，在小學教書實在是辛苦行業，課堂上聲嘶力竭，課下疲於應付家長和檢查。每個學期膽戰心驚，

不求有功，但求無過。而到手的工資尚不能糊口。記得工作第一年月薪667元，第二年升至888元，而彼時鄭州的月薪普遍在兩三千元。幸而自己為鄭州土著，不必為吃住發愁，不然這點薪水如何能支撐自己堅持兩年？「家有半鬥糧，不做孩子王。」教書兩年，在見識了鄭州小學教育界的現實與無奈後，我終於決絕地辭去工作去武漢華中師範大學歷史系讀研究生。

四

我沒有學過歷史，當時對各大學的歷史系狀況也是一無所知，可以說是在蒙昧的狀態下報考了華中師範大學歷史系的中古史專業。入學那年，我已27歲，長輩們紛紛斥我不珍惜鐵飯碗的工作機會，不想著結婚生娃，這麼大年紀了還上學。我權當耳旁風，一笑而過。我很珍惜在桂子山的那三年時光。三年間，在導師張全明先生的指導下，不僅完成學位論文《北宋張商英護法研究》（該書後被台灣花木蘭文化出版社於2015年出版），還發表多篇學術論文。本書收錄的《中國古代蝗災述論》《北宋黃河泥沙的淤積及其危害問題初探》《試論北宋時期開封的地理區位優勢對其國都地位確立的影響》《試論北宋神宗時期經濟重心的南移》《試論東漢時期佛、道二教的融合與分離》《徐霞客的佛教因緣與佛教信仰》等六篇文章，便是完成於此時期。這一時期，我對佛教文化也極為痴迷，曾數次前往武漢本地的卓刀泉寺、寶通禪寺、古德寺、歸元禪寺禮佛，也曾遠涉黃梅四祖寺、趙州柏林禪寺、五台山大聖

竹林寺、廬山東林寺修行。受導師和佛教界人士的影響，
我的研究方向主要是宋史和佛教史。

　　研究生期間幸遇趙本亮、由迅、李利軍、熊星宇、唐
成飛五位同門。趙本亮、由迅兩人都具有南國才子的靈秀
和風趣，兩人的才思敏捷一直令我羨慕不已。李利軍是我
們這屆唯一的女生。或許是因其出生在北國，或許是人如
其名，她的果敢與瀟脫較之其柔美的外表往往更易給人留
下深刻的印象。熊星宇和唐成飛是兩位來自黃岡的同門。
前者的狡黠和後者的直率恰成鮮明的對比，相得益彰。五
位同門雖年齡均小於我，卻常常在學習上指導和幫助我。
畢業後，我們各奔南北。趙本亮先是去了南昌鐵一中任
教，半年後回到安徽六安老家某公司任職。由迅繼續在華
師的學業，博士畢業後先在湖北民族大學工作，後去廣西
民族大學任教至今。李利軍回到老家安陽，一直在安陽一
中教書。熊星宇考上宜昌某區審計局的公務員。唐成飛遠
走湖南寧鄉某重點中學教書。

　　華師畢業後，我繼續深造。由於該校沒有宋史專業博
士點，我轉投廣州暨南大學，拜在張其凡先生門下，成為
恩師生前所帶的最後一名博士生。由於先前研究方向遇到
瓶頸，在恩師的鼓勵下，我大膽轉入宋代命理術的研究領
域，由此也開啓了我對周易術數，乃至於後來醫易學的探
索。這一時期的最大學術成果（也是迄今為止本人的學術
代表作），當是我的博士學位論文《宋代命理術研究》。
該書完成五年後，由台灣花木蘭文化出版社出版並再版。

而同時期完成的《近百年來中國命理學研究述評》《宋代命理術推命法則發微——以宋代命理文獻為依託的考察》《命學祖師徐子平生平真偽考辨》《淺談宋代命理術中的大運》《上古和秘傳——命理術三代起源說及其歷史內涵考釋》等文章，由於題材的敏感，以及核心期刊收文門檻的日益提高，多未發表。此次出版，使其終見天日。

在廣州的三年，生活也有波瀾。一是讀博士的第二年伊始，我先後做了闌尾炎手術和右半結腸切除術。臥床休養小半年。不過第三年，我還是一鼓作氣發表多篇論文，拿下國家獎學金，並順利完成博士學位論文，按期答辯畢業。二是讀博三年間，包括姥姥、姥爺、爺爺、父親等家中多位親人逝世。隨著這些親人的相繼離世，我也逐漸了無牽掛，最終下定決心畢業後離開家鄉，在他鄉安家立業。三是恩師對我恩威並施，常令我「又愛又懼」。恩師生長在西北，有西北人的豪爽和錚錚鐵骨。學業上稍有懈怠，即會對我怒目圓睜，大聲呵斥。面對恩師的金剛怒目，我常常嚇得兩腿發軟，冷汗直冒。不過另一方面，在廣州這座開放的城市中，他亦以廣闊的胸襟容納著我的頑固與痴愚。在恩師有言無言的教誨下，我開始深入暸解學界的掌故、治學的方法與為人的道理。我是恩師招錄的最後一名博士研究生。2014年夏，在我畢業後不久，恩師便榮休了。尤令人悲痛的是，2016年11月，恩師不幸離世，享年67歲。恩師生前為我國著名宋史學家，曾任中國宋史研究會副會長。著有《趙普評傳》《宋太宗》《宋初政治

探研》《宋代史》等十餘部學術著作，發表學術論文200
余篇。

五

2014年夏，我隻身遠赴南昌，任教於江西中醫藥大學
中醫學院醫史各家學說教研室，正式成為一名大學教員。
醫史各家學說教研室成立於上世紀六十年代，九十年代建
立中醫醫史文獻碩士學位點，主要承擔《中國醫學史》、
《中醫各家學說》、《中醫學術與文化發展史》等課程的
教學工作。教研室成立至今，曾擁有姚荷生、張海峰、楊
卓寅、蔣力生等一批國內外有影響的專家學者。然而報到
伊始，卻發現教研室包括我在內只有三人。由於常年未引
入新人，學科組竟已出現人才斷層的跡象。在傳承前人教
學經驗的過程中，我發現《中國醫學史》的講稿、教案等
教學材料多有不如意之處，研究生課程教學材料甚至嚴重
缺失。不得已，在後來的教學過程中，為了講好課程，我
又廣泛閱讀相關書籍，撰寫課程講義。經過多年努力，終
於完成了本科生及研究生兩門課程的講稿撰寫。這兩部講
稿後經整理出版，便是今日的《中國醫學史導論》《干支
與中醫：醫易學導論》兩書。2022年，經過長期的醞釀準
備，由我錄制的《中國醫學史》線上課程亦投入使用。加
上近年來連續引入的三名同事，至此，醫史各家學說教研
室無論從師資水平還是學術成果上都漸有起色，雖不敢說
重現輝煌，但至少不再是當初那個「吳下阿蒙」。

由於教師奇缺，2014年甫一參加工作，我就被安排

了大量的教學任務。加之所教課程多為全新知識，我不得不每日「朝乾夕惕」——白天認真講課聽課，晚上熬夜備課。第一個學期結束後，終於拿下本科生課程。就在我準備松懈下來的時候，第二學期開學前夕，教研室主任又給我安排了研究生的教學任務。於是又是一個學期的宵衣旰食,焚膏繼晷。那段時間，我彷彿又回到了高中復讀的歲月。為了使我早日成為合格教師，教研室主任胡素敏教授主動擔任我的專業導師，學院副院長孫有智教授成為我的教學導師。在雙導師的傾心指導下，我逐漸建立起教學的自信，站穩了講台，成為學生喜愛的老師。之後兩三年，還曾奪過一些院級、校級教學比賽的名次（不過始終處於二流水平，無緣最高獎項）。慚愧的是，如今的自己已逐漸變成「老油條」，不僅教學比賽不再參加，就連備課也不再積極，課件更是多年來一成不變。

在教學工作緊張開展的同時，個人生活也逐漸步入正軌。來昌工作的第一年，母親隨我而來，照顧我的生活起居；第二年，在南昌安家置業；第三年，與愛人沈秋蓮女士相識相戀，步入婚姻殿堂；第四年，迎來長子程博懷的降臨；第五年，妻子博士畢業；第六年，妻子在南昌高校謀得教職；第七年，又迎來次子程舒懷的降臨……可以說，近十年來，安居、立業、成家、為人父，每日柴米油鹽、學校醫院，讓我像部機器，轉個不停，不能停歇。雖然獲得夢寐以求的高校教職，但是罕有全身心做學問的時間。尤其是最近三年，隨著愛人遠赴北京深造，母親接受

手術和放化療，兩個孩子逐漸入托入學，我身兼多職，成為家中唯一的支柱——我既要成為妻子堅強的後盾，又要當好奉養母親的子女，還要做好育養孩子的父母。我第一次深刻體會到成為家中頂梁柱的意味：所謂頂梁柱，就是所有人都在依靠著我，而我卻無所依。在我茫然四顧之下，最感可怖的還是缺錢，因為無論母親、妻子還是兩個孩子，都在伸手向我要錢。僅有的薪水還完房貸，早已所剩無幾。這些年來為了養家，我不得不應用我的術數專長，為人有償算命解卦，起名擇吉。主業副業加持之下，錢是依然缺，不過能拆東牆補西牆了。

終日繁忙之下，心中的學術夢想竟未曾停歇。雖然唯有在老人安康、妻子幫襯、孩子上學或夜深人靜的時候，我才有時間讀書、思考和寫作。但在這有限的時光里，還是修訂出版了《北宋張商英護法研究》《宋代命理術研究》這兩部碩博論文，獨自撰寫完成了《干支與中醫：醫易學導論》《中國醫學史導論》兩部學術專著。這些年我的學術研究方向主要集中於醫學史和醫易學。這一時期發表的涉醫或涉易論文有《從祭祀走向中醫：兩漢時期五臟、五行配屬模式轉換原因探尋》《中醫運氣學十干紀運來源考釋》《劉完素運氣脈法理論及臨床價值探討》《劉完素四時傷寒傳正候法及其價值研究》《再論理學與金代醫學崛起之關聯》《命理與疾病、體質的臨床研究》《中醫藥非遺類紀錄片的文化價值、審美意蘊與紀實藝術》等。上述論文連同這一時期本人撰寫的五則醫史劇本以及

為《易經天下》雜誌撰寫的四則編者語，也一並錄入本書。這也是「醫易相假」主題主要之涵蓋。

六

歲月荏苒，如夢似幻。人生一世，只在呼吸之間。童年的記憶猶在眼前，如今我卻早已過不惑之年。往事歷歷在目，然無論哀樂，只剩唏噓感慨，哪堪回首？身為二程後裔，生於中原沃土，安土重遷，不想半生漂泊，反認他鄉是故鄉，猶能狐死首丘？母親漸漸老去，卻隨我飄零他鄉，每有重病回鄭治療，我都難在身邊，於心能無愧否？妻子與我同甘共苦，雖期共同成就，鑄就美好未來，然而為了生活，常年兩地分居，各自奮鬥，如何滿心歡喜？兒子們漸漸長大，他們尚不知老家鄭州在何方，而能對南昌的地名景點如數家珍。與他們談及中原風土人情，他們多是一臉茫然，一如少年時的我對爺爺描述的山東老家無動於衷。如此是否數典忘祖？

今夜站在贛江邊，抬頭仰望中秋明月，不禁吟誦起李白的詩歌：「今人不見古時月，今月曾經照古人。」人生代代無窮已，江月年年只相似。站在歷史的長河裡，我平凡的人生，以及我的長輩、後人的人生，不過都是祖先杳渺人生的復刻。念及先人，撫其幼兒，不禁心中感慨。十五年前負笈南下時，仍不捨鄭州的一切，每念及家鄉的舊友親情，便倍感他鄉舉目無親，口中竟不時誦起蘇軾的「南行萬里亦何事，一酌曹溪知水味」安慰自己的心靈。恍然之間，半生蹉跎。如今雖不敢與坡公媲美，亦不知自

己是否已得曹溪法乳的滋養，然而心中還是多了一些對南
國城市的眷戀，以及不患得失、隨遇而安的淡然。

程佩

2023年中秋夜於南昌九龍湖

	占筮類						星命類															

占筮類

1	擲地金聲搜精秘訣	心一堂編	秘鈔本沈氏研易樓藏稀見易占
2	卜易拆字秘傳百日通	心一堂編	
3	易占陽宅六十四卦秘斷	心一堂編	火珠林占陽宅風水秘鈔本

星命類

4	斗數宣微	【民國】王裁珊	一；未刪改本民初最重要斗數著述之
5	斗數觀測錄	【民國】王裁珊	失傳民初斗數重要著作
6	《地星會源》《斗數綱要》合刊	心一堂編	失傳的第三種飛星斗數
7	《斗數秘鈔》《紫微斗數之捷徑》合刊	心一堂編	珍稀「紫微斗數」舊鈔本
8	斗數演例	心一堂編	秘本斗數全書本來面目；有別於錯誤極多的坊本
9	紫微斗數全書（清初刻原本）	題【宋】陳希夷	別於錯誤極多的坊本；有
10-12	鐵板神數（清刻足本）——附秘鈔密碼表	題【宋】邵雍	開！秘鈔密碼表 首次公無錯漏原版
13-15	蠢子數纏度	題【宋】邵雍	打破數百年秘傳 首次公開！清鈔孤本附起例及完整密碼表
16-19	皇極數	題【宋】邵雍	研究神數必讀！附手鈔密碼表
20-21	邵夫子先天神數	題【宋】邵雍	研究神數必讀！附手鈔密碼表
22	八刻分經定數（密碼表）	題【宋】邵雍	皇極數另一版本；附手鈔密碼表
23	新命理探原	【民國】袁樹珊	子平命理必讀教科書！
24-25	袁氏命譜	【民國】袁樹珊	子平命理必讀教科書！
26	韋氏命學講義	【民國】韋千里	民初二大命理家南袁北韋
27	千里命稿	【民國】韋千里	北韋之命理經典
28	精選命理約言	【民國】韋千里	北韋 命理經典
29	滴天髓闡微——附李雨田命理初學捷徑	【民國】袁樹珊、李雨田	命理經典未刪改足本
30	段氏白話命學綱要	【民國】段方	易懂 民初命理經典最淺白
31	命理用神精華	【民國】王心田	學命理者之寶鏡

58－61	57	56	55	54	53	52	51	50	49	48	47	46	堪輿類	45	44	43	42	41	相術類	39－40	38	37	36	35	34	33	32
四秘全書十二種（清刻原本）	地學鐵骨秘　附　吳師青藏命理大易數	陽宅覺元氏新書	地理辨正補	章仲山宅案附無常派玄空秘要	臨穴指南	章仲山挨星秘訣（修定版）	堪輿一覽	漢鏡齋堪輿小識	《沈氏玄空吹虀室雜存》《玄空捷訣》合刊	《玄空古義四種通釋》《地理疑義答問》合刊	地理辨正抉要	靈城精義箋		相法秘傳百日通	相法易知	大清相法	手相學淺說	新相人學講義		文武星案	命理斷語義理源深	命理大四字金前定	星命風水秘傳百日通	子平玄理	算命一讀通——鴻福齊天	澹園命談	命學探驪集
【清】尹一勺	【民國】吳師青	【民國】元祝垚	【清】朱小鶴	心一堂編	【清】章仲山	【清】章仲山	【清】孫竹田	【民國】查國珍、沈瓞民	沈瓞民	【清】沈竹礽	【清】沈竹礽	心一堂編		心一堂編	心一堂編	心一堂編	【民國】黃龍	【民國】楊叔和		【明】陸位	心一堂編	題【晉】鬼谷子王詡	心一堂編	【民國】施惕君	【民國】不空居士、覺先居士合纂	【民國】高澹園	【民國】張巢雲
有別於錯誤極多的坊本　面目　釋玄空湘楚派經典本來	空陽宅法　簡易·有效·神驗之玄	玄空六派蘇州派代表作	末得之珍本！　門內秘本首次公開　章仲山無常派玄空珍秘	沈竹礽等大師尋覓一生	玄空風水必讀	經典已久的無常派玄空	失傳已久的無常派玄空		沈氏玄空遺珍	經典　民初中西結合手相學				重現失傳經典相書			經典　民初白話文相術書	失傳民初白話文相術書		學必備　千多星盤命例　研究命　失傳四百年《張果星宗》姊妹篇	活套　稀見清代批命斷語及	源自元代算命術		發前人所未發	稀見民初子平命理著作		

編號	類別	書名	著者	提要
91		地學形勢摘要	心一堂編	形家秘鈔珍本
92		《平洋地理入門》《巒頭圖解》合刊	【清】盧崇台	平洋水法、形家秘本
93		《鑒水極玄經》《秘授水法》合刊	【唐】司馬頭陀、【清】鮑湘襟	千古之秘，不可妄傳匪人
94		平洋地理闡秘	心一堂編	雲間三元平洋形法秘鈔珍本
95		地經圖說	【清】余九皋	形勢理氣，精繪圖文
96		司馬頭陀地鉗	【唐】司馬頭陀	流傳極稀《地鉗》
97		欽天監地理醒世切要辨論	【清】欽天監	公開清代皇室御用風水真本
98–99	三式類	大六壬尋源二種	【清】張純照	六壬入門、占課指南
100		六壬教科六壬鑰	【民國】蔣問天	由淺入深，首尾悉備
101		壬課總訣	心一堂編	過去術家不外傳的珍稀
102		六壬秘斷	心一堂編	六壬術秘鈔本
103		大六壬類闡	心一堂編	
104		六壬秘笈——韋千里占卜講義	【民國】韋千里	
105		壬學述古	【民國】曹仁麟	依法占之，「無不神驗」
106		奇門揭要	心一堂編	集「法奇門」、「術奇門」精要
107		奇門三奇干支神應	【民國】劉文瀾	條理清晰、簡明易用
108		奇門大宗直旨	劉毗	天下孤本　首次公開
109		奇門行軍要略	馮繼明	虛白廬藏本《秘藏遁甲天機》
110		奇門仙機	【漢】張子房	
111		奇門心法秘纂	【漢】韓信（淮陰侯）	
112		奇門廬中闡秘	題【三國】諸葛武候註	神奇門不傳之秘　應驗如神
113–114	選擇類	儀度六壬選日要訣	【清】張九儀	清初三合風水名家張九儀擇日秘傳
115		天元選擇辨正	【清】一園主人	釋蔣大鴻天元選擇法
116	其他類	述卜筮星相學	【民國】袁樹珊	民初二大命理家南袁北韋
117–120		中國歷代卜人傳	【民國】袁樹珊	南袁之術數經典

編號	書名	作者	說明
占筮類			
121	卜易指南（二種）	【清】張孝宜	民國經典，補《增刪卜易》之不足
122	未來先知秘術——文王神課	【民國】張了凡	內容淺白、言簡意賅、條理分明
星命類			
123	人的運氣	汪季高（雙桐館主）	五六十年香港報章專欄結集！
124	命理尋源	【民國】徐樂吾	民國三大子平命理家徐樂吾必讀經典！
125	訂正滴天髓徵義		
126	滴天髓補註　附　子平一得		
127	窮通寶鑑評註　附　增補月談賦　四書子平		
128	古今名人命鑑		
129–130	紫微斗數捷覽（明刊孤本）[原（彩）色本] 附　點校本（上）（下）	組整理·心一堂術數古籍整理編校小	明刊孤本　首次公開！
131	命學金聲	【民國】黃雲樵	民國名人八字、六壬奇門推命
132	命數叢譚	【民國】張雲溪	民國名人八字、百多民國名人命例
133	定命錄	【民國】張一蟠	子平斗數共通、百多民國名人命例
134	《子平命術要訣》《知命篇》合刊	撰【民國】鄒文耀、【民國】胡仲言	《子平命術要訣》科學命理、《知命篇》易理皇極、命理地理、奇門、六壬互通
135	科學方式命理學	閻德潤博士	匯通八字、中醫、科學原理！
136	八字提要	韋千里	民國三大子平命理家韋千里必讀經典！
137	子平實驗錄	【民國】孟耐園	作者四十多年經驗，占卜奇靈　名產全國！
138	民國偉人星命錄	【民國】囂囂子	幾乎包括所民初總統及國務總理八字！
139	千里命鈔	韋千里	失傳民初三大命理家韋千里　代表作
140	斗數命理新篇	張開卷	現代流行的「紫微斗數」內容及形式上深
141	哲理電氣命數學——子平部	【民國】彭仕勛	命局按三等九級格局，不同術數互通借用
142	《人鑑——命理存驗·命理撷要》（原版足本）附《林庚白家傳》	【民國】林庚白	傳統子平學修正及革新、大量名人名例
143	《命學苑苑刊——新命》（第一集）附《名造評案》《名造類編》等	【民國】林庚白、張一蟠等撰	命上首個以「唯物史觀」來革新子平命學
相術類			
144	中西相人探原	【民國】袁樹珊	按人生百歲，所行部位，分類詳載
145	骨相學	【美國】字拉克福原著·【民國】沈有乾編譯	結合醫學中生理及心理學，影響近代西
146	新相術	【民國】風萍生編譯	通過觀察人的面相身形、色澤與止等，得知性情、能力、習慣、優缺點等
147	人心觀破術　附運命與天稟	著·【日本】管原如庵、加藤孤雁原著·【民國】唐真如譯	觀破人心、運命與天稟的奧妙

心一堂術數古籍整理叢刊

書名	作者	整理
全本校註增刪卜易	【清】野鶴老人	李凡丁（鼎升）校註
紫微斗數捷覽（明刊孤本）附點校本	傳【宋】陳希夷	馮一、心一堂術數古籍整理小組點校
紫微斗數全書古訣辨正	傳【宋】陳希夷	潘國森辨正
應天歌（修訂版）附格物至言	【宋】郭程撰 傳	莊圓整理
壬竅	【清】無無野人小蘇郎逸	劉浩君校訂
奇門祕覈（臺藏本）	【元】佚名	李鏘濤、鄭同校訂
臨穴指南選註	【清】章仲山 原著	梁國誠選註
皇極經世真詮—國運與世運	【宋】邵雍 原著	李光浦

心一堂當代術數文庫

京氏易六親占法古籍校注系列（虎易校注整理）

《京氏易傳校注》

《京氏易六親占法古籍著作辭典》

《卜筮正宗校注》

《易冒校注》

《卜筮全書校注》

《斷易天機校注》

《卜筮元龜校注》

《郭氏洞林校注》 《周易洞林校注》合刊 《火珠林校注》

《易洞林》校注

《增注周易神應六親百章海底眼校注》

《周易尚占校注》

《易林補遺校注》

《易隱校注》

《增刪卜易校注》

《御定卜筮精蘊校注》

心一堂 易學經典文庫 已出版及即將出版書目